Teubner Studienbücher Bauwesen

W. Förster
Mechanische Eigenschaften
der Lockergesteine

Teubner Studienbücher
Bauwesen

Herausgegeben von
Prof. Dr.-Ing. habil. Rolf Thiele, Leipzig
Prof. Dr.-Ing. Dr.-Ing. e. h. Gert König, Leipzig

Die Studienbücher der Reihe Bauwesen umfassen in Form einzelner Bausteine grundlegende und weiterführende Themen aus allen Gebieten des Bauingenieurwesens. Dabei werden sowohl die traditionellen Disziplinen als auch sich entwickelnde Fachgebiete berücksichtigt.

Die Bände beinhalten einerseits Grundlagenwissen, andererseits wird auch differenziertes Spezialfachwissen vermittelt. Die theoretischen Voraussetzungen sind jeweils in knapper Form dargestellt, um den Anwendungen bis hin zu zahlenmäßigen Bewertungen genügend Raum zu geben.
Auf DIN-Vorschriften und EC-Richtlinien wird im notwendigen Umfang Bezug genommen; diese Normen bleiben als zusätzliche Arbeitsmittel unerläßlich.

Die Reihe richtet sich vor allem an Studierende des Bauingenieurwesens, des Wirtschaftsingenieurwesens und der Architektur an Universitäten und Fachhochschulen.

Mechanische Eigenschaften der Lockergesteine

Von Prof. Dr. rer. nat. habil. Wolfgang Förster
Technische Universität Bergakademie Freiberg

B. G. Teubner Stuttgart · Leipzig 1996

Prof. Dr. rer. nat. habil. Wolfgang Förster

Geboren 1933 in Chemnitz. Studium des Bauingenieurwesens an der TU Dresden; 1962 Promotion über ein Thema der Kontinuumsmechanik während einer Assistenz am Institut für Mechanik der Bergakademie Freiberg. Ab 1965 wissenschaftlicher Arbeitsleiter an der Arbeitsstelle für Geomechanik der Akademie der Wissenschaften der DDR. Habilitation 1968, Berufung zum Dozenten für Bodenmechanik an der Bergakademie Freiberg 1969, Tätigkeit im Braunkohlenkombinat Senftenberg 1973/74. Ab 1976 Professor für Bodenmechanik an der Bergakademie Freiberg.
Hauptarbeitsgebiete: Mechanik granularer Medien, Geotechnik der Gewinnung von Rohstoffen und der Gestaltung und Nutzung von Bergbaunachfolgegebieten; Gründung von Bauwerken; Umweltgeotechnik.

Gedruckt auf chlorfrei gebleichtem Papier.

Die Deutsche Bibliothek – CIP-Einheitsaufnahme

Förster, Wolfgang:
Mechanische Eigenschaften der Lockergesteine /
von Wolfgang Förster. - Stuttgart ; Leipzig : Teubner, 1996
  (Teubner-Studienbücher : Bauwesen)
  ISBN 978-3-8154-5000-0   ISBN 978-3-322-93483-3 (eBook)
  DOI 10.1007/978-3-322-93483-3

Umschlaggestaltung: E. Kretschmer, Leipzig

Vorwort

Gegenstand dieses Buches sind die praktisch relevanten Eigenschaften der Lockergesteine, deren Parameter in der klassischen Bodenmechanik benutzt werden. Der Leser erfährt vor allem, wie sich das Lockergestein verhält. Vorlesungen der Mineralogen, Geochemiker und zum Teil auch der Geologen betrachten dann jeweils den anderen Teil als ihre Aufgabe, nämlich das Erklären der Ursachen für ein bestimmtes Lockergesteinsverhalten.

Das Buch basiert auf dem Manuskript einer Vorlesung, die der Verfasser seit vielen Jahren an der TU Bergakademie Freiberg hält. Dieses Manuskript stand den Studenten zur Verfügung. Das ermöglichte eine gestraffte Darstellung des Stoffes und seine Ergänzung durch vertiefende Beispiele im Vortrag. Ein zusätzliches Praktikum vermittelt den Studierenden das normgerechte Durchführen der bodenphysikalischen Versuche zum Bestimmen von Klassifikations- und Berechnungsparametern.

Hinweise zur Gestaltung und Unterstützung erhielt ich von meinen Assistenten Herrn Dipl.-Ing. Andreas Schreyer und Frau Dipl.-Ing. Uta Diener. Die Zeichnungen fertigte Frau Angela Griebsch; die Schreibarbeiten übernahm Frau Dorothee Heidrich. Alle genannten Mitarbeiter haben darüber hinaus fleißig Korrektur gelesen und nach Fehlern gesucht. Für diese Unterstützung möchte ich mich herzlich bedanken.

Freiberg, Juli 1996   Prof. Dr. rer. nat. habil. Wolfgang Förster

Inhalt

Inhalt   7

Hinweise auf Standards (DIN)

18 121 T 1	Baugrund; Untersuchung von Bodenproben; Wassergehalt; Bestimmung durch Ofentrocknung
18 121 T 2	Baugrund; Versuche und Versuchsgeräte; Wassergehalt; Bestimmung durch Schnellverfahren
18 122 T 1	Baugrund; Untersuchung von Bodenproben; Zustandsgrenzen (Konsistenzgrenzen); Bestimmung der Fließ- und Ausrollgrenze
18 122 T 2	Baugrund; Versuche und Versuchsgeräte; Zustandsgrenzen (Konsistenzgrenzen); Bestimmung der Schrumpfgrenze
18 123	Baugrund; Untersuchung von Bodenproben; Bestimmung der Korngrößenverteilung
18 124	Baugrund; Versuche und Versuchsgeräte; Bestimmung der Dichte des Bodens; Laborversuche
18 125 T 1	Baugrund; Versuche und Versuchsgeräte; Bestimmung der Korndichte; Kapillarpyknometer; Weithalspyknometer
18 125 T 2	Baugrund; Versuche und Versuchsgeräte; Bestimmung der Dichte des Bodens; Feldversuche
18 126	Baugrund; Versuche und Versuchsgeräte; Bestimmung der Dichte nichtbindiger Böden bei lockerster und dichtester Lagerung
18 127	Baugrund; Versuche und Versuchsgeräte; Proctorversuch
18 128	Baugrund; Versuche und Versuchsgeräte; Bestimmung des Glühverlusts
18 129	Baugrund; Versuche und Versuchsgeräte; Kalkgehaltsbestimmung
18 130 T 1	Baugrund; Versuche und Versuchsgeräte; Bestimmung des Wasserdurchlässigkeitsbeiwerts; Laborversuche
18 134	Baugrund; Versuche und Versuchsgeräte; Plattendruckversuch
18 136	Baugrund; Versuche und Versuchsgeräte; Bestimmung der einaxialen Druckfestigkeit; Einaxialversuche
18 137 T 1	Baugrund, Versuche und Versuchsgeräte; Bestimmung der Scherfestigkeit; Begriffe und grundsätzliche Versuchsbedingungen
18 137 T 2	Baugrund; Versuche und Versuchsgeräte; Bestimmung der Scherfestigkeit; Triaxialversuch
4020	Geotechnische Untersuchungen für bautechnische Zwecke
4020 Bbl 1	Geotechnische Untersuchungen für bautechnische Zwecke; Anwendungshilfen; Erklärungen
4021	Baugrund; Aufschluß durch Schürfe und Bohrungen sowie Entnahme von Proben
4022 T 1	Baugrund und Grundwasser; Benennen und Beschreiben von Boden und Fels; Schichtenverzeichnis für Bohrungen ohne durchgehende Gewinnung von gekernten Proben im Boden und im Fels
4022 T 2	Baugrund und Grundwasser; Benennen und Beschreiben von Boden und Fels; Schichtenverzeichnis für Bohrungen im Fels (Festgestein)
4022 T 3	Baugrund und Grundwasser; Benennen und Beschreiben von Boden und Fels; Schichtenverzeichnis für Bohrungen mit durchgehender Gewinnung von gekernten Proben im Boden (Lockergestein)
4094	Baugrund; Erkundung durch Sondierungen
4094 Bbl 1	Baugrund; Erkundung durch Sondierungen; Anwendungshilfen; Erklärungen
4096	Baugrund; Flügelsondierung, Maße des Gerätes, Arbeitsweise, Auswertung
18 196	Erd- und Grundbau; Bodenklassifikation für bautechnische Zwecke

1   Ziel

Unter dem Begriff "Lockergestein" versteht man ein Gemenge von Mineralen und (oder) Gesteinsbruchstücken und (oder) organischen Bestandteilen, die durch Kneten und (oder) Aufschütteln in Wasser nach Korngrößen zerlegt werden können. Die Definition wird im Buch nähere Erklärung finden.

Viele Aufgaben des Geotechnikers, Bauingenieurs oder Bergmanns beinhalten die Untersuchung von Verformungen unter Spannungen und von Bruchvorgängen. Das Lockergestein ist dabei entweder Baugrund oder Bauraum für Ingenieurbauwerke, oder es werden aus ihm Ingenieurbauwerke (Dämme, Böschungen) errichtet. Die Lösung der Aufgabe verläuft in den Stufen

- Aufschluß und Erkundung,
- Bestimmung von Lockergesteinseigenschaften,
- Entwurf des Ingenieurbauwerks und
- Beobachtung und Kontrolle des Bauwerks und des tatsächlichen Verhaltens des Lockergesteins.

Der Leser dieses Buches wird mit der Spezifik der Lockergesteine und den Kennwerten vertraut gemacht, die deren Eigenschaften charakterisieren. Er erwirbt damit wesentliche fachliche Grundlagen für die Themenkreise Bodenmechanik, Grundbau und Ingenieurgeologie. Die Kenntnis der Lockergesteinseigenschaften ist aber ebenso gut von unabhängigem Wert für jeden, der als Bergmann, Bauingenieur und Geologe Lockergesteinskörper erkundet oder im bzw. mit Lockergestein arbeitet.

2 Ursprung und Bildung der Lockergesteine; ihre Bestandteile

2.1 Ursprung der Lockergesteine

Die Lockergesteine entstehen im natürlichen Prozeß der Verwitterung von Fels bzw. des Abbaus von organischen Substanzen. Damit bilden die im Fels vorhandenen Minerale auch wieder die Grundminerale des Lockergesteins. Nach seiner Genese ist Lockergestein im allgemeinen Sinne zerkleinertes Felsgestein, wobei der Größenbereich sowohl kolloidale Partikel als auch Steine bis nahezu Dezimetergröße umfaßt.

Die Zerlegung oder Verwitterung des Festgesteins kann durch physikalische oder chemische Prozesse erfolgen. Im ersteren Fall kommt es ohne Veränderung des ehemaligen Aufbaus zu einer Felszerkleinerung, im zweiten Fall ist mit dem Abbau des Gesteins auch gleichzeitig eine Änderung des Mineralaufbaus verbunden.

Die beim mechanischen Verwitterungs- und Erosionsprozeß wirkenden Faktoren stellen die wesentlichsten Wirkungen bei der Entstehung von Lockergestein aus Felsgestein dar. Von ihnen hat wiederum Wasser die größte Bedeutung. Andere Wirkungsfaktoren sind Temperatur, Eisdruck, Wind und Bakterien sowie durch den Menschen verursachte Einflüsse.

Nach dem Eintritt einer Grobzerkleinerung erfolgt die weitere chemische oder wiederum physikalische Aufspaltung. Auch für das erstere existieren zahlreiche Beispiele. Dringt Wasser, das ausreichend sauer ist, in Kalkstein durch Risse ein, kommt es zu dessen Zerstörung. Dabei bildet sich z. B. im Wasser sehr leicht die zerstörend wirkende Kohlensäure, wenn das Wasser Kohlendioxid aus der Luft aufnimmt. Ebenso können niedrige pH-Werte entstehen, wenn eine Pflanzendecke vom Wasser durchströmt wird.

Es entsteht so mit der Zeit eine zunehmend feinere Zerkleinerung der Felsteile, die dann - gegenüber ihrer ursprünglichen Lagerstätte - in zumeist tiefer gelegenen Gebieten abgelagert werden.

Das Ergebnis der Verwitterung ist von einer Vielzahl von Faktoren abhängig. Dazu gehören die Art des Ursprungsgesteins, seine Durchlässigkeit, die Lage des Grundwasserspiegels, der Gehalt des Wassers an Gasen, organischen Substanzen usw. Die höchste Intensität gewinnt die Verwitterung, wenn sich verschiedene Wirkungsfaktoren der Atmosphäre, Biosphäre und Lithosphäre überdecken. Das ist natürlich besonders in erdoberflächennahen Bereichen der Fall.

2.2 Bildung verschiedener Lockergesteinsarten

Lockergesteine können einmal am Ort ihrer Entstehung abgelagert werden (autochthone Ablagerungen), sie können aber auch nach ihrer Bildung einem Transport unterworfen worden (allochthone Ablagerungen) oder künstlich hergestellte, vom Menschen geschaffene Auffüllungen sein. Je nach ihrer Entstehung zeigen sie unterschiedliche Eigenschaften.

2.2.1 Allochthone Ablagerungen

Die Bildung dieser Ablagerungen erfolgt in bereits beschriebener Weise, wobei Sande und Kiese vorwiegend das Ergebnis physikalischer Verwitterung sind, Schluffe und Tone resultieren aus chemischer Verwitterung.

Der Weitertransport erfolgt dann durch Wasser, Wind, Eis, Schwerkraft oder Organismen. Dabei kommt es

a) zu einer Änderung der Form der Teilchen, ihrer Größe und Textur (Oberflächeneigenschaften des Einzelkorns unabhängig von Größe, Form und Rundung, charakterisiert durch Bezeichnungen wie poliert, weich, rauh, eckig etc.) als Folge eines Zermahlens, einer Abrasion, Stoß- und Lösungsvorgängen und

b) zu einer Sortierung der Teilchen.

In Abhängigkeit vom Transportmittel werden die genannten Faktoren unterschiedlich wirken. So führt z. B. der Transport durch Wind zu beachtlichen Zerkleinerungen des Korns, zu einem hohen Rundungsgrad, mattrauher Oberfläche und einer starken progressiven Sortierung. Bei Eistransport und Transport durch Schwerkraft ist der Sortierungseffekt hingegen sehr klein. Die dem Transport im Wasser folgende Ablagerung ist das Ergebnis einer Geschwindigkeitsverringerung oder einer Veränderung der Lösungsfähigkeit. Dazu kommt es dann, wenn sich ein Fluß in einen See oder ins Meer ergießt. Dabei bildet sich im Lockergestein eine Struktur.

Bei der Ablagerung entsteht das Gefüge des Lockergesteins. Unter Gefüge versteht man die Orientierung und Verteilung der Partikel. Gleichzeitig ist mit ihm auch die Art der zwischen den Partikeln wirkenden Kräfte bestimmt. Zwei Extreme der Lockergesteinstruktur sind Flockenstruktur und die disperse Struktur, Begriffe, auf die später noch eingegangen wird.

2.2.2   Autochthone Ablagerungen

Überschreitet die Geschwindigkeit der Felszerstorung vor allem durch chemische Verwitterung die des Abtransportes des Produktes, entstehen autochthone Ablagerungen. In solchen Ablagerungen sind drei Zonen zu unterscheiden: in der oberen Zone schreitet die Verwitterung ständig fort, ein Abtransport erfolgt; im oberen Bereich der mittleren Zone findet noch eine gewisse Verwitterung statt, Partikel werden zum unteren Bereich dieser Zone umgelagert; die untere Zone ist eine Zone eingeschränkter Verwitterung, die den Übergang vom verwitterten Material zum unverwitterten bildet.

Wärme und andere Faktoren, vor allem Feuchtigkeit, haben solche autochthone Ablagerungen - zum Teil von erheblicher Dicke - in vielen Gebieten der Erde entstehen lassen. Sie sind besonders für feuchte und warme Klimazonen typisch. Dort liegen günstige Bedingungen für eine chemische Verwitterung vor. Darüber hinaus ist auch zumeist eine ausreichende Vegetation vorhanden, die einen Abtransport der Verwitterungsprodukte verhindert. Lockergesteine dieser Art haben ganz spezifische Eigenschaften, die man kennen muß, wenn man in tropischen Gebieten arbeiten will.

2.2.3   Künstliche Anschüttungen

Künstliche Anschüttungen entstehen in großem Umfang im Zusammenhang mit der Gewinnung von Rohstoffen im Tagebau als Abraumkippen, aber auch in Form von Erdbauwerken, vor allem von Dämmen für Verkehrswege.

Die Gewinnung erfolgt mittels Bagger oder Sprengung, der Transport über Bänder, mit Zug, LKW oder auch hydraulisch. In Abhängigkeit vom Zweck der Schüttung wird eine Verdichtung vorgenommen oder auch nicht. Verdichtungen sind vor allem für Dammkonstruktionen üblich. Der Abraumversturz im Tagebau erfolgt ohne jede Verdichtung. Die nachfolgende Nutzung so entstandener Flächen als Baustandorte wirft erhebliche Probleme auf.

2.3   Eigenschaftsveränderungen nach der Bildung

Im Zusammenhang mit dem Eingriff des Menschen in einen Lockergesteinskomplex, aber auch unabhängig davon, kommt es zu einer Änderung der Eigenschaften des Gebildes aus Lockergestein.

Solche, die Eigenschaften verändernde Faktoren, sind der Spannungszustand, die Zeit, Einwirkung von Wasser, die Umwelt und spezifische Störungen. Dabei wirken diese Größen in Abhängigkeit von der Art des Lockergesteins, den Bedingungen während des Transportes und der Ablagerung sowohl bei natürlich als auch bei künstlich abgelagerten und vielleicht sogar verdichteten Lockergesteinen.

Die Zeit tritt vor allem als die unabhängige Veränderliche für die anderen Einflußgrößen auf. So führt die Einwirkung von Spannungen zu einer Reduzierung (oder auch Erhöhung) des Wassergehaltes. Im Hinblick auf die meist recht geringe Durchlässigkeit der Lockergesteine bedarf das einer erheblichen Zeitspanne. Die gleiche Rolle spielt die Zeit bei der chemischen Verwitterung.

Die Vergrößerung der Spannungen (im Sinne einer Erhöhung des Druckes!) hat eine Festigkeitsvergrößerung sowie eine Verminderung der Zusammendrückbarkeit und der Durchlässigkeit zur Folge. Dabei gilt es, schon die Veränderung des Spannungszustandes während der Bildung und Ablagerung der Lockergesteine durch zunehmende Überlagerung zu beachten. Befindet sich ein Lockergesteinshorizont heute in einem Spannungszustand, der von keinem vorangehenden jemals überschritten wurde, spricht man von normalkonsolidiertem Lockergestein. Überkonsolidierte Lockergesteine entstanden bei Abtrag der überlagernden Massen oder auch durch Abschmelzen ehemals vorhandener Eisdecken. Der heutige Spannungszustand liegt bei ihnen unter dem früheren. Durch menschliche Einflüsse entstehen Veränderungen des Spannungszustandes. Spannungserhöhungen entstehen weiterhin bei der Errichtung von Baukonstruktionen, beim Aufschütten von Dämmen, Spannungsminderungen bei der Herstellung von Einschnitten für Verkehrswege, aber auch beim Aufschluß und Betrieb von Tagebauen.

Das Wasser wirkt zweifach: Es vermindert anziehende Kräfte zwischen den Partikeln im Ton (Erweichung), und es ist zum anderen auch in der Lage, als Porenwasser Spannungen aufzunehmen und dadurch das Verhalten des Lockergesteins zu beeinflussen.

Die Wasserstandsverhältnisse ändern sich sowohl natürlich, häufig in einem jahreszeitlichen Rhythmus, als auch durch Baumaßnahmen, d. h. durch Absenkung des Grundwasserspiegels im Zusammenhang mit der Rohstoffgewinnung im Tagebau und um Gründungsarbeiten zu gewährleisten. Aber auch Stauspiegeländerungen in den Speicherbecken wären zu nennen.

"Umwelt"-Einflüsse sind sehr verschiedenartig Sie können z. B. als Änderungen der Zusammensetzung des Porenwassers eintreten. Als Beispiel seien ausgelaugte marine Tone genannt, deren Salzgehalt im Porenwasser wesentlich vermindert wurde. Bei Beanspruchung kommt es zum Zusammenbruch der bisher vom Salz gestützten Struktur; es tritt ein Festigkeitsverlust ein. Wegen des hohen Wassergehaltes entsteht eine Ton-Wasser-Suspension. Solche Tone sind in den skandinavischen Ländern als "Quicktone" bekannt. Viele Rutschungen sind in ihnen gegangen. Ihre Gefährlichkeit besteht darin, daß der Festigkeitsverlust nicht nach und nach, sondern plötzlich in Verbindung mit einer Störung deutlich wird und - bei hohem Wassergehalt - bis zur Ausbildung einer Ton-Wasser-Suspension führt.

Temperaturänderungen führen zu Schwellungen oder Schrumpfungen der Lockergesteine oder zur Änderung der Menge der im Porenwasser gelösten Gase. Auch damit sind quantitative Änderungen von Eigenschaften, z. B. der Dichte, verbunden.

Letztlich wären noch Störungen zu nennen, die mit der Gewinnung und Verkippung bzw. auch dem Transport des Lockergesteins bei menschlichen Eingriffen verbunden sind. Geändert werden die Zusammensetzung des Lockergesteins (aus verschiedenen Horizonten entstehen Mischböden), das Gefüge (Klumpen in Form von Pseudokörnern) und der Wassergehalt durch Aufnahme atmosphärischer Feuchtigkeit z. B. beim Bandtransport, besonders aber durch Übernahme des Wassers durch Tone aus Sanden.

An dieser Stelle sei noch der Begriff "Empfindlichkeit" eines Lockergesteins angeführt. Empfindlichkeit bezieht sich auf das Verhalten gegenüber Störungen, die zu einem Festigkeitsverlust führen. Sie wird quantitativ durch das Verhältnis der Festigkeiten im ungestörten und gestörten Zustand ausgedrückt. Sie ist besonders groß in Tonen hohen Wassergehaltes mit Flockenstruktur und kann Werte zwischen 8 und 500 annehmen.

2.4   Bestandteile des Lockergesteins

Jedes Lockergestein kann aus

fester Phase
- Minerale des Muttergesteins und Gesteinsteilchen,
- Tonminerale,
- intergranulare Zemente,
- organische Bestandteile,

flüssiger Phase
- Wasser,
- gelöste Salze,

Gasphase
- Luft (oder andere Gase),
- Wasserdampf

bestehen.

a) Feste Phase

- Die Minerale des Muttergesteins und die Gesteinsteilchen (Mineralaggregate) haben im allgemeinen eine Korngröße >0,002 mm und sind von runder oder eckiger Form. Bilden sie den größten Anteil am Lockergestein, so entscheiden Korngröße, Kornform und Dichte ihrer Packung (Lagerungsdichte) über die Eigenschaften. Die Lagerungsdichte wird durch die Kornverteilung beeinflußt. Körner gleicher Größe sind stets lockerer gelagert als ein Lockergestein, das Körner verschiedener Größen enthält. Die lockere Lagerung ist verantwortlich für größere Zusammendrückbarkeit und geringen Widerstand gegenüber einer Scherbeanspruchung. Ebenso beeinflußt die Kornform diese Eigenschaften. Unerheblich ist die Mineralart.

- Die Tonminerale haben zumeist eine Größe von kleiner als 0,002 mm. Häufig haben sie die Form flacher Blättchen. Ihre Dicke ist oft nur die weniger Moleküle. Die Tonminerale besitzen daher eine große Oberfläche. Die Größe der Oberfläche ist maßgebend für mögliche elektrochemische Kräfte auf diesen Oberflächen und gemeinsam mit der Kristallstruktur der Minerale und dem Gefüge der aus Tonmineralen gebildeten Lockergesteine bestimmend für die Eigenschaften. Auf einige Begriffe wird noch zurückgekommen.

- In einigen Lockergesteinen befinden sich intergranulare Zemente, wie Calzit, Eisenoxide u. a. Diese "Zemente" wurden in das Lockergestein durch Lösungen eingetragen. In jedem Fall verkitten sie die Lockergesteinspartikel, erhöhen die Scherfestigkeit und vermindern die Kompressibilität.

- Organische Bestandteile rühren von Pflanzen oder Tieren her und sind zumeist im Mutterboden (0,3 m ... 0,5 m, oberste Schicht) konzentriert anzutreffen. In Gegenwart von Sauerstoff erfolgt durch Bakterien eine Zersetzung frischer organischer Materialien. Dabei entsteht Humus. Organische Beimengungen treten aber auch in den Hangend- und Liegendschichten der Braunkohlenflöze auf. Für die Bodenmechanik sind die organischen Beimengungen in den Hangend- und Liegendschichten der Braunkohlenflöze von Bedeutung. Auch für sie müssen, vorausgehend zum Abbau, z. B. Standsicherheitsuntersuchungen durchgeführt werden.

Die organischen Bestandteile haben Eigenschaften, die für die Zwecke des Ingenieurs äußerst unerwünscht sind:

Sie adsorbieren Wasser. Eine Druckerhöhung führt unter Wasserauspressung zur Volumenminderung. So können Torfschichten unter mittleren Spannungen auf 1/5 ... 1/6 ihrer Dicke zusammengedrückt werden. Sie schwellen wieder bei Lastreduzierung.

Sie besitzen eine geringe Scherfestigkeit und vermindern die von Lockergesteinen, in denen sie enthalten sind.

Sie besitzen ein hohes Basenaustauschvermögen, d. h., es können Kationen eines Elementes gegen solche anderer ausgetauscht werden. Die Art der Kationen beeinflußt die Dichte adsorbierter Wasserschichten und damit die Durchlässigkeit, aber auch Kompressibilität und Schwellvermögen.

Organische Stoffe verhindern das Erhärten von Zement und sind nicht durch Zement stabilisierbar.

Während ein Anteil an organischen Bestandteilen von 0,5 % in allen Fällen noch als unerheblich angesprochen werden darf, können (2 ... 3) % die Eigenschaften des Lockergesteins schon in manchen Fällen wesentlich ändern.

b) Flüssige Phase

Die Veränderung des Wassergehaltes ist von entscheidender Bedeutung für die Veränderung der Lockergesteinseigenschaften. Seine Vergrößerung führt zu einer Verminderung der Scherfestigkeit, der Zusammendrückbarkeit und auch der Durchlässigkeit. Gemeinsam mit den elektrochemischen Kräften an den Kristallgrenzflächen spielt das Wasser in den Poren eine wesentliche Rolle. Es kann zwar keine Scherspannungen, aber durchaus Normalspannungen übernehmen, wobei dieser Anteil oft einen wesentlichen Teil der dem Lockergestein übertragenen Belastung darstellt. Eine Zunahme der Gesamtlast hat bei fehlender Entwässerungsmöglichkeit sowohl ein Ansteigen der Berührungsspannungen zwischen den Lockergesteinspartikeln als auch der Spannungen im Porenwasser zur Folge. Beide Spannungsanteile müssen bei den Wertungen des Spannungszustandes im Lockergestein beachtet werden. In teilgesättigten Lockergesteinen entstehen an den Grenzflächen Luft zu Wasser in den Poren Oberflächenspannungen. Die Drücke in der Porenluft und im Porenwasser brauchen dabei nicht grundsätzlich gleich zu sein.

Wenn Wasser durch den Untergrund strömt, kann es gleichzeitig Salzlösungen transportieren. Die Sulfatlösung ist wegen ihrer Wirkung auf Beton die wichtigste. Gefährlich sind wegen ihrer Löslichkeit vor allem Natrium- und Magnesiumsulfate. Kalziumsulfate sind häufiger anzutreffen, aber weniger löslich. Die Richtlinien für Betonbauwerke legen fest, welche Mengen als gefährlich anzusehen sind.

c) Gasphase

Wenn nicht alle Poren mit Wasser gefüllt sind, enthalten sie Luft. Sogar in fettem Ton ist Luft mit (1 - 2) % anzutreffen. Ist der nichtgesättigte Porenraum gering (<15 %), befindet sich Luft in Form von Blasen im Lockergestein. Die Blasen werden durch Oberflächenkräfte in ihrer Lage gehalten und sind schwer entfernbar. Da sich Luft leicht zusammendrücken läßt, ist beim Aufbringen äußerer Lasten auf ungesättigte Lockergesteine mit Volumenänderungen und Änderungen der Porenluftspannungen zu rechnen. Ist der Luftanteil in den Poren größer, stehen die einzelnen Luftblasen miteinander in Verbindung. Sie sind stetig verteilt und können bei Belastung auch leichter entfernt werden. Luft wird auch durch einströmendes Wasser verdrängt.

In teilgesättigten Lockergesteinen ist die relative Luftfeuchtigkeit zumeist in den Poren groß. Bei geringer Wassersättigung tritt eine beachtliche Menge des Wassers in Form von Wasserdampf, also ebenfalls gasförmig, auf. Der Druck im Wasserdampf wechselt ortsabhängig als Folge unterschiedlicher Temperaturen und anderer Ursachen.

3 Grundeigenschaften der Lockergesteine und Lockergesteinsklassifikation

Das Verhalten der Lockergesteine ist durch eine Vielzahl von Eigenschaften bestimmt, die wiederum zum Teil zu ihrer Charakterisierung dienen. Diese Eigenschaften werden quantitativ durch Kennzahlen beschrieben. Dabei sind drei Arten solcher Eigenschaften zu unterscheiden:

a) rein physikalisch-chemische Eigenschaften, völlig unabhängig vom Zustand der Probe (Kalkgehalt, Korndichte usw.),

b) Eigenschaften, die in speziellen, künstlich herbeigeführten Zuständen deutlich werden, und

c) schließlich solche, die dem Material in beliebig künstlich herbeigeführten oder natürlich entstandenen Zuständen eigen sind.

Es wird versucht, bis zu einem gewissen sinnvollen Grade diese Einteilung auch bei der Behandlung der Lockergesteinseigenschaften beizubehalten.

3.1 Vom Zustand unabhängige Eigenschaften

3.1.1 Gehalt an organischen Bestandteilen (organischen Kohlenstoffverbindungen) und Kalk

Die Bedeutung organischer Bestandteile im Lockergestein und die Folgen ihres Auftretens wurden bereits im Abschnitt 2.4 beschrieben. Die genaue Kenntnis des Anteils organischer Bestandteile ist daher bedeutsam für die Klassifizierung der Lockergesteine und für Schlußfolgerungen auf ihre Festigkeit und Verformbarkeit, also ihre Eignung als Baugrund oder Baustoff bzw. ihr Verhalten bei der Gewinnung. Qualitativ wird diese Eigenschaft durch den Index der organischen Beimengungen (I_{om}) beschrieben, der das Verhältnis der Masse getrockneter organischer Anteile ($m_{d,o}$) zur Trockenmasse (m_d) der untersuchten Proben überhaupt ausdrückt, d. h.

$$I_{om} = \frac{m_{d,o}}{m_d}. \tag{3.1}$$

Die Bestimmung als Näherung erfolgt zumeist unter Ausnutzung der Brennbarkeit organischer Bestandteile. Damit wird der Glühverlust ermittelt. Unter dem Glühverlust V_{gl} eines Bodens ist der auf die Trockenmasse m_d bezogene Massenverlust Δm_{gl}, den der Boden beim Glühen erfährt, zu verstehen.

$$V_{gl} = \frac{\Delta m_{gl}}{m_d} = \frac{m_d - m_{gl}}{m_d}, \qquad (3.2)$$

m_d - Trockenmasse des Bodens vor dem Glühen,
m_{gl} - Masse des Bodens nach dem Glühen.

Bei dieser Art der Bestimmung können Fehler entstehen. So wird zum Beipiel beim Glühen gebundenes Wasser und Kristallwasser aus den Mineralien freigesetzt. Außerdem kann $Ca(OH)_2$ durch Aufnahme von CO_2 in $CaCO_3$ überführt werden; Eisenverbindungen können unter Massenzuwachs oxidieren.

Andere Verfahren führen eine Oxydation auf chemischem Wege (sog. Naßoxydation) herbei.

Als Anhalt für auftretende Größenordnungen seien Zahlen genannt, die zu geologischen Schichten ostdeutscher Braunkohlenlagerstätten gehören .

Tabelle 3.1: Glühverluste

tertiäre Mittelsande, bräunlich	$V_{gl} = 0{,}03 \ldots 0{,}05$
Schluffe	$V_{gl} = 0{,}03 \ldots 0{,}10$
Braunkohlenschluffe (-tone) als Oberbegleiter der Flöze	$V_{gl} = 0{,}20 \ldots 0{,}30$
dunkle organische Tone	$V_{gl} = 0{,}05 \ldots 0{,}10$

Die Feststellung, ob ein Lockergestein "Kalk" (Kalzium- oder Magnesiumkarbonate) enthält, ist für die Klassifizierung der Lockergesteine wesentlich. Man bezeichnet solche kalkhaltigen Lockergesteine häufig als Mergel: Geschiebemergel, Tonmergel u. ä. Die Bedeutung des Kalkes für die Verwendung der Lockergesteine ist im allgemeinen gering. Er kann allerdings die Ergebnisse anderer bodenmechanischer Untersuchungen beeinflussen. Eine exakte quantitative Bestimmung erfolgt selten. Man begnügt sich meist mit dem Beträufeln einer Probe mit verdünnter Salzsäure (Wasser : HCl = 3 : 1) und schließt aus der Intensität des Aufbrausens auf den Kalkgehalt (DIN 18 129; DIN 4022, Teil 2), [14].

Hierbei ist zu beachten, daß bei nassen und feuchten tonigen Böden das Aufbrausen meist etwas verzögert eintritt.

Tabelle 3.2: Kennzeichnung des Kalkgehaltes

kein Aufbrausen	kalkfrei (<1 %)	Kurzzeichen o
schwaches bis deutliches, nicht anhaltendes Aufbrausen	kalkhaltig (1 % - 4 %)	Kurzzeichen +
starkes, langandauerndes Aufbrausen	stark kalkhaltig (>5 %)	Kurzzeichen + +

Die quantitative Bestimmung des Kalkgehaltes V_{ca}

$$V_{ca} = \frac{m_{ca}}{m_d} \cdot 100 \quad [\%], \tag{3.3}$$

m_{ca} - Anteil des Calcium- und Magnesiumcarbonates an der Gesamtmasse,
m_d - Trockenmasse

erfolgt - wenn erforderlich - nach dem Verfahren von Scheibler/Finkener. Dieses Verfahren beruht auf der Bildung von CO_2 durch Zugabe von HCl zu den kalkhaltigen Böden.

3.1.2 Korndichte ϱ_s

Die Korndichte des Lockergesteins als das Verhältnis der Trockenmasse m_d zum Feststoffvolumen V_K entspricht der mittleren Dichte aller am Aufbau des Feststoffes beteiligten Minerale:

$$\varrho_s = \frac{m_d}{V_K}. \tag{3.4}$$

Sie ist ein Hilfswert und bei der Ermittlung einer Vielzahl weiterer die Lockergesteinseigenschaften charakterisierender Kennzahlen unentbehrlich (zur Ermittlung von Porenzahl, Dichte, Kornverteilung u. a.).

Bis zu einem bestimmten Maße ist sie auch für den Mineralbestand bzw. die Lockergesteinsart typisch, wie die Zahlen verdeutlichen. Aus diesen Werten lassen sich allgemein die Korndichten in den folgenden Grenzen bestimmen.

Lockergesteine mit organischen Beimengungen weisen erheblich kleinere und mit Erzbeimengungen wesentlich größere als die hier angegebenen Korndichten auf. Die Bestimmung der Korndichte ist in DIN 18 124 vorgeschrieben.

Tabelle 3.3: Korndichten verschiedener Minerale

Quarz	2,65 g/cm^3	Kaliumfeldspat	(2,54 ... 2,57) g/cm^3
Calzite	2,72 g/cm^3	Biotite	(2,80 ... 3,20) g/cm^3
Dolomite	2,85 g/cm^3	Illite	(2,60 ... 2,86) g/cm^3
		Montmorillonite	(2,75 ... 2,80) g/cm^3

Tabelle 3.4: Lockergesteinskorndichten

für nichtbindige Lockergesteine	(2,58 ... 2,70) g/cm^3
für schwachbindige Lockergesteine	(2,60 ... 2,74) g/cm^3
für starkbindige Lockergesteine	(2,66 ... 2,82) g/cm^3

3.1.3 Korngrößencharakteristiken

Ein Lockergesteinspartikel muß seiner Form nach nicht unbedingt als Kugel oder Kubus auftreten. Die Partikelgröße läßt sich daher nicht durch ein einziges Maß exakt beschreiben. Die Bedeutung des Begriffs Korngröße hängt also davon ab, welche Abmessungen festgestellt wurden und in welcher Weise die Feststellung erfolgte.

Möglichkeiten der Korngrößenbestimmung sind die direkte Längenmessung der Körner (für Körner d >71 mm), das Sieben (für Körner d > 0,063 mm), das Sedimentationsverfahren (d < 0,125 mm) und die Bestimmung mit Hilfe des Laser-Partikel-Sizer. Der Laser-Partikel-Sizer kann anstelle des Sedimentationsverfahrens angewandt werden, ist aber bisher noch in keiner Vorschrift aufgeführt.

In Abhängigkeit vom Meßverfahren wird unter Korngröße folgendes verstanden:

- Bei direkter Messung mit dem Meßschieber stellt sie die vergleichbare Weite des kleinsten Rundloches, durch das das Korn hindurchgehen würde, dar.

- Bei indirekter Messung
  a) mit Maschinensieben die kleinste Maschenweite, durch die die Körner hindurchfallen,
  b) nach dem Sedimentationsverfahren den Durchmesser von Kugeln (äquivalenter Korndurchmesser) gleicher Korndichte, die im Wasser bei 20 °C mit gleicher Geschwindigkeit wie die Lockergesteinskörner absinken, und

c) beim Laser-Partikel-Sizer wird der Durchmesser der Körner mit Hilfe eines Laser-Strahles ausgemessen. Dieses Verfahren muß, da es auf einer anderen physikalischen Basis aufbaut, unbedingt zu anderen Ergebnissen führen als die Sedimentationsanalyse. Das Verfahren ist zur Zeit noch nicht in die Norm aufgenommen.

Der Größenbereich der Lockergesteinspartikel liegt etwa zwischen 10^{-6} mm und mehreren Metern (bei großen Gesteinsbrocken). Zur Beschreibung der Korngröße wählt man entweder eine Abmessung oder einen Namen, der beliebig einem bestimmten Korngrößenbereich zugewiesen wird. Es ist dabei zu beachten, daß gewisse Doppeldeutigkeiten vorkommen. Vorläufig bezeichnet z. B. der Begriff "Ton" Körner der Größe d < 0,002 mm. Später wird er zur Bezeichnung eines feinkörnigen Lockergesteins ganz bestimmter plastischer Eigenschaften verwendet. Es ist daher hier besser, von "Tonkorn" anstelle von "Ton" zu sprechen. Tabelle 3.5 enthält Bezeichnungen für die Korngrößenbereiche.

Tabelle 3.5: Korngrößenbereiche

Steine		$d \geq 63{,}0$ mm
Kies(korn)	Grobkorn	$2{,}0$ mm $\leq$ d $< 63{,}0$ mm
Sand(korn)		$0{,}06$ mm $\leq$ d $<$ $2{,}0$ mm
Schluff(korn)	Feinkorn	$0{,}002$ mm $\leq$ d $<$ $0{,}06$ mm
Ton(korn)		$d \leq$ $0{,}002$ mm

Bild 3.1 zeigt nochmals Korngrößenbereiche und Verfahren zur Bestimmung der Korngrößen. Aus diesem Bild wird bereits deutlich, wie man bei allen mit den Korndurchmessern in Verbindung stehenden Auftragungen zweckmäßig vorgeht. Der Korngrößenbereich 0 < d < 1,0 mm umfaßt sowohl den Ton- als auch den Schluffbereich und einen Teil des Sandbereiches. Vergleicht man diesen Bereich mit dem Bereich 1,0 mm $\leq$ d $\leq$ 63,0 mm, so drängen sich mehrere Kornfraktionen zusammen. Aus diesem Grund ist es üblich, die Abszissenachse (d-Achse) nicht linear, sondern logarithmisch zu teilen. Damit entsteht jeweils für den Korngrößenbereich einer Zehnerpotenz eine gleiche Streckenlänge, und der Korngrößenbereich d < 1,0 mm wird ausreichend gestreckt.

Wie erwähnt, erfolgt die Ermittlung der Korngröße in erster Linie im Sieb- und Sedimentationsverfahren. Die exakte Durchführung des Versuches ist in der DIN 18 123 festgelegt. Beim Siebverfahren erfolgt die Zerlegung des Korngemisches durch Rundloch- und Maschensiebe in Fraktionen. Beim Sedimentationsverfahren werden die Korngrößen auf Grund ihrer unterschiedlichen Sinkgeschwindigkeiten im Wasser ermittelt. Es gilt dafür das Gesetz von Stokes:

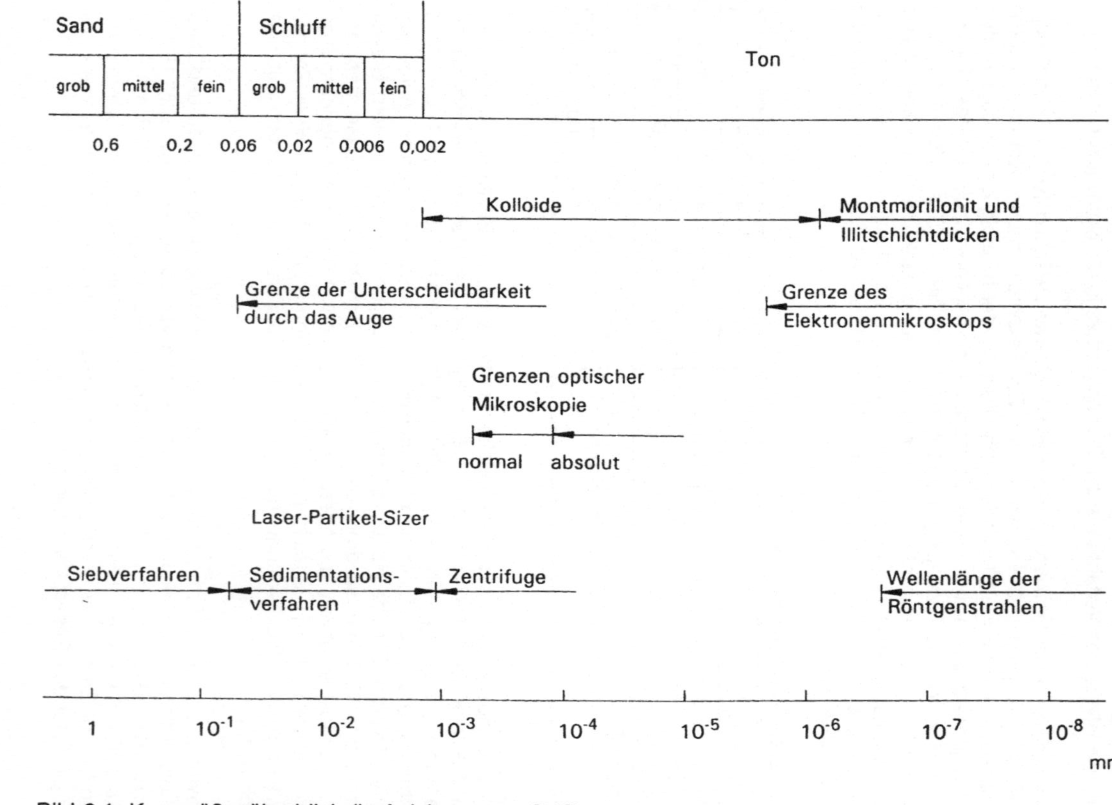

Bild 3.1: Korngrößenüberblick (in Anlehnung an [23])

$$d = \sqrt{\frac{18 \cdot v \cdot \eta}{\gamma_s - \gamma_w}} \qquad \text{mit } v = \frac{h_\varrho}{t} \qquad\qquad (3.5)$$

mit
h_ϱ - Sinkhöhe,
t - Zeit,
d - Korngröße,
η - dynamische Zähigkeit der Flüssigkeit,
γ_s - Kornwichte des Lockergesteins,
γ_w - Wichte des Wassers.

Die Bestimmung der Korngröße ist mit Fehlern behaftet, wobei die Genauigkeit der Bestimmung für feinkörnige Lockergesteine noch fraglicher ist als für gröbere. Besonders vor der Sedimentationsanalyse werden oft physikalische und chemische Behandlungen nötig, die eine effektive Korngröße schaffen, die es im natürlichen Lockergestein nicht gibt. Es ist aber tatsächlich von geringerer Bedeutung, daß die exakten Korngrößen bestimmt werden, denn eigentlich nur die Eigenschaften der grobkörnigen Lockergesteine lassen sich aus der Kornverteilung ableiten. Für feinkörnige Lockergesteine sind Entstehungsgeschichte, Struktur usw. wesentlich bedeutsamer.

Trotzdem gibt die Kornverteilungskurve vor allem über Sande wichtige Auskünfte hinsichtlich deren Durchlässigkeit, Frostempfindlichkeit u. a.

Um die Möglichkeit einer zeichnerischen Darstellung der mit o. g. Verfahren gefundenen Ergebnisse zu erläutern, betrachtet man einmal allein die Siebung. Durch Verwendung eines genormten Siebsatzes mit der entsprechenden Stufung der Maschenweite (0,063 mm, 0,125 mm, 0,25 mm, 0,5 mm, 1,0 mm, 2,0 mm, 4,0 mm, 8,0 mm ...) entsteht eine Klasseneinteilung $\overline{d}_{i-1} < \overline{d}_i$ ($\overline{d}_{i-1}$, $\overline{d}_i$ - Maschenweiten im Siebsatz aufeinanderfolgender Siebe). Die relative Häufigkeit der Körner der Klasse d_i (d_i könnte beispielsweise die Klassenmitte sein: $d_i - \dfrac{\overline{d}_i + \overline{d}_{i-1}}{2}$) ist charakterisiert durch den Quotienten

$$f_i = \frac{m_{R,i}}{m_d} \cdot \frac{1}{\overline{d}_i - \overline{d}_{i-1}}; \quad f_i \cdot \Delta\overline{d}_i = \frac{m_{R,i}}{m_d}, \qquad\qquad (3.6)$$

$m_{R,i}$ - Masse des Siebrückstandes auf dem Sieb der Maschenweite d_{i-1},
m_d - Trockenmasse der zum Siebversuch verwendeten Gesamtmasse.

Damit gewinnt man die in der Statistik übliche Häufigkeitsverteilungskurve in Form eines Säulendiagrammes.

Bei einer weiteren Verfeinerung des Siebsatzes ginge der Polygonzug in einen stetigen Kurvenzug über. Man gewinnt die Verteilungsdichtefunktion $f = f(d)$.

Ebenfalls wie in der Statistik üblich, wird nun aus der Verteilungsdichtefunktion eine Summenkurve abgeleitet, die eigentliche Verteilungsfunktion

$$F(d) = \int\limits_{0}^{d} f(t)\,dt. \tag{3.7}$$

Umgekehrt gilt

$$\frac{\partial F}{\partial d} = f(d). \tag{3.8}$$

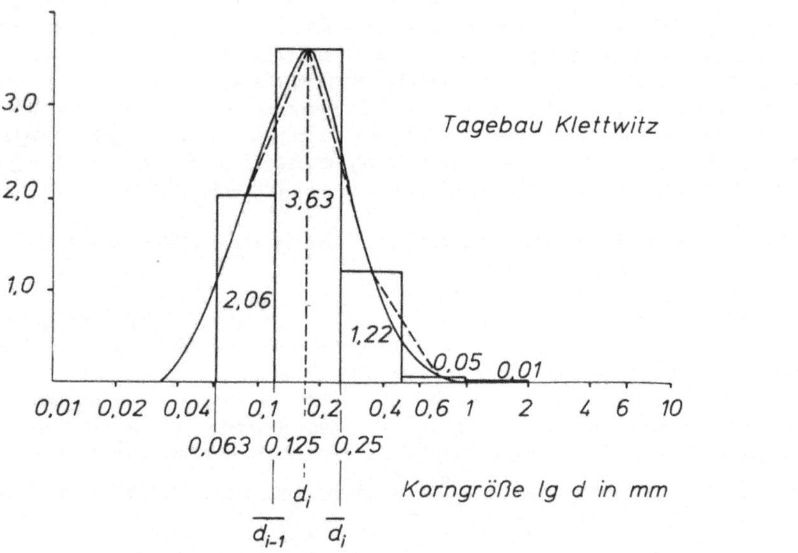

Bild 3.2: Häufigkeitsverteilungskurve (Verteilungsdichtefunktion) eines Sandes

Diese Verteilungsfunktion F(d) des Korndurchmessers ist definiert durch

$$F(d) = P(\text{Korndurchmesser} < d). \tag{3.9}$$

Lies: F(d) ist die Wahrscheinlichkeit P für das Vorhandensein von Körnungen mit einem Durchmesser <d im Gemisch mit den Wertebereichen $0 < d < \infty$ und $0 < F(d) < 1{,}0$.

Zur praktisch üblichen Auftragung der Kornverteilungskurve wird die Ordinatenachse in Prozente geteilt. Sie kann dann als eine Auftragung des prozentualen Masseanteils aller Körner, deren Durchmesser kleiner als d sind, über d verstanden werden.

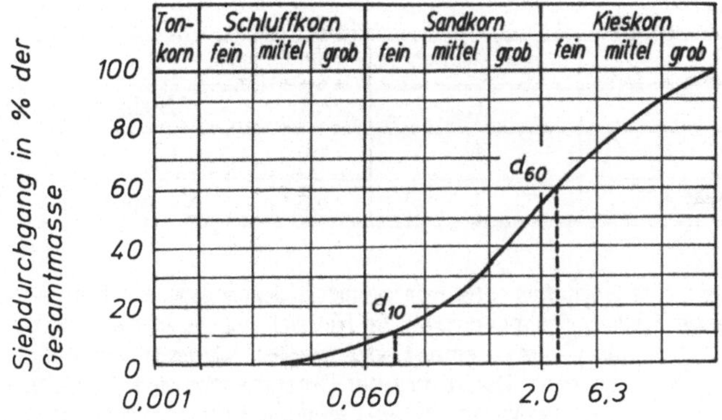

Bild 3.3: Kornverteilungskurve eines Lockergesteins

In bestimmten Fällen erlaubt der Verlauf der Kornverteilungskurve Rückschlüsse auf die Genese des Lockergesteins. Transportvorgänge durch Wasser und Wind führen oft zu einer Sortierung von Korngemischen nach der Korngröße.

Die Art der Verteilung bestimmt die Ungleichförmigkeitszahl U

$$U = \frac{d_{60}}{d_{10}}.$$

(3.10)

Je kleiner U, um so gleichkörniger ist das Lockergestein. Mit steigender Ungleichförmigkeitszahl nimmt die Verdichtbarkeit von Sand-Kies-Gemischen zu. Bis zu $U \le 7$ ist die Verdichtbarkeit zumeist vom Wassergehalt unabhängig.

In etwa gleicher Weise wie die Ungleichförmigkeitszahl wird die Krümmungszahl C

$$C = \frac{d_{30}^2}{d_{60} \cdot d_{10}}$$

(3.11)

definiert. Sie dient ebenso zur Beurteilung der Verdichtbarkeit der Lockergesteine. Als gut verdichtbar spricht man Lockergesteine mit $C = 1 \ldots 3$ und $U > 4$ (Kiese) bzw. $U > 6$ (Sande) an.

Krümmungszahl und Ungleichförmigkeitszahl legen zusammen die Kornstufung fest (DIN 18 196).

Tabelle 3.6: Kornstufung

Benennung	Kurzzeichen	U	C
enggestuft	E	<6	beliebig
weitgestuft	W	≥6	1 ... 3
intermittierend gestuft	I	≥6	<1 oder >3

Selbstverständlich besteht das Bedürfnis, das Korngemisch durch eine einzige, einer Korngröße entsprechenden Zahl zu charakterisieren. Im Hinblick auf die Bedeutung der spezifischen Oberfläche O_s für das Verhalten eines Lockergesteins wird der sogenannte wirksame Korndurchmesser d_w gewählt. Damit wird der Durchmesser einer Kugel bezeichnet, die die gleiche spezifische Oberfläche wie das natürliche Korngemisch hat. Die spezifische Oberfläche einer Kugel ist dabei die auf ihr Volumen ($V_{Kugel} = 1/6 \cdot \pi d^3$) bezogene Oberfläche ($O_{Kugel} = \pi d^2$). Für eine Kugel mit dem Durchmesser d gilt demnach

$$O_s(d) = \frac{\pi \cdot d^2}{\frac{1}{6} \cdot \pi \cdot d^3} = \frac{6}{d}. \tag{3.12}$$

Zur Berechnung der spezifischen Oberfläche eines Korngemisches wird von folgenden Überlegungen ausgegangen:

Zum Kornbereich d ... d + ∂d (Bild 3.4) gehört der Masseanteil $\partial m = m_d \cdot f(d) \cdot \partial d$ der Gesamttrockenmasse. Die Zahl der in ihm enthaltenen Kugeln vom Durchmesser d ist

$$n(d) = \frac{f(d) \cdot m_d}{\frac{1}{6} \cdot \pi \cdot d^3 \cdot \varrho_s} \partial d \tag{3.13}$$

und die zu diesen Kugeln gehörende Oberfläche

$$\partial O = n(d) \cdot \pi \cdot d^2 = 6 \frac{f(d)}{d} \frac{m_d}{\varrho_s} \partial d. \tag{3.14}$$

Die Oberfläche des gesamten Kugelgemisches ist somit:

$$O = \frac{6 m_d}{\varrho_s} \int_0^\infty \frac{f(d)}{d} \partial d. \tag{3.15}$$

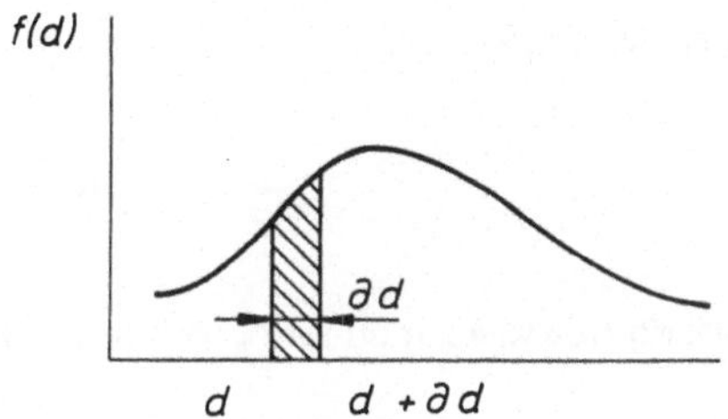

Bild 3.4: Kornbereich d ... d + ∂d

Die spezifische Oberfläche wird dann:

$$O_s = \frac{O}{V} = \frac{O}{\dfrac{m_d}{\varrho_s}} = \frac{\varrho_s}{m_d} \cdot O = 6 \int\limits_0^\infty \frac{f(d)}{d}\, \partial d. \qquad (3.16)$$

Beachtet man nun noch die Beziehung zwischen Verteilungsdichtefunktion und Verteilungsfunktion

$$f(d) = \frac{\partial F}{\partial d}, \qquad (3.17)$$

dann wird

$$O_s = 6 \int\limits_0^1 \frac{1}{d}\, \partial F. \qquad (3.18)$$

Man muß berücksichtigen, daß in Gleichung 3.18 die abhängige und die unabhängige Variable ihre Rollen getauscht haben. Die Integration erfolgt nicht mehr wie bisher über d, sondern über F.

Die gleiche spezifische Oberfläche wie das Korngemisch soll die Kugel mit der wirksamen Korngröße d_w haben. Es gilt also

$$O_s = \frac{6}{d_w} = 6 \int\limits_0^1 \frac{1}{d}\, \partial F. \qquad (3.19)$$

Damit läßt sich die wirksame Korngröße aus der Beziehung

$$\frac{1}{d_w} = \int_0^1 \frac{1}{d}\, \partial F \tag{3.20}$$

berechnen. Ein grafisches Verfahren zur Ermittlung des wirksamen Korndurchmessers wurde von Koženy [19] vorgeschlagen.

Dazu werden die F-Achse als Abszissenachse (unabhängige Variable) und als Ordinatenachse eine 1/d-Achse gewählt. Ausgehend von der Summenlinie in der Lösung d = d(F) erfolgt eine Auftragung 1/d = 1/d(F). Die durch die Koordinatenachsen und die 1/d-Kurve gebildete Fläche wird in ein flächengleiches Rechteck umgewandelt, das auf der 1/d-Achse den Wert $1/d_w$ abschneidet. Durch Übergang auf die Summenlinie läßt sich d_w auch unmittelbar ablesen.

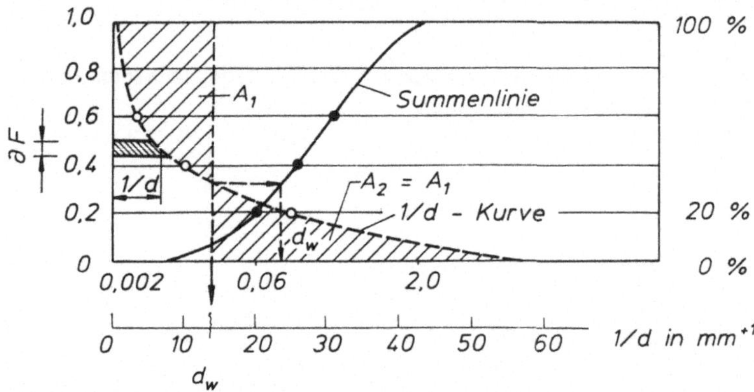

Bild 3.5: Bestimmung des wirksamen Korndurchmessers d_w nach Koženy

Aus den Kornverteilungskurven erfolgt weiterhin die Bemessung von Filtern als Schutz vor Ausspülungen durch strömendes Wasser. In der Skizze (Bild 3.6) ist ein am Fuß eines Dammes angeordnetes Filter zu sehen.

An einen Filter werden folgende Forderungen gestellt:

- Die Durchlässigkeit des Filters muß größer sein als die der zu schützenden Lockergesteinsschicht.

- Aus der zu schützenden Schicht dürfen keine Bestandteile ausgetragen werden.

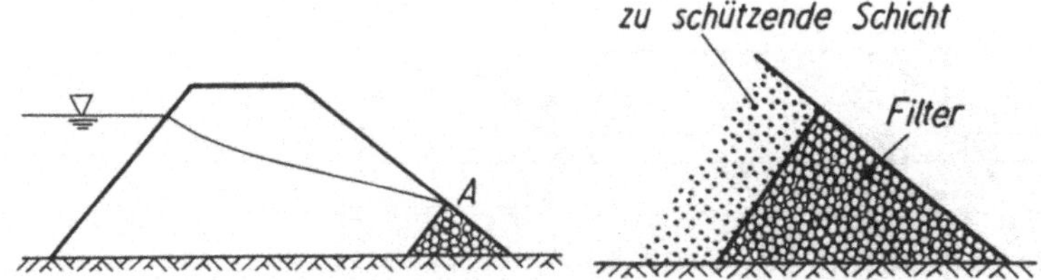

Bild 3.6: Anordnung eines Filters am Dammfuß

Diese Bedingungen lassen sich erfüllen, wenn man die Kornverteilung des Filtermaterials der der zu schützenden Schicht anpaßt. Die Filterregel von Terzaghi [47] - eine empirisch gewonnene Relation - gibt einen Anhalt über das Verhältnis zwischen Kornverteilungsbereich des Filtermaterials und dem des zu schützenden Lockergesteins:

$$\frac{D_{15}}{d_{85}} < 4 < \frac{D_{15}}{d_{15}}$$

$$\frac{D_{15}}{d_{85}} < 4 \qquad \text{Regel zur Sicherheit gegenüber Erosion} \tag{3.21}$$

$$\frac{D_{15}}{d_{15}} > 4 \qquad \text{Durchlässigkeitsregel}$$

D_{15} - Korndurchmesser des Filters bei 15 % Siebdurchgang,
d_{15}, d_{85} - Korndurchmesser des zu schützenden (zu entwässernden) Materials bei 15 % bzw. bei 85 % Siebdurchgang.

Bild 3.7 erläutert diese Regel.

Dringt Frost in den Untergrund ein, so verkittet im frostsicheren Lockergestein das Eis die Lockergesteinspartikel zu einer starren Masse, wobei Raumvergrößerungen nur durch den Übergang von Wasser zu Eis entstehen. Ganz anders liegen die Verhältnisse im frostempfindlichen Lockergestein. Hier wird Wasser ständig in die Frostzone nachgesaugt, es kommt zu einer Wasseranreicherung. Dabei muß nicht unbedingt ein Wasserhorizont als Quelle anzusaugenden Wassers vorhanden sein. Es genügen die natürliche Lockergesteinsfeuchte oder eindringendes Oberflächenwasser. Im Ergebnis dieser Vorgänge bilden sich Eislinsen und -schichten. Es kommt zu den besonders im Straßenwesen bekannten Frosthebungen. Beim Auftauen liegt nun eine Übersättigung an Wasser vor. Da der Auftauprozeß von oben nach unten voranschreitet, ist ein Wasserabfluß nicht möglich. Die Folge sind Erweichungen, Verminderung der Tragfähigkeit und die bekannten Frostaufbrüche.

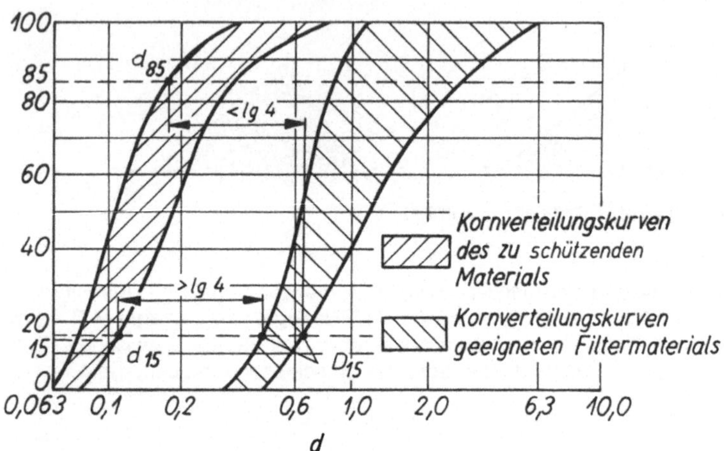

Bild 3.7: Kornverteilungskurven zur Filterregel von Terzaghi

Die Frostempfindlichkeit der Lockergesteine hängt von ihrer Kornverteilung, der Durchlässigkeit, der Kapillarität sowie dem chemischen und mineralogischen Aufbau der Lockergesteine ab. Besonders bedeutsam ist die Kornverteilung. Die sogenannten Frostkriterien bauen daher auf der Kornverteilung auf. Nach Casagrande und Loos [11] sind frostgefährdet:

Lockergesteine, für die $U > 15$ und $F(0,02) \geq 0,03$,
Lockergesteine, für die $U < 5$ und $F(0,02) \geq 0,10$;

$F(0,02)$ - Kornanteil mit einem Korndurchmesser kleiner als 0,02 mm.

Häufiger wird das Kriterium nach Schaible [39], [40] angewandt. Danach liegt Frostempfindlichkeit vor, wenn $F(0,1) > 10\ \%$ oder wenn der Anteil an organischen Bestandteilen bei im Fein- bzw. Mittelsandbereich liegenden Lockergesteinen größer ist als 1 % ($V_{gl} > 0,01$).

Das Ausmaß der Frostschäden hängt ab von:

- der Dauer der Frostperiode,
- dem Ausmaß der Durchfeuchtung,
- der Lagerungsdichte und
- dem Kaolinit- und Illitgehalt.

Als Frosteindringtiefe werden in Deutschland maximal 1,7 m angesehen. Die Untersuchungen auf Frostgefährlichkeit sind bis zu einer Tiefe von 2,0 m durchzuführen.

3.1.4 Kornform, Rauhigkeit, Oberflächentextur und Farbe

Während im Kies-, Sand- und auch noch im Schluffbereich kugelige und kubische Körner, also Kornformen etwa gleicher Abmessungen in jeder Körperrichtung, gegenüber Plättchen (Glimmer) bei weitem überwiegen, trifft das im Tonkornbereich keineswegs mehr zu. Hier dominieren Plättchen und Stäbchenformen.

Man bezeichnet die Körner eines Korngemisches auf Grund des visuellen Eindrucks als kugelig, münzenförmig, bohnenförmig, stengelig, scharfkantig, kantengerundet. Solche Beschreibungen sind allerdings nur bei Kies-Sand-Gemischen möglich. Auf Grund der geringen Korngröße, mit denen man es überwiegend zu tun hat, ist es unpraktisch, die Kornform durch Angabe von Seitenverhältnissen näher zu quantifizieren.

Der Begriff Kornrauhigkeit bezieht sich auf die Ausbildung von Ecken und Kanten der Körner. Hier erfolgt die Ansprache innerhalb des Kieskornbereiches durch Fühlen als:

- hohe Rauhigkeit (wie grobe Holzfeile),
- mittlere Rauhigkeit (wie grobes Schleifpapier),
- geringe Rauhigkeit (wie feines Schleifpapier),
- keine Rauhigkeit (wie Eierschale).

Bild 3.8: Kornrauhigkeiten

Die Mikroeigenschaften der Kornoberfläche werden in den Begriffen Oberflächenbeschaffenheit oder auch Oberflächentextur erfaßt. Hier sind Begriffe wie stumpf oder poliert, glatt oder rauh, geriffelt, körnig üblich. Diese Eigenschaftsworte sprechen für sich. Es sind weitere Erklärungen unnötig.

Kornform, Kornrauhigkeit und Oberflächenbeschaffenheit spiegeln in gewissem Maße die Entstehungsgeschichte und die Mineralart wider. Gerundete und glatte Formen sind vor allem unter allochthonen Lockergesteinen nach Transport im Wasser vertreten. Bis zu einem bestimmten Ausmaß haben diese Eigenschaften z. B. Auswirkungen auf die Verdichtungsfähigkeit der Lockergesteine, vor allem natürlich der grobkörnigen.

Ebenso wie die bisher genannten Eigenschaften dienen auch die Farbe und der Geruch in erster Linie dem Erkennen und Beschreiben. Hieraus kann ebenfalls auf bestimmtes Verhalten eines Lockergesteins, die Entstehung usw. geschlossen werden. So können dunkle Farbe und ein spezifischer Geruch auf den Gehalt an organischen Substanzen hinweisen. Die Hauptfarben, nach denen unterschieden wird, sind: grau, braun, rot, gelb, grün, blau, schwarz und weiß. Die Angabe zweier Hauptfarben ist möglich. Ergänzend werden "hell" und "dunkel" verwendet.

3.1.5   Kornaufbau

Bisher existieren zu wenige nutzbare Beziehungen zwischen dem Kornaufbau, d. h. der Art und der Anordnung der Atome, und dem Lockergesteinsverhalten. Trotzdem ist eine gewisse Kenntnis der Struktur für ein grundlegendes Verständnis des Lockergesteinsverhaltens erforderlich. Vor allem für Durchlässigkeit, Festigkeit, Kompressibilität und die Art der Spannungsübertragung in den feinkörnigen Lockergesteinen ist der Kornaufbau bedeutsam. Bestimmte Minerale können dem Lockergestein ungewöhnliche Eigenschaften verleihen. Die Anwesenheit von Halloysit im Lockergestein führt zu geringen Dichten; Montmorillonit bestimmt ein stark schwellendes Lockergestein. Eine ganz besonders wichtige Eigenschaft der Tonminerale ist die Fähigkeit, Wasser an der Teilchenoberfläche anzulagern. Die Stärke des Ausgeprägtseins dieser Eigenschaft ist bis zu einem gewissen Grade auch charakteristisch für die einzelnen Minerale.

Da dem Bodenmechaniker im allgemeinen nicht die Möglichkeiten zur Bestimmung des Mineralgehaltes zur Verfügung stehen wie dem Mineralogen, muß er unmittelbar die o. g. Eigenschaften prüfen bzw. indirekt auf den Mineralgehalt schließen.

Dazu dienen einmal die Bestimmung des maximalen molekularen Wassergehaltes w_M (nach Lebedew, [24]), d. h. des Wassergehaltes, der in einer Probe nach Aufbringen einer Beschleunigung von $7 \cdot 10^4 \cdot g$ auf Grund der Wirkung molekularer Kräfte noch verbleibt, und schließlich die Wasseraufnahmefähigkeit w_{max} (nach Enslin, [13]) als eine Menge an Wasser m_w, das trockenes, feinkörniges Material (d < 0,06 mm) in einer bestimmten Versuchsapparatur aufzusaugen vermag. Besonders die Wasseraufnahmefähigkeit wird für die Beurteilung von Tonen herangezogen. In Abhängigkeit von der Art des Tonminerals sind folgende Werte zu erwarten.

Hohe Werte für w_{max} weisen im allgemeinen auf Lockergesteine hin, die im Erd- und Grundbau, z. B. wegen ihrer Quellfähigkeit, gefährlich werden können.

Tabelle 3.7: Wasseraufnahmefähigkeit verschiedener Minerale

Lockergesteins- bzw. Mineralart	$w_{max} = \dfrac{m_w}{m_d}$
Quarzmehl	0,30
Tone allgemein	0,60 ... 1,50
Kaolin	0,70 ... 1,00
Ca-Bentonit	3,00
Na-Bentonit	7,00

m_w - Masse des aufgesogenen Wassers; m_d - Masse der Trockensubstanz

3.2 Vom Zustand abhängige Kennzahlen

3.2.1 Grundlegende Phasenbeziehungen

Ein Lockergesteinselement ist als Teilchensystem offensichtlich mehrphasig. Betrachtet man das Bild 3.9, so sind drei Phasen zu erkennen, nämlich

- die feste Phase (Mineralteilchen),
- die flüssige Phase (meist Wasser) und
- die gasförmige Phase (üblicherweise Luft).

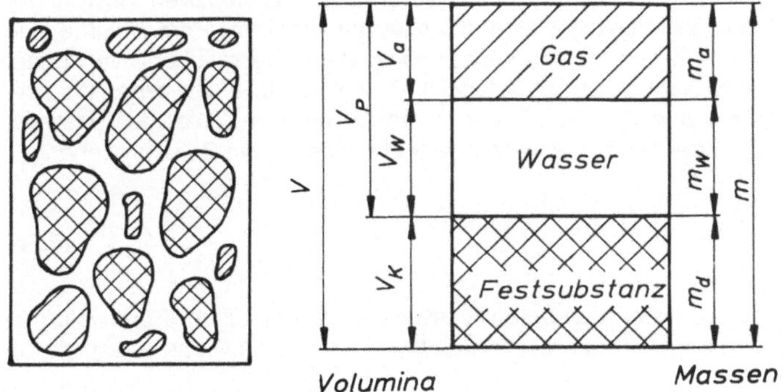

Bild 3.9: Lockergesteinselement als Dreiphasensystem

Zur Entwicklung der Phasenbeziehungen muß man sich die Phasen getrennt vorstellen. Als Kennzahlen werden benutzt:

- die Porenzahl e

$$e = \frac{V_P}{V_K} \qquad (0 \le e < \infty) \qquad (3.22)$$

V_P - Volumen der Poren
V_K - Volumen der Festmasse,

- der Porenanteil n

$$n = \frac{V_P}{V} \qquad (0 \le n < 1) \qquad (3.23)$$

V - Gesamtvolumen,

- der Wassergehalt w

$$w = \frac{m_w}{m_d} \tag{3.24}$$

und

- die Sättigungszahl S_r

$$S_r = \frac{V_w}{V_P} \quad (0 \le S_r \le 1) \tag{3.25}$$

V_W - Volumen des Wassers.

Der Porenanteil wird meist mit 100 multipliziert, also in Prozent angegeben. Sowohl Porenanteil als auch Porenzahl charakterisieren den relativen Anteil des Porenvolumens in einer Lockergesteinsprobe. Obwohl beide Kennzahlen in der Bodenmechanik verwendet werden, besitzt die Porenzahl durch die Art der Definition Vorteile. Bei einer Verdichtung des Lockergesteins verändert sich in der Porenzahl nur der Zähler des Bruches, in dem Porenanteil auch der Nenner. Zwischen e und n existiert ein Zusammenhang

$$e = \frac{n}{1 - n}; \quad n = \frac{e}{1 + e}. \tag{3.26}$$

Die Sättigungszahl charakterisiert den durch Wasser gefüllten Anteil am Porenvolumen durch eine Verhältniszahl. $S_r = 0$ bezeichnet das trockene, $S_r = 1,0$ das wassergesättigte Lockergestein.

Von außerordentlicher Wichtigkeit für die Beurteilung des Zustandes und der Eigenschaften eines Lockergesteins ist der Wassergehalt als Quotient der Masse des Wassers und der Festsubstanz. Seine Ermittlung erfolgt

- direkt über die Bestimmung der in der Definitionsgleichung enthaltenen Massen unter Einschaltung einer Trocknung bei 105 °C oder

- indirekt z. B. durch Anwendung von Neutronenstrahlen (Neutronensonde). Die Schwächung der Strahlung ist dabei ein Maß für den Wassergehalt.

Für die Wassergehaltsbestimmung auf direktem Wege enthält die DIN 18 121 die notwendigen Vorschriften.

Mit dem Wert für den Wassergehalt läßt sich auch für die Sättigungszahl eine Möglichkeit zur indirekten Bestimmung finden:

$$S_r = \frac{(1 - n) \cdot w \cdot \varrho_s}{n \cdot \varrho_w} = \frac{w \cdot \varrho_s}{e \cdot \varrho_w}. \tag{3.27}$$

Im wassergesättigten Zustand gelten die Beziehungen

$$w = e \, \frac{\varrho_w}{\varrho_s} = \frac{n}{1-n} \cdot \frac{\varrho_w}{\varrho_s}; \quad n = \frac{w}{w + \dfrac{\varrho_w}{\varrho_s}}. \tag{3.28}$$

Die Phasenbeziehungen spiegeln sich natürlich sowohl in der Dichte ϱ als auch in dem Verhältnis der Masse einer Probe zum Volumen wider

$$\varrho = \frac{m}{V}. \tag{3.29}$$

Unter Beachtung der Phasen ist zu schreiben:

$$\varrho = \frac{1}{V} \cdot (V_K \cdot \varrho_s + V_P \cdot S_r \cdot \varrho_w). \tag{3.30}$$

ϱ_w - Dichte des Wassers, $\varrho_w \approx 1{,}0 \text{ g/cm}^3$.

Dabei wird die Dichte des Gases als vernachlässigbar klein vorausgesetzt. Weiter umgeformt folgen:

$$\varrho = \frac{1}{V} \cdot ((V - V_P) \cdot \varrho_s + V_P \cdot S_r \quad \varrho_w)$$
$$\varrho = (1 - n) \cdot \varrho_s + n \cdot \varrho_w \cdot S_r$$
$$\varrho = \frac{1}{1 + e}(\varrho_s + e \quad \varrho_w \cdot S_r) \tag{3.31}$$

oder

$$\varrho = (1 - n) \cdot (1 + w) \cdot \varrho_s$$
$$\varrho = \frac{1 + w}{1 + e} \, \varrho_s. \tag{3.32}$$

Die Dichte ist eine wesentliche Kennzahl, die in viele bodenmechanische Berechnungen eingeht.

Eine Zusammenstellung aller wichtigen Formeln enthält folgende Tabelle.

Tabelle 3.8: Beziehungen zwischen Klassifikationsparametern

No.	Symbol	ϱ_s	ϱ	ϱ_d	n	e	w
1	ϱ_s	ϱ_s	$\dfrac{\varrho}{(1+w)(1-n)}$	$\dfrac{\varrho_d}{1-n}$	$\dfrac{\varrho_d}{1-n}$	$\varrho_d(1+e)$	
2	ϱ	$\varrho_s(1-n)(1+w)$	ϱ	$\varrho_d(1+w)$	$\varrho_s(1-n)(1+w)$	$\dfrac{\varrho_s(1+w)}{1+e}$	
3	ϱ_d	$\varrho_s(1-n)$	$\dfrac{\varrho}{1+w}$	ϱ_d	$\varrho_s(1-n)$	$\dfrac{\varrho_s}{1+e}$	$\dfrac{\varrho}{1+w}$
4	n	$\dfrac{\varrho_s-\varrho_d}{\varrho_s}$	$1-\dfrac{\varrho}{\varrho_s(1+w)}$	$\dfrac{\varrho_s-\varrho_d}{\varrho_s}$	n	$\dfrac{e}{1+e}$	$1-\dfrac{\varrho}{\varrho_s(1+w)}$
5	e	$\dfrac{\varrho_s-\varrho_d}{\varrho_d}$	$\dfrac{\varrho_s(1+w)}{\varrho}-1$	$\dfrac{\varrho_s-\varrho_d}{\varrho_d}$	$\dfrac{n}{1-n}$	e	$\dfrac{\varrho_s(1+w)}{\varrho}-1$
6	w	$\dfrac{\varrho}{\varrho_s(1-n)}-1$	$\dfrac{\varrho-\varrho_d}{\varrho_d}$	$\dfrac{\varrho-\varrho_d}{\varrho_d}$	$\dfrac{\varrho}{\varrho_s(1-n)}-1$	$\dfrac{\varrho(1+e)}{\varrho_s}-1$	w
7	S_r	$\dfrac{w\varrho_s(1-n)}{n\varrho_w}$	$\dfrac{w\varrho}{n(1+w)\varrho_w}$	$\dfrac{w\varrho_d}{n\varrho_w}$	$\dfrac{w\varrho_d}{n\varrho_w}$	$\dfrac{w\varrho_s}{e\varrho_w}$	$\dfrac{w\varrho_s}{e\varrho_w}$

ϱ_d ist die Dichte im trockenen Zustand ($w = 0$).

3.2.2 Eigenschaften und Kennzahlen der Lockergesteine an künstlich definierten Grenzen

3.2.2.1 Porenzahlen bei lockerster und dichtester Lagerung

Ein System gleich großer Kugeln läßt sich in verschiedener Weise lagern. Bild 3.10 zeigt dafür zwei Beispiele.

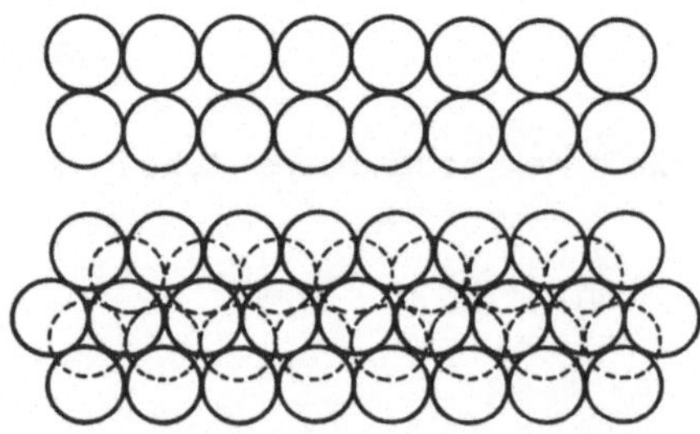

Bild 3.10: Lagerungsdichte (schematisch)

Im ersten Fall ergibt sich eine sogenannte "lockerste Lagerung" mit

max e = 0,92; max n = 47,6 %,

im zweiten Fall die "dichteste Lagerung" mit

min e = 0,35; min n = 26,0 %.

Diese Größen sind aus der Geometrie der Lagerung berechenbar.

Lockerste und dichteste Lagerung sind als Grenzwerte möglicher Lagerungen wesentlich für die Einordnung der Lagerung natürlicher Korngemische grobkörniger Lockergesteine innerhalb dieser Grenzen.

Im Versuch zur Bestimmung der dichtesten Lagerung werden Versuchsbedingungen geschaffen (meist wird eine Probe unter Zugabe von Wasser Vibrationen ausgesetzt), die auf eine maximale Verdichtung abzielen. Man nimmt dabei an, daß der mit den Verdichtungsmaßnahmen erreichte künstliche Zustand auch gleichzeitig dichtester Lagerung entspricht. Zur weiteren Charakterisierung des Zustandes dient neben min e (min n) oft noch die Trockendichte bei dichtester Lagerung max ϱ_d

$$\max \varrho_d = (1 - \min n) \cdot \varrho_s = \frac{\varrho_s}{1 + \min e}. \tag{3.33}$$

Analog werden zur Ermittlung der lockersten Lagerung Versuchsbedingungen geschaffen, die auf eine lockerste Lagerung abzielen, und es wird vorausgesetzt, daß die künstlich erreichte Lagerung der natürlich lockersten entspricht. Man wird feststellen, daß das häufig nicht der Fall ist. Feuchter Sand kann oft eine lockerere Lagerung besitzen als sie mit dem im Versuch verwendeten ofengetrockneten erreicht wird. Die Ergebnisse hängen also vom Versuchsverfahren ab.

Wie bei dichtester Lagerung dient auch hier neben max e (max n) noch die Trockendichte bei lockerster Lagerung min ϱ_d

$$\min \varrho_d = (1 - \max n) \cdot \varrho_s = \frac{\varrho_s}{1 + \max e} \tag{3.34}$$

der Charakterisierung.

DIN 18 126 enthält Vorschriften für die Bestimmung der Dichte bei lockerster und dichtester Lagerung.

Im allgemeinen ist feststellbar, daß die Porenzahl max e um so größer wird, je enger gestuft das Korngemisch und je eckiger die Körner in ihrer Form sind. Umgekehrt stellt eine ausgeprägte Kornstufung eine Voraussetzung für kleinere Werte max e dar, da eben zwischen den größeren Partikeln eine Porenfüllung durch kleinere erfolgt.

Der natürlich vorkommende Zahlenbereich liegt bei kohäsionslosem Lockergestein für die lockerste Lagerung etwa bei

max e = 0,80 ... 1,2,
max n = (44 ... 55) %

und für die dichteste Lagerung bei

min e = 0,15 ... 0,50,
min n = (13 ... 33) %.

Zur Feststellung der Eignung von Sanden und Kiesen als Schüttmaterial zieht man häufig eine Kennzahl, die sogenannte Verdichtungsfähigkeit I_f

$$I_f = \frac{max\ e - min\ e}{min\ e} \tag{3.35}$$

heran. Je größer der Wert, um so geringer ist der erforderliche Aufwand an Verdichtungsenergie. Für enggestufte Sande findet man $I_f \approx 0,50$; ausgeprägt abgestufte Sand-Kies-Gemische zeigen dagegen Werte von $I_f \approx 2,0$.

3.2.2.2 Die Konsistenzgrenzen

Durch Arbeiten von Atterberg [2] und Casagrande [9] wurden die Konsistenzgrenzen und davon abgeleitete Größen als sehr wertvolle Kennzahlen für die Charakterisierung des Korngemisches geschaffen.

Unter dem Begriff Konsistenz (Zustand) eines Lockergesteins versteht man den Grad inneren Zusammenhanges. Feinkörnige Lockergesteine (Schluffe, Tone) können - abhängig vom Wassergehalt - in 4 Konsistenzzuständen existieren. Ein Lockergestein ist fest, wenn es trocken ist. Gibt man Wasser hinzu, gelangt es über die halbfeste und plastische Konsistenz schließlich zur flüssigen. Die Wassergehalte an den Grenzen zwischen benachbarten Konsistenzbereichen werden als Schrumpfgrenze w_s, Ausrollgrenze w_p und Fließgrenze w_L bezeichnet (Bild 3.11).

Die Schrumpfgrenze betrachtet man als erreicht, wenn beim Austrocknen die eine Volumenminderung verursachenden Kapillarkräfte nicht mehr in der Lage sind, diesen Vorgang weiterzuführen und die dafür nötige Überwindung innerer Widerstände zu bewirken. Verfolgt man die Volumenänderung, hat man bei erreichter Volumenkonstanz die Möglichkeit, den Wassergehalt und damit die Schrumpfgrenze zu bestimmen.

Die Ausrollgrenze wird bestimmt durch Messung des Wassergehaltes, bei dem Lockergesteinsröllchen während des Ausrollens bröckeln.

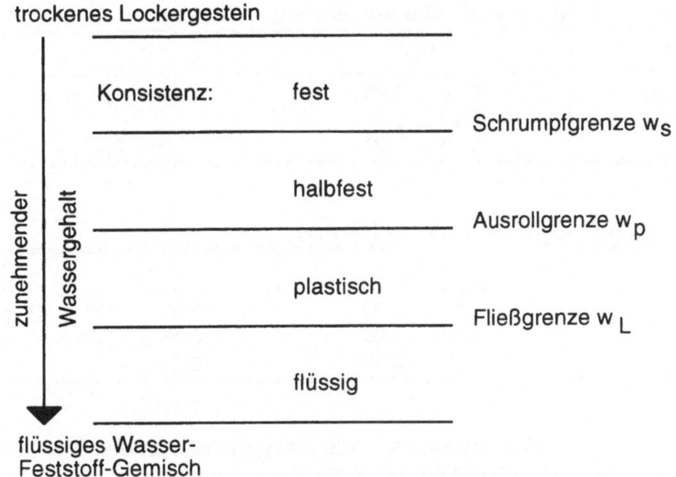

Bild 3.11: Konsistenzbereiche der Lockergesteine

Die Fließgrenze ist durch den Wassergehalt charakterisiert, bei welchem sich nach 25 Schlägen eine Furche definierter Breite und Länge in einem standardisierten Fließgrenzengerät schließt (nach Casagrande). Neben diesem Verfahren existiert noch ein weiteres (Fließgrenze $\overline{w}_L$), das als Versuchsgerät einen Kegel bestimmten Öffnungswinkels und Gewichtes verwendet und ein festgelegtes Eindringmaß vorschreibt. Das Verfahren eignet sich vor allem für schluffig-sandiges Material. Es gilt

$$w_L = \overline{w}_L(1 + 0{,}01p) \tag{3.36}$$

mit

$$p = \begin{cases} 1 & \text{schwachbindig,} \\ 5 & \text{mittelbindig,} \\ 16 & \text{stark bindig.} \end{cases}$$

Die Verfahren zur Ermittlung der Zustandsgrenzen sind in DIN 18 122 T 1 und T 2 festgelegt.

In gewissem Maße spiegeln die Wassergehalte an den Konsistenzgrenzen natürlich bestimmte Eigenschaften der das Lockergestein bildenden Minerale wider, z. B. die Fähigkeit, Wasser an ihrer Oberfläche anzulagern. Je größer diese Fähigkeit ist, um so größer sind die Zahlenwerte für die Wassergehalte an den Konsistenzgrenzen. Sie sind damit auch ein Maß für die das Lockergestein bildenden Minerale, die Bindigkeit des Lockergesteins und die Mineralart (Alkali- und Erdalkaliminerale).

Tabelle 3.9: Fließ- und Ausrollgrenzen zur Charakterisierung der Bindigkeit

	w_L	w_p
schwachbindig	0,00 ... 0,20	0,0 ... 0,2
mittelbindig	0,20 ... 0,35	
starkbindig	0,35 ... 0,50	0,2 ... 0,4

Tabelle 3.10: Fließ- und Ausrollgrenzen einzelner Minerale

	w_L	w_p
Montmorillonite	4,00 ... 7,00	0,55 ... 1,00
Illite	0,95 ... 1,20	0,45 ... 0,60
Kaolinite	0,40 ... 0,55	0,27 ... 0,32

Auf Grund der sehr willkürlichen Grenzziehung sind die Wassergehalte an den Grenzen kaum physikalisch eindeutig zu interpretieren. Trotzdem sind die Kennwerte und davon abgeleitete Größen sehr wertvoll zur Identifikation und Klassifikation der Lockergesteine. Sie stehen darüber hinaus mit einer Reihe wesentlich schwieriger zu bestimmender und sehr wichtiger Berechnungskennzahlen in korrelativem Zusammenhang. Eine abgeleitete Größe ist z. B. die Plastizitätszahl I_p als ein Maß für die Größe des Wassergehaltsbereiches, innerhalb dessen das Lockergestein plastisch bleibt:

$$I_p = w_L - w_p. \tag{3.37}$$

Sie dient nach DIN 18 196 unter Nutzung des Plastizitätsdiagramms von Casagrande [12] zur Unterscheidung von Schluff und Ton (Bild 3.16).

Die Plastizitätszahl ist bedeutsam

- zur Lockergesteinsklassifizierung;

- als Anzeiger für Lockergesteine, die bereits bei geringer Wasseraufnahme ihre Konsistenz in Richtung des flüssigen Zustandes hin verändern. Für solche Lockergesteine (Schluffe, magere Lehme) hat I_p kleine Werte. Die Lockergesteine sind - wo sie auftreten - als Fahrbahnen zu meiden bzw. mit einer Deckschicht zu versehen;

- gemeinsam mit der Fließgrenze zur Charakterisierung der Erosionsgefährdung von Dammbaustoffen. Einen Anhalt vermitteln die nachfolgenden Werte.

Tabelle 3.11: Erosionsgefährdung einzelner Lockergesteine

Lockergesteinsart	I_p	w_L	Erosionsgefährdung
gleichkörniger Sand	0	0	sehr groß
Löß, Schluff	0,02 ... 0,10	<0,35	groß
Lehm, magerer Ton	0,08 ... 0,25	<0,35	mittel - groß
schluffige Tone	0,10 ... 0,38	<0,35	mittel - gering

Folgende Zahlen mögen verdeutlichen, welche Werte bei verschiedenem Bindigkeitsgrad zu erwarten sind.

Tabelle 3.12: Plastizitätszahl und Bindigkeitsgrad des Lockergesteins

Lockergestein	I_p
schwachbindig (Schluff, Löß)	0,02 ... 0,10
mittelbindig	0,10 ... 0,20
starkbindig	0,20 ... 0,30
hochbindig	0,30

Die Konsistenzgrenzen stehen in bestimmtem Maße mit dem an der Teilchenoberfläche gebundenen Wasser in Beziehung. Die Oberfläche nimmt aber mit abnehmender Partikelgröße (zunehmendem Tongehalt) stark zu. Das führte Skempton [43] zur Definition der sogenannten Aktivitätszahl I_A. Entsprechend DIN 18 122 T 1 ist sie folgendermaßen definiert:

$$I_A = \frac{I_p}{m_T/m_T}, \qquad\qquad (3.38)$$

m_T - Trockenmasse der Körner $\leq 0{,}002$ mm in der Probe,
m_T - Trockenmasse der Körner $\leq 0{,}4$ mm in der Probe.

Häufig erfolgt die Ermittlung der Aktivitätszahl vereinfacht als das Verhältnis von I_p zu dem prozentualen Anteil der Körnung <0,002 mm. Diese Kennzahl gibt Auskunft über die Wirksamkeit der Tonminerale hinsichtlich einer Beeinflussung der Plastizität. Kaolinitminerale sind inaktiv ($I_A < 0{,}75$), Montmorillonite dagegen aktiv ($I_A > 1{,}25$). Insofern ist aus der Aktivität auch auf die Mineralart zu schließen.

Tabelle 3.13: Aktivitätszahlen von Mineralen

Lockergestein	Mineral	I_A
inaktiv	Kaolinit	<0,75
normal aktiv	Illit	0,75 ... 1,25
aktiv		>1,25
sehr aktiv	Montmorillonit	>2,0

Bei aller Zweckmäßigkeit der Konsistenzgrenzen unmittelbar und der daraus abgeleiteten Größen muß festgestellt werden, daß ihre Bestimmung stets an gestörtem Material erfolgt. Sie geben daher keinen Aufschluß über das Lockergesteinsgefüge oder innere Kräfte, die sich in ihm entwickelten, denn diese werden bei der Probenvorbereitung zerstört.

3.2.2.3 Wasserzahlen nach Ohde

In Hinblick auf die bereits erwähnte, sehr willkürliche Fixierung der Konsistenzgrenzen w_L und w_p ohne jeden mechanischen Bezug hat Ohde [36] versucht, durch Definition der Breiwasserzahl w_0 und der Einheitswasserzahl w_1 einen Ersatz zu schaffen. Sie werden in speziellen Geräten und unter festgelegten Bedingungen so bestimmt, daß

- die Breiwasserzahl dem Wassergehalt der obersten Schicht eines unter Wasser gleichmäßig sedimentierten Lockergesteins und

- die Einheitswasserzahl dem Wassergehalt eines unter Druck von ca. 100 kN/m^2 normal konsolidierten Lockergesteins

entspricht.

Beide haben somit den Vorzug, auf Spannungszustände bezogen zu sein. Es lassen sich von ihnen ausgehend auch recht einfach korrelative Beziehungen zu anderen, die Festigkeit und Deformationseigenschaften charakterisierenden Größen herstellen. Sie sind natürlich auch bei höherem Sand- und Schluffanteil noch zuverlässig reproduzierbar. Leider haben sie aber in die bodenmechanische Literatur wenig Eingang gefunden.

3.2.2.4 Grenzwerte der Dichte

Die Dichte wurde bisher in Abhängigkeit von Korndichte, Wassergehalt und Porenanteil z. B. durch die Gleichung

$$\varrho = (1 - n) \cdot \varrho_s + n \cdot \varrho_w \cdot S_r \tag{3.39}$$

eingeführt.

Grenzwerte entstehen

- für völlig trockenes Lockergestein als Trockendichte ϱ_d

$$\varrho_d = (1 - n) \cdot \varrho_s = \frac{\varrho_s}{1 + e}, \tag{3.40}$$

- für das wassergesättigte, also z. B. unter dem Wasserspiegel liegende Lockergestein als Dichte bei Wassersättigung ϱ_r

$$\varrho_r = (1 - n) \cdot \varrho_s + n \cdot \varrho_w = \frac{1}{1 + e} \cdot (\varrho_s + e \cdot \varrho_w) \tag{3.41}$$

und schließlich als rein fiktiver Berechnungswert

- für die Dichte unter Wasserauftrieb ϱ'

$$\varrho' = \varrho_r - \varrho_w = (1 - n) \cdot (\varrho_s - \varrho_w) = \frac{\varrho_s - \varrho_w}{1 + e}. \tag{3.42}$$

Diese Größen haben besondere Bedeutung in allen bodenmechanischen Berechnungen.

3.2.3 Eigenschaften der Lockergesteine in natürlich oder künstlich gebildeten Zuständen

Der natürliche Zustand wird zwischen den Grenzwerten eingeordnet, die im letzten Abschnitt 3.2.2 vorgestellt wurden. Neben dem natürlich in situ gebildeten Zustand sei hier der mit erfaßt, der im Labor im Verlaufe eines Versuches entsteht und nicht den Grenzwerten des Abschnittes 3.2.2 entspricht.

3.2.3.1 Phasenbeziehungen des natürlichen Zustandes und ihre Einordnung in die Zustandsgrenzen

Das Poren-Festsubstanz-Verhältnis im natürlichen Zustand und die Wasserfüllung der Poren werden durch die (natürliche) Porenzahl e, den (natürlichen) Porenanteil n und den (natürlichen) Wassergehalt w erfaßt. Hinzu tritt, aus ihnen entstehend, die (natürliche) Dichte ϱ. Letztere wird meist direkt gemäß der Definitionsgleichung

$$\varrho = \frac{m}{V} \tag{3.43}$$

in vorgeschriebener Weise (DIN 18 125), also durch Wägung und Volumenbestimmung, ermittelt. Das ist im Labor sehr einfach. In situ muß man sich spezieller Verfahren zur Volumenbestimmung bedienen (Ausguß des Entnahmehohlraumes durch Wasser oder Gips). Es kann auch eine indirekte Bestimmung mit Hilfe einer Isotopensonde (γ-Strahler) erfolgen.

Der Einordnung der Porenzahl in die Grenzen der lockersten bzw. dichtesten Lagerung dient die bezogene Lagerungsdichte I_D, die als Kennzahl für rollige Lockergesteine gemäß

$$I_D = \frac{max\ e - e}{max\ e - min\ e} \qquad (0 \le I_D \le 1,0) \tag{3.44}$$

bestimmt wird. Analog hierzu kann unter Verwendung des Porenanteils in den Grenzen der lockersten und dichtesten Lagerung die Lagerungsdichte D ermittelt werden:

$$D = \frac{max\ n - n}{max\ n - min\ n} \qquad (0 \le D \le 1,0). \tag{3.45}$$

Beide Werte geben Auskunft über die Lagerungsverhältnisse. Zwischen D und I_D besteht folgender Zusammenhang:

$$D = \frac{1 + min\ e}{1 + e} \cdot I_D. \tag{3.46}$$

Es sind unterschiedliche Einteilungen von D und I_D bekannt. Eine davon ist in Tabelle 3.14 angegeben.

Tabelle 3.14: Lagerungsdichtebereiche

Zustand	Lagerungsdichte D	bezogene Lagerungsdichte I_D
sehr locker	<0,15	
locker	0,15 ... 0,30	0 ... 0,33
mitteldicht	0,30 ... 0,50	0,33 ... 0,67
dicht	>0,50	>0,67

Werte I_D > 0,7 sind bei enger Kornstufung selten. Auch Werte I_D < 0 sind möglich, und zwar bei feuchten, enggestuften Sanden. Eine lockere Lagerung weist auf ein Lockergestein geringer Tragfähigkeit und unter Umständen großer Kompressibilität hin, die auch durch Erschütterung bewirkt werden kann.

Der (natürliche) Wassergehalt ist für erdfeuchte Sande etwa bei w = 0,02 ... 0,10, für bindige Lockergesteine bei w = 0,10 ... 0,60 und für organogene Lockergesteine bei w = 0,6 ... 5,0 zu erwarten. Innerhalb der Konsistenzgrenzen erfolgt seine Einordnung durch die Konsistenzzahl I_C, die durch

$$I_C = \frac{w_L - w}{w_L - w_P} = \frac{w_L - w}{I_P} \tag{3.47}$$

definiert ist. In Deutschland tritt sehr selten an die Stelle der Konsistenzzahl I_C die Liquiditätszahl I_L

$$I_L = \frac{w - w_p}{I_p} = 1 - I_C. \tag{3.48}$$

Die Liquiditätszahl ist mit dem Formelzeichen B vor allem in der russischen, mit B oder I_L bezeichnet auch in der englischen Literatur zu finden.

Die Konsistenzzahl bedarf hinsichtlich ihrer Bedeutung keiner weiteren Erklärung. Sie ist aus Tabelle 3.15 eindeutig ersichtlich.

Tabelle 3.15: Konsistenzmerkmale

Merkmal	I_C	Konsistenz	
Spülgemisch	$I_C \leq 0$	flüssig	
quillt in der geballten Faust zwischen den Fingern durch	$0 < I_C \leq 0{,}50$	breiig	plastisch
leicht knetbar	$0{,}50 < I_C \leq 0{,}75$	weich	
schwer knetbar	$0{,}7 < I_C \leq 1{,}0$	steif	
bröckelt beim Ausrollen von 3 mm dicken Röllchen	$1{,}0 < I_C \leq I_{cs}$ [*]	halbfest	
ausgetrocknet, hellere Färbung	$I_C > I_{cs}$	fest	

[*] $I_{cs} = I_C(w = w_s)$

Die Konsistenzzahl wird zur ergänzenden Beschreibung der Lockergesteine verwendet. Ausgehend von der Konsistenzzahl können Schätzwerte für Dichten und Reibungswinkel Tafeln entnommen werden. Es ist klar, daß die Tragfähigkeit eines Lockergesteins mit zunehmender Konsistenzzahl wächst.

3.2.3.2 Lockergesteinsverdichtung - Proctorversuch

Die Verbesserung des Untergrundes ist ein Weg, um vor allem Gründungsproblemen auszuweichen. Eine der am häufigsten angestrebten Verbesserungen ist die Verdichtung. Die Vorteile der Lockergesteinsverdichtung liegen bei Berücksichtigung der erreichten geringeren Porenzahl in einer vergrößerten Scherfestigkeit, einer Verminderung der Gefahr nachträglicher Setzungen, einer Verminderung der Durchlässigkeit und der Gefahr eines Eindringens von Wasser, das einen Festigkeitsabfall und Schwellungen verursachen könnte. Wege zur Lockergesteinsverdichtung sind:

- der Einsatz mechanischer Energie (Stampfer, Walzen verschiedener Art),
- eine Vorbelastung und
- ein Entzug von Wasser.

Verdichtungskontrolle ist eine bedeutsame Maßnahme, um den erhofften Effekt auch zu garantieren. Das ist eine Aufgabe des Bodenmechanikers. Vorangehend werden von ihm auch Hinweise für eine optimale Kombination bei der Verdichtung maßgebender Faktoren erwartet. Die Grundlage dafür verschafft man sich im sogenannten dynamischen Verdichtungsversuch, der als Proctorversuch in DIN 18 127 genormt ist. Wesentlich sind dabei:

- die Anwendung einer bestimmten Verdichtungsenergie (bestimmt durch Masse eines Fallgewichts, Fallhöhe, Schlagzahl, Schichtdicke) und
- ein genormtes Prüfgerät.

Die Trockendichte und der Wassergehalt, zugehörig zum maximalen Wert der bei Verdichtung erreichten Lagerungsdichte, werden als Proctordichte ϱ_{Pr} und optimaler Wassergehalt w_{Pr} bezeichnet. Die Versuche werden bei verschiedenen Wassergehalten durchgeführt und die Ergebnisse in der Form $\varrho_d = \varrho_d(w)$ aufgetragen. Das Bild 3.12 zeigt eine Verdichtungskurve zur Ermittlung der Proctordichte.

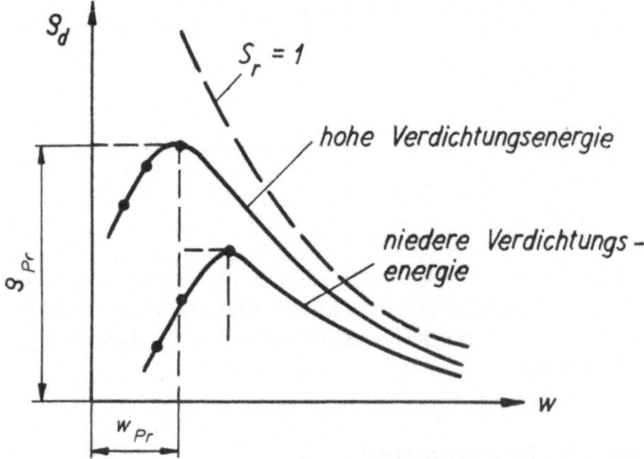

Bild 3.12: Verdichtungskurve zur Ermittlung der Proctordichte

Unter bestimmten Umständen kann es zweckmäßig sein, eine Auftragung des Volumenanteils der Festsubstanz (1 - n) über dem wassergefüllten Porenanteil n_w vorzunehmen. Dadurch wird der Einfluß von Schwankungen in der Reindichte ausgeschlossen, die die Lage der Kurve verändern können (Bild 3.13).

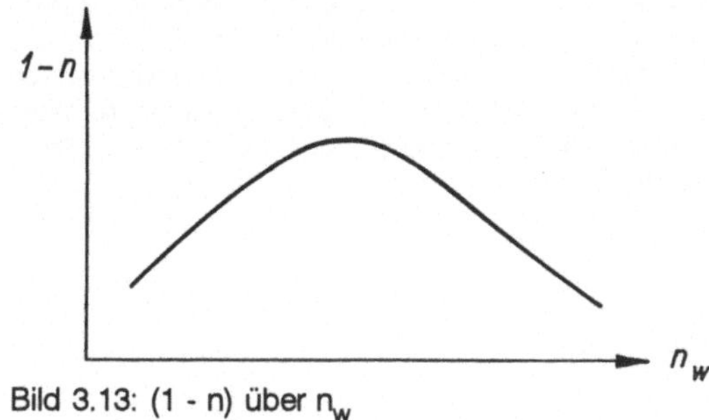

Bild 3.13: (1 - n) über n_w

Aus Bild 3.12 erkennt man, daß sowohl die Proctordichte als auch der optimale Wassergehalt von der Größe der Verdichtungsenergie abhängen. Je größer die Verdichtungsenergie, um so höhere Werte der Proctordichte werden bereits bei kleineren Werten des optimalen Wassergehaltes erreicht. Bei hohen Wassergehalten ist der durch Steigerung der Verdichtungsenergie erreichbare Verdichtungseffekt sehr gering. Das ist vor allem dann von praktischer Bedeutung, wenn der natürliche Wassergehalt größer ist als der optimale ($w > w_{Pr}$).

Charakteristisch ist auch der spezielle Kurvenverlauf. Die Trockendichte nimmt anfangs mit zunehmendem Wassergehalt zu, denn dieser bewirkt eine Verminderung der interpartikulären Scherwiderstände. Mit Erreichen von w_{Pr} bei etwa $S_r = 0,85 \dots 0,90$ ist die Luft im Lockergestein in Blasenform verteilt und kann kaum noch verdrängt werden. Bei weiterer Zunahme des Wassergehaltes bleibt die Sättigungszahl etwa konstant (Kurve parallel zur Sättigungslinie), die Porenzahl nimmt wieder zu, die Trockendichte ab. In seiner Struktur wird das Lockergestein aus einer Flockenstruktur mit Anwachsen der interpartikulär wirkenden abstoßenden Kräfte zunehmend in eine disperse Struktur überführt.

Folgende Tabelle gibt einen Anhalt, wo für verschiedene Lockergesteinsarten Proctordichte und optimaler Wassergehalt zu erwarten sind.

Tabelle 3.16: Zusammenhang zwischen Proctordichte und optimalem Wassergehalt für
               einzelne Lockergesteine

	ϱ_{Pr} [g/cm^3]	w_{Pr}
Sand, tonig, schluffig	2,0	0,10
Sand	1,9	0,11
Schluff, tonig	1,8	0,15
Ton, schluffig	1,6	0,20
Ton	1,5	0,28

Große Werte der Proctordichte sind bei weitgestuften Lockergesteinen zu erreichen; enge Stufung liefert eine flache Kurve. Bei feinkörnigem Lockergestein ist der optimale Wassergehalt groß, die Proctordichte ist entsprechend klein. Beachtung verdient noch das Verhalten kohäsionsloser Lockergesteine generell. Sie zeigen bei niedrigem Wassergehalt oft auf Grund von Kapillarkräften (scheinbare Kohäsion) sehr kleine Dichten, also einen Verlauf der Verdichtungskurve gemäß Bild 3.14.

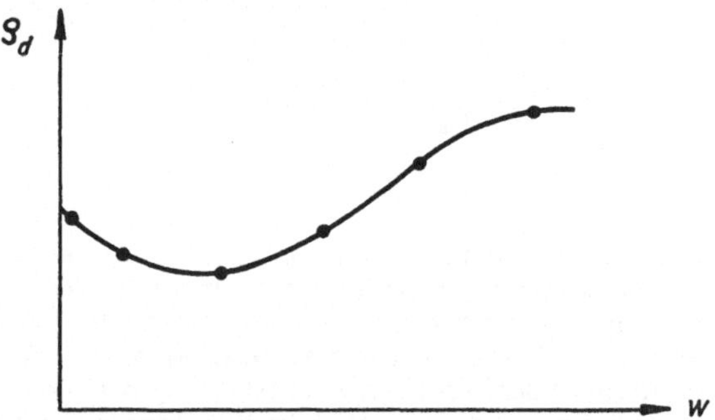

Bild 3.14: Verdichtungskurve für kohäsionslose Lockergesteine

Gleicher Verdichtungsgrad läßt sich offensichtlich auf der "trockenen" wie der "nassen" Seite des optimalen Wassergehaltes erreichen. Aus der bereits diskutierten Beeinflussung der Struktur ergeben sich einige Anhalte:

- Die Durchlässigkeit hat ein Minimum etwa bei optimalem Wassergehalt und nimmt für $w < w_{Pr}$ größere Werte an.
- Die Zusammendrückbarkeit ist gering bei niedrigen Spannungen für $w < w_{Pr}$, bei hohen Spannungen für $w > w_{Pr}$.
- Die Scherfestigkeit ist fast immer größer für $w < w_{Pr}$.

Sehr oft wird das Erreichen eines bestimmten Verdichtungsgrades auf der "trockenen" Seite bevorzugt. Beachtet man aber, daß durch Regen, Oberflächenwasser etc. eine nachträgliche Durchfeuchtung erfolgt, die zum Schwellen führen kann, ist es möglich, daß sich dadurch letztlich schlechtere Eigenschaften einstellen, als sie bei der Verdichtung auf der nassen Seite erreicht würden (Bild 3.15).

Die normalerweise durchgeführten Versuche stimmen im Ergebnis nicht immer mit denen in situ überein. Im Labor ist der optimale Wassergehalt meist etwas kleiner als in situ.

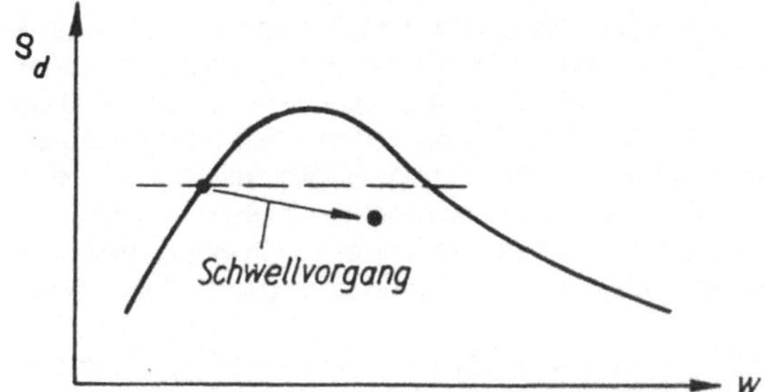

Bild 3.15: Abminderung des Verdichtungsgrades infolge von Schwellen

Hinsichtlich der Anwendung der Proctordichte als Lockergesteinskennzahl wurden bereits Aussagen gemacht. Sie dient der Planung und Überprüfung von Verdichtungsarbeiten. Eventuell werden die zu ihrer Bestimmung durchgeführten Versuche in Anpassung an reale Verdichtungsenergien modifiziert (z. B. erhöhte Fallenergie - "modifizierter" Proctorversuch). Mit einem weiteren Kennwert, dem Verdichtungsgrad D_{Pr}, werden Dichteforderungen ausgesprochen, z. B. für Dammschüttungen im Verkehrsbau:

$$D_{Pr} = \frac{\varrho_d}{\varrho_{Pr}}. \tag{3.49}$$

3.3 Bestimmung der Gesteinsarten - Klassifikation der Lockergesteinsarten

Es ist offensichtlich, daß die Eigenschaften von Lockergesteinen, quantifiziert durch Kennzahlen, nicht zum Selbstzweck, sondern stets als Voraussetzung für weitere Aussagen bestimmt werden, die

- die Standsicherheit einer Böschung,
- die Tragfähigkeit des Baugrundes,
- die Setzung eines Baugrundes bzw. Bauwerkes

und andere Fragen betreffen.

Oft ist die exakte Ermittlung unmittelbar erforderlicher Parameter zu zeitaufwendig, um rechtzeitig bestimmte Voraussagen für notwendige generelle Entscheidungen treffen zu können. Auch ohne exakte Kenntnis solcher Parameter werden die geforderten Aussagen dann zumindest näherungsweise ermöglicht, wenn das bei diesen Fragen entscheidende Lockergestein auf der Basis von Klassifikationskennzahlen, dazu gehören die meisten der bisher behandelten Kenngrößen, einer bestimmten Gruppe (Art) von

Lockergesteinen zugeordnet werden kann. Die Eigenschaften solcher Lockergesteinsgruppen sind wenigstens innerhalb von Grenzen auf Grund von Erfahrungen bekannt. Unter Klassifikation verstehen wir die Einordnung eines Lockergesteins in eine Gruppe oder Art von Lockergesteinen, die alle ähnliche Eigenschaften besitzen. Wie oben erläutert, sind für einfache Probleme damit bereits Lösungsmöglichkeiten gegeben, für andere läßt sich zumindest das notwendige Versuchsprogramm besser abstecken. Vor dem Versuch, in allen Fällen Aussagen nur auf der Basis der Einordnung des Lockergesteins in das Klassifikationssystem treffen zu wollen, muß aber gewarnt werden.

Eine ganze Reihe solcher Klassifikationssysteme existiert heute noch. Sie unterscheiden sich

- durch die verwendeten Klassifikationskennzahlen und
- durch die Gruppenteilung und deren Benennung.

Es ist klar, daß ein Klassifikationssystem in dem Moment an Wert verliert, wenn der Aufwand für die Ermittlung der Klassifikationskennzahlen größer ist als der für die erforderlichen Berechnungsgrößen.

Es ist darüber hinaus klar, daß in Hinblick auf den Verwendungszweck bzw. den Anwendungsbereich verschiedene Systeme nebeneinander bestehen können. In Deutschland existieren drei gültige Systeme. Die Einteilung erfolgte:

- nach ihrer Gewinnbarkeit (DIN 18 300),
- für die Ansprache in Verbindung mit der Aufstellung von Schichtverzeichnissen
  (DIN 4022),
- für allgemeinere Zwecke in der Geotechnik im Erd- und Grundbau (DIN 18 196).

Die Einordnung von Bodenarten in Bodengruppen wird nach der stofflichen Zusammensetzung und unabhängig von Wassergehalt und Dichte des Bodens vorgenommen. Folgende Klassifikationsmerkmale sind entscheidend:

- Korngrößenbereiche,
- Korngrößenverteilung,
- plastische Eigenschaften,
- organische Bestandteile,
- Entstehung,
- Zersetzungsgrad.

Die DIN 4022 macht in erster Linie von der Kornverteilung, den plastischen Eigenschaften (Ton oder Schluff) und den organischen Bestandteilen zur Benennung der Bodenarten Gebrauch. Reine Bodenarten (nur eine Korngröße) werden nach den Vorschlägen der Tabelle 3.17 angesprochen.

Tabelle 3.17: Lockergesteinsklassifikation (nach DIN 4022)

Bereich/Benennung		Kurzzeichen	Korngrößenbereich in mm
Grobkorn-bereich (Siebkorn)	Blöcke	Y	über 200
	Steine	X	über 63 bis 200
	Kieskorn	G	über 2 bis 63
	Grobkies	gG	über 20　　bis 63
	Mittelkies	mG	über　6,3　　bis 20
	Feinkies	fG	über　2,0　　bis　6,3
	Sandkorn	S	über 0,06 bis 2,0
	Grobsand	gS	über　0,6　　bis　2,0
	Mittelsand	mS	über　0,2　　bis　0,6
	Feinsand	fS	über　0,06　bis　0,2
Feinkorn-bereich (Schlämm-korn)	Schluffkorn	U	über 0,002 bis 0,06
	Grobschluff	gU	über　0,02　bis　0,06
	Mittelschluff	mU	über　0,006 bis　0,02
	Feinschluff	fU	über　0,002 bis　0,006
	Tonkorn (Feinstes)	T	unter 0,002

Bei den zusammengesetzten Bodenarten wählt man ein Substantiv (z. B. Feinkies, Grobsand, Schluff, Ton) für den Hauptbestandteil und Eigenschaftsworte (z. B. mittel-sandig, schluffig, tonig) für die Nebenbestandteile. So entstehen Bildungen wie

- Grobkies, mittelsandig, schwach tonig　- gG, ms, t',
- Schluff, stark sandig, tonig　　　　　- U, $\bar{s}$, t.

Hauptbestandteil ist die am stärksten vertretene oder die Eigenschaften prägende Bo-denart. Dafür gibt es weiter einschränkende Regeln. Solche existieren auch für die Ver-wendung der Beiworte "schwach" und "stark". Die Unterscheidung zwischen Schluff und Ton erfolgt eindeutig nach plastischen Eigenschaften.

In Hinblick darauf, daß die Ansprache nach DIN 4022 bereits im Feld oder bei einer Probenbemusterung vor der Laboruntersuchung geschehen soll, werden zur Unter-scheidung vor allem der visuelle Eindruck (nach Korngröße im Stein-, Kies- und Sand-bereich; nach Kornform, Rauhigkeit und Farbe; Art organischer Bestandteile), einfache manuelle Prüfverfahren (Trockenfestigkeitsversuch, Schüttelversuch, Schneidversuch u. a. zur Unterscheidung von Ton und Schluff; Verhalten beim Pressen in der Faust, Kneten oder Ausrollen zur Ermittlung der Konsistenz) sowie Riechen (Unterscheidung organischer und anorganischer Böden) benutzt. Details müssen in der DIN 4022, Teil 1 nachgelesen werden.

Die DIN 18 196 benutzt alle der vorn genannten Klassifizierungsmerkmale. Die Benen-nung des Lockergesteins erfolgt erst nach der Prüfung im Labor.

Allein nach der Korngrößenverteilung wird dann die Unterscheidung vorgenommen, wenn 95 % der Masse der Körner zum Grobkorn (>0,06 mm) gehören (grobkörnige Böden). Gehören (5 ... 40) % der Masse der Körner zum Feinkorn (<0,06 mm), erfolgt die Unterscheidung nach Korngrößenverteilung und plastischen Eigenschaften (gemischtkörnige Böden). Ist das Feinkorn zu mehr als 40 % in der Lockergesteinsmasse vertreten, entscheiden ausschließlich plastische Eigenschaften über die Benennung des Lockergesteins (feinkörnige Böden).

Bei grobkörnigen Lockergesteinen wird außer der Unterteilung in Kies und Sand noch eine ergänzende Unterteilung nach dem Verlauf der Kornverteilungskurve in eng gestufte, weit gestufte und intermittierend gestufte Lockergesteine (siehe Abschnitt 3.1.3) vorgenommen. Es entstehen die Bezeichnungen GE, GW, GI und analoge für Sand.

Bei den gemischtkörnigen Lockergesteinen steht - unter Nutzung der Aussagen über den Korngrößenanteil - die Unterscheidung in Kiese und Sande im Vordergrund. Sie wird ergänzt durch den Massenanteil des Feinkorns und die Art des Feinkorns (tonig oder schluffig). Es ergeben sich die Lockergesteinsgruppen GU, GŪ ((⌐) - stark), GT, GT̄ und die analogen Sand-Schluff- bzw. Sand-Ton-Gemische.

Für feinkörnige Lockergesteine sind - wie bereits erwähnt - letztlich nur noch die plastischen Eigenschaften für die Benennung maßgebend. Sie werden durch den Wassergehalt der Fließgrenze w_L und die Plastizitätszahl I_p bestimmt. Über das Maß der Plastizität (leicht plastisch - L, mittelplastisch - M, ausgeprägt plastisch - A) entscheidet der Wassergehalt an der Fließgrenze, über die Zuordnung zu Tonen oder Schluffen die Lage im Plastizitätsdiagramm (Bild 3.16). Oberhalb der sogenannten A-Linie liegen die Tone, unterhalb die Schluffe. Es erfolgt die Einteilung in die Bodengruppen UL, UM, UA und die entsprechenden Varianten der Tone.

Unterhalb der A-Linie liegen auch noch organogene Schluffe und Tone (OU, OT). Zur gleichen Hauptgruppe gehören Böden mit organischen Beimengungen.

Entstehung und Grad der Zersetzung ermöglichen die weitere Unterteilung der organischen Böden. Die Entstehung allein führt zu der Benennung "Auffüllung".

Details dieser Klassifizierung der Lockergesteine in Bodengruppen sind wieder der DIN 18 196 zu entnehmen. In ihr enthaltene Tabellen geben darüber hinaus über

- die wichtigsten Eigenschaften der zu einer Gruppe gehörenden Lockergesteine und
- das Maß ihrer Eignung für bestimmte Bauaufgaben

Aufschluß. In etwas anderer Form zeigen das auch die folgenden Tabellen.

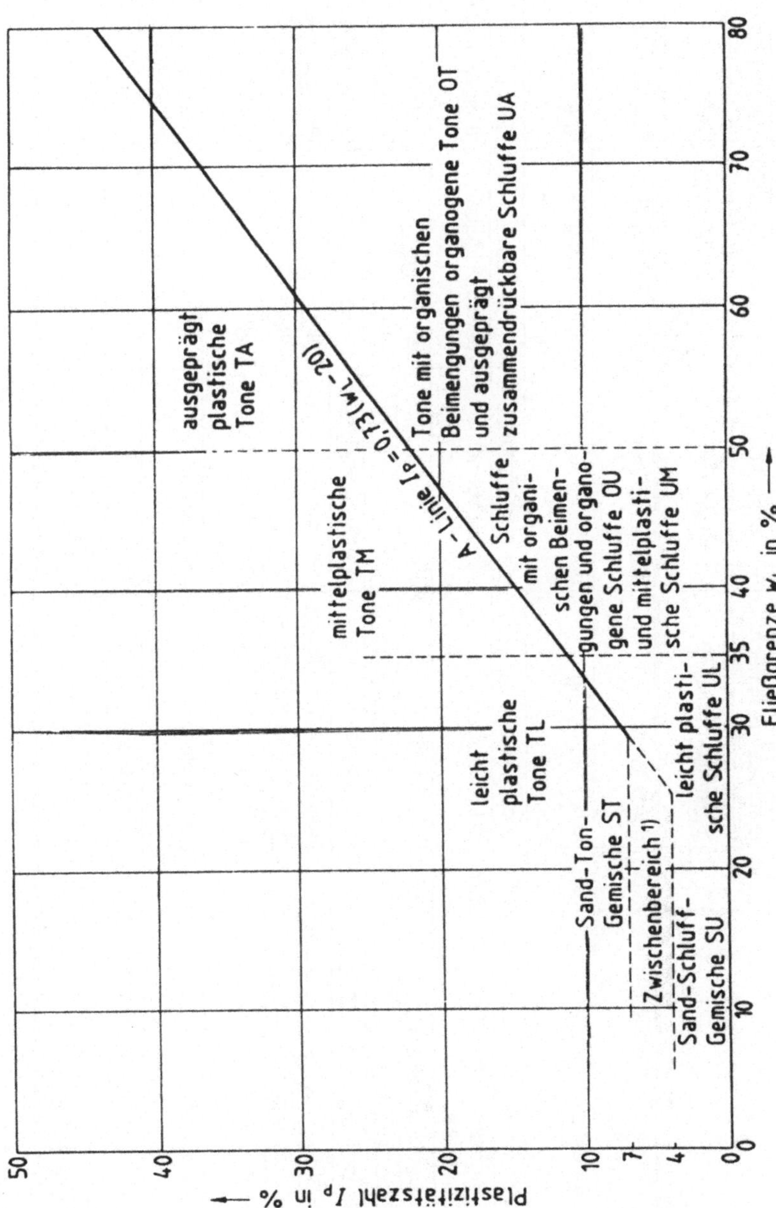

Bild 3.16: Plastizitätsdiagramm mit Bodengruppen nach DIN 18 196

Tabelle 3.18: Anwendung von Lockergesteinen im Ingenieurbau

Lockergesteinsart	Kurz-zei-chen	wichtige Eigenschaften			
		Durchlässigkeit nach Verdichtung im wasser-gesättigten Zustand	Scherfestigkeit im verdichteten und ge-sättigten Zustand	Zusammendrückbar-keit im verdichteten und gesättigtem Zu-stand	Verarbeitbar-keit als Bau-stoff
weitgestufte Kies-Sand-Gemische	GW	durchlässig	ausgezeichnet	vernachlässigbar	ausgezeichnet
enggestufte Kiese	GE	sehr durchlässig	gut	vernachlässigbar	gut
Kies, schluffig	G, u	halb- bis undurchlässig	gut	vernachlässigbar	gut
Kies, tonig	G, t	undurchlässig	gut bis befriedigend	sehr gering	gut
weitgestufte Sand-Kies-Gemische	SW	durchlässig	ausgezeichnet	vernachlässigbar	ausgezeichnet
enggestufte Sande	SE	durchlässig	gut	sehr gering	befriedigend
Sand, schluffig	S, u	halb- bis undurchlässig	gut	gering	befriedigend
Sand, tonig	S, t	undurchlässig	gut bis befriedigend	gering	befriedigend
Schluff	U	halb- bis undurchlässig	befriedigend	mittel	befriedigend
Schluff, organisch	U, o	halb- bis undurchlässig	gering	mittel	befriedigend
Schluff, tonig	U, t	halb- bis undurchlässig	befriedigend bis gering	hoch	schlecht
Ton, schluffig	T, u	undurchlässig	befriedigend	mittel	gut bis befriedigend
Ton, organisch durchsetzt	T, o	undurchlässig	gering	hoch	schlecht
Ton	T	undurchlässig	gering	hoch	schlecht
Torfe, Mudden	H, F	-	-	-	-

Tabelle 3.19: Anwendung von Lockergesteinen im Ingenieurbau

| Lockergesteinsart | Relative Brauchbarkeit für verschiedene Zwecke (Abnahme mit wachsender Wertzahl) | | | | | | | | | |
| | Erddämme | | | Kanäle | | Gründungen | | Straßen | | |
	homogener Damm	Kern	Stützkörper	Erosionswiderstand	Böschungsdichtung	Wasserführung bedeutsam	Wasserführung nicht bedeutsam	Tragschicht Frosthebung nicht	Tragschicht Frosthebung möglich	Fahrbahndecke
weitgestufte Kies-Sand-Gemische	-	-	1	1	-	-	1	1	1	3
enggestufte Kiese	-	-	2	2	-	-	3	3	3	-
Kies, schluffig	2	4	-	4	4	1	4	4	9	5
Kies, tonig	1	1	-	3	1	2	6	5	5	1
weitgestufte Sand-Kies-Gemische	-	-	falls kiesig 3	6	-	-	2	2	2	4
enggestufte Sande	-	-	falls kiesig 4	falls kiesig 7	-	-	5	6	4	-
Sand, schluffig	4	5	-	falls kiesig 8	erosionsgefährdet 5	3	7	8	10	6
Sand, tonig	3	2	-	5	2	4	8	7	6	2
Schluff	6	6	-	-	erosionsgefährdet 6	6	9	10	11	-
Schluff, organisch	8	8	-	-	erosionsgefährdet 7	7	11	11	12	-
Schluff, tonig	9	9	-	-	-	8	12	12	13	-
Ton, schluffig	5	3	-	9	3	5	10	9	7	7
Ton, organisch durchsetzt	10	10	-	-	-	10	14	14	14	-
Ton	7	7	-	10	volumenänderungsgefährdet 8	9	13	13	8	-
Torfe, Mudden	-	-	-	-	-	-	-	-	-	-

4 Untersuchung von Lockergesteinen in situ; Aufschluß und Probenahme

Das für eine Untersuchung der Lockergesteine aufzustellende Programm hängt wesentlich von

- der Art der auszuführenden Ingenieurkonstruktion und seiner Wichtigkeit sowie
- den anstehenden Lockergesteinsarten

ab.

Man wird sicherlich für eine Hochbaukonstruktion mehr Aufwand treiben müssen als beim Bau einer einfachen Straße, und es bedarf größerer Vorsicht, wenn ein Bauwerk auf einer weichen, vielleicht sogar organischen Schicht errichtet werden soll, als wenn an der Baustelle ein dichtgelagerter Sand oder Kies ansteht.

4.1 Der mittelbare Baugrundaufschluß (indirekte Aufschlußmethoden)

Die Baugrunduntersuchung erfolgt immer an einem Aufschluß, also - im besten Sinne des Wortes - einer Geländestelle, an der das anstehende Gestein beurteilt werden kann. Es gibt aber auch Möglichkeiten, ohne eine Probenahme oder sogar einen direkten Aufschluß auszukommen. Man spricht dann von einem mittelbaren (indirekten) Aufschluß. Unter Nutzung solcher Wege erfolgen erste vorbereitende Erkundungen, nämlich durch

- Inaugenscheinnahme,
- Auswertung von Luftbildaufnahmen, geologischen Karten und Berichten sowie Aufzeichnungen über Bauwerke

sowie durch indirekte Erkundung auf geophysikalischem Wege und Feldversuche:

- Belastungsversuche,
- Sondierungen durch Rammen, Drücken, Drehen,
- Pumpversuche u. ä.

Die vorbereitende Erkundung umfaßt im allgemeinen ein größeres Gebiet und vermittelt ein generelles Bild desselben. Die geophysikalischen Untersuchungen lassen die Ermittlung von Schichtgrenzen zu, wobei ein relativ großes Lockergesteinsvolumen in recht kurzer Zeit untersucht werden kann. Sie bedürfen oft einer konkreten Eichung, um aussagekräftig zu sein.

Feldversuche gewinnen besonders in Bereichen rasch wechselnder Verhältnisse und bei Vorliegen störungsempfindlicher Lockergesteine zunehmend an Bedeutung. Die verbreitetsten Geräte dazu sind die Sonden, die in den Untergrund gedrückt oder geschlagen werden. Registriert wird der Eindringwiderstand, z. B. bei der Rammsonde die für ein Eindringen von (zumeist) 10 cm notwendige Schlagzahl. Man nutzt dann korrelative Zusammenhänge zwischen dieser Schlagzahl und z. B. der Festigkeit bei definierten Sondenabmessungen und Versuchsbedingungen. Aus verschiedenen Gründen tragen diese Ergebnisse allerdings nur näherungsweisen Charakter ebenso wie die, die z. B. die Dichte in Zusammenhang mit der Schlagzahl bringen. Neben der Dichte eines Sandes beeinflussen auch die Art des Sandes und des Spannungszustandes im Untergrund und die Bedingungen in den Poren des Lockergesteins die Ergebnisse in einem beachtlichen Maße, so daß zum Teil starke Streuungen im Sondierergebnis auftreten. Zumeist wird man die Sondierung ergänzend zu anderen Erkundungsmethoden verwenden. Die nachfolgende Skizze zeigt die Spitze einer Rammsonde.

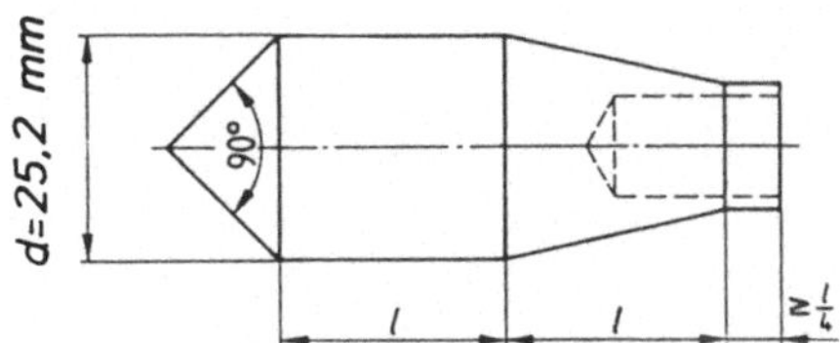

Bild 4.1: Spitze einer leichten Rammsonde

Als eine außerordentlich zweckmäßige Methode hat sich die Flügelsondierung erwiesen. Sie eignet sich speziell zur Ermittlung der Scherfestigkeit in weichen Tonen und Schluffen. Es wird dazu ein Flügel (Bild 4.2) in den Untergrund gedrückt. Das zu seiner Drehung erforderliche Moment wird gemessen und registriert. Aus diesem Moment läßt sich die Scherfestigkeit längs horizontaler und vertikaler Kanten berechnen.

Weitere Versuche dienen der Ermittlung von Verformungskennwerten (Belastungsversuch) und Durchlässigkeiten des Untergrundes für Grundwasser (Pumpversuch). Sie erfahren in anderen Lehrveranstaltungen (Baugrundbohrungen, Feldversuchstechnik, Hydrogeologie) ausführliche Behandlung.

4.2 Der unmittelbare Baugrundaufschluß (direkte Aufschlußmethoden)

Der unmittelbare Baugrundaufschluß soll

- die Entnahme von Proben zur Ermittlung oder Abschätzung von Kennwerten,
- die Bestimmung der anstehenden Mineral- und Gesteinsarten,
- die exakte Bestimmung des Schichtenaufbaus

ermöglichen.

Das gelingt, wenn Bohrungen, Schürfe und natürliche sowie künstliche Freilegungen (Baugruben, Erosionsrinnen) abgeteuft, angelegt bzw. benutzt werden können. Bevor die einzelnen Aufschlußarten und die Probenahme näher erläutert werden, ist der Grad der Störungen der Probe bei der Probenahme zu besprechen.

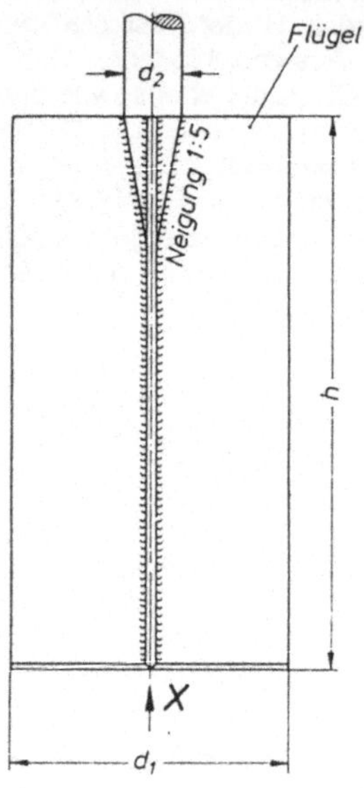

| Kurz-zei-chen | Flügel | | | Stab |
	h [mm]	d_1 [mm]	s [mm]	d_2 [mm]
FS 50	100	50	1,5	13
FS 75	150	75	3	16

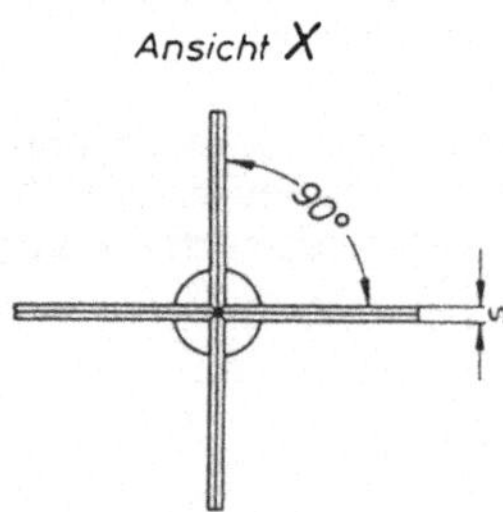

Bild 4.2: Flügelsonde (nach DIN 4096)

4.3   Zustandsstörungen der Proben bei der Probenahme

4.3.1   Arten der Probe

Vom Zweck der später an den Proben vorzunehmenden Untersuchungen und deren Art hängt es ab, inwieweit eine Störung des Probenzustandes über ein unvermeidliches Maß hinaus zulässig ist. In der DIN 4021 "Aufschluß durch Schürfe und Bohrungen" sind dazu generelle Ausführungen zu finden.

Werden von natürlich entstandenen oder künstlich abgelagerten Lockergesteinen nur Angaben über die Kornzusammensetzung u. ä. verlangt, also über solche Kennzahlen, für deren Bestimmung eine ungestörte Struktur des Materials und der ursprüngliche Wassergehalt nicht erforderlich sind, so genügt eine sogenannte gestörte Probe. Mit Geologenhacken, Feldspaten oder Schappen werden aus Bohrungen (500 ... 5000) g des Materials entnommen und mit Kennummern versehen in Plastikbeutel gefüllt. Interessiert zusätzlich der natürliche Wassergehalt, so sind zur Aufbewahrung und zum Transport luftdichte Behälter zu verwenden (verschraubbare Büchsen, Einweckgläser usw.). Im letzten Fall spricht man von einer strukturgestörten Probe.

Zur Untersuchung der Durchlässigkeit, der Zusammendrückbarkeit und der Scherfestigkeit werden Proben benötigt, die keinerlei Störung erfahren haben. Sie werden ungestörte Proben genannt und meist mit Hilfe von 25 cm langen Metallrohren mit einem Durchmesser von (80 ... 114) mm, sogenannten Entnahmestutzen, gewonnen.

Zusammengefaßt können wir definieren:

Tabelle 4.1: Definition des Störungsgrades einer Probe

ungestörte Probe	Probe, deren Struktur und Wassergehalt denen des betreffenden natürlichen oder künstlich abgelagerten Lockergesteins entsprechen.
strukturgestörte Probe	Probe, deren Wassergehalt, nicht aber deren Struktur mit dem des betreffenden natürlichen oder künstlich abgelagerten Lockergesteins übereinstimmt.
gestörte Probe	Weder Struktur noch Wassergehalt stimmen mit denen des betreffenden natürlichen oder künstlich abgelagerten Lockergesteins überein.

Nach DIN 4021 werden die Bodenproben in Güteklassen 1 - 5 eingeteilt.

Die Güteklasse der Bodenproben entscheidet über die Kenngrößen und Eigenschaften, die an ihr ermittelt werden können. Es kennzeichnet die Güteklasse 1 die tatsächlich ungestörte und die Güteklasse 5 die völlig gestörte Bodenprobe. Die Güteklasse 3 entspricht der strukturgestörten Probe.

Die DIN 4021 gibt weiterhin Auskunft über die verschiedenen Bohrverfahren, die das Gewinnen von Proben einer bestimmten Güteklasse ermöglichen.

Tabelle 4.2: Güteklasseneinteilung von Bodenproben (nach DIN 4021)

Güte-klasse	Bodenproben un-verändert in[2]	Feststellbar sind im wesentlichen
1[1]	Z, w, ϱ, k, E_s, τ_f	Feinschichtgrenzen, Kornzusammensetzung, Konsistenzgrenzen, Konsistenzzahl, Grenzen der Lagerungsdichte, Korndichte, organische Bestandteile, Wassergehalt, Dichte des feuchten Bodens, Porenanteil, Wasserdurchlässigkeit, Steifemodul, Scherfestigkeit
2	Z, w, ϱ, k	Feinschichtgrenzen, Kornzusammensetzung, Konsistenzgrenzen, Konsistenzzahl, Grenzen der Lagerungsdichte, Korndichte, organische Bestandteile, Wassergehalt, Dichte des feuchten Bodens, Porenanteil, Wasserdurchlässigkeit
3	Z, w	Schichtgrenzen, Kornzusammensetzung, Konsistenzgrenzen, Konsistenzzahl, Grenzen der Lagerungsdichte, Korndichte, organische Bestandteile, Wassergehalt
4	Z	Schichtgrenzen, Kornzusammensetzung, Konsistenzgrenzen, Konsistenzzahl, Grenzen der Lagerungsdichte, Korndichte, organische Bestandteile
5	- (auch Z verändert, unvollständige Bodenprobe)	Schichtenfolge

[1] Güteklasse 1 zeichnet sich gegenüber Güteklasse 2 dadurch aus, daß auch das Korngefüge unverändert bleibt.

[2] Hierin bedeuten:

Z	Kornzusammensetzung	w	Wassergehalt
ϱ	Dichte des feuchten Bodens	E_s	Steifemodul
k	Wasserdurchlässigkeitsbeiwert	τ_f	Scherfestigkeit

4.3.2 Störfaktoren bei der Probenahme und Kennzahlen zu ihrer Charakterisierung

Es treten praktisch unvermeidbar Störungen bei der Probenahme in Erscheinung, die es eigentlich nicht zulassen, im wahren Sinne des Wortes von ungestörten Proben zu sprechen. Exakt wäre statt dessen "quasi-ungestörte Probe" als Bezeichnung zu wählen. Trotzdem ist der Begriff "ungestörte Probe" auch unter den zu beschreibenden Umständen gebräuchlich.

Bei Freilegung der Probe werden zunächst die im natürlichen, ungestörten Zustand allseitig an dem zu entnehmenden Lockergesteinskörper wirkenden Spannungen bis auf den Wert Null vermindert (Bild 4.3).

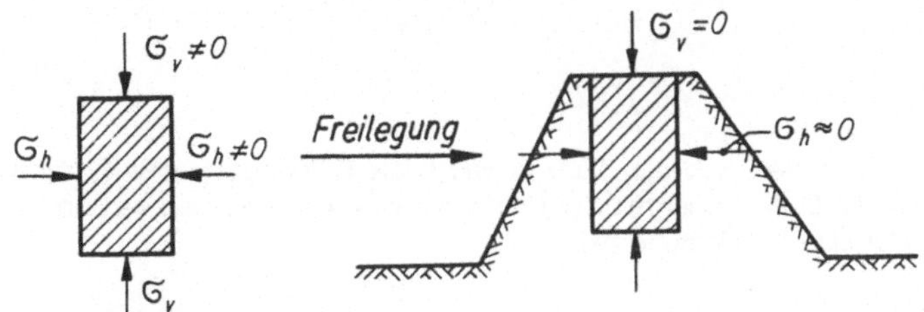

Bild 4.3: Veränderungen der Spannungen, die auf den als Probe zu entnehmenden Lockergesteinskörper wirken

Es treten dann im Material Kapillarspannungen und/oder volumenvergrößernde Schwellerscheinungen auf. Letztere sind besonders groß in Lockergesteinen, die in den Poren gelöste Gase enthalten. Die durch die Gase verursachte Expansion führt immer zu einer Strukturänderung.

Weiterhin kommt es zu erheblichen Probestörungen im Zusammenhang mit der Entnahme durch Stutzen. Es wurden vielfältige technische Maßnahmen entwickelt, um Störungen zu verhindern. Trotzdem ist keine völlig befriedigende Lösung gefunden worden. Das Problem ist eines der wichtigsten im Rahmen der Bestimmung mechanischer Eigenschaften der Lockergesteine. Der Wert jeder Untersuchung einer "ungestörten" Probe wird weitestgehend durch die Qualität der Probe bestimmt. Aus diesem Grund soll auf die Beeinflussung der Struktur der Probe durch den Stutzen näher eingegangen werden.

Bild 4.4 verdeutlicht die Wirkung der Reibung zwischen Stutzenwand und Probe, die sich in Verformungen der Probe in Wandnähe äußert.

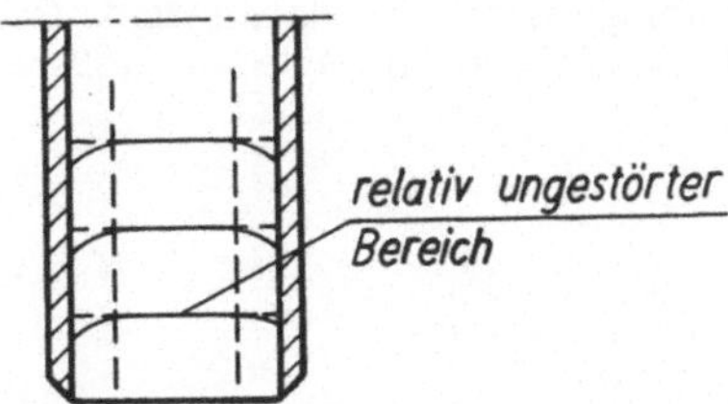

Bild 4.4: Wirkung der Reibung zwischen Stutzenwand und Probe

Die Güte der Entnahme und der Entnahmegeräte wird durch verschiedene Kennzahlen charakterisiert. Es sind:

a) Das Längenverhältnis

$$C_l = \frac{l}{h}. \tag{4.1}$$

Dabei sind l die Höhe der Probe im Stutzen und h die Eindringtiefe des Stutzens ins Erdreich. Im Falle $C_l > 1,0$ ist mit der Entnahme eine Auflockerung verbunden; $C_l < 1,0$ deutet auf eine Verdichtung hin.

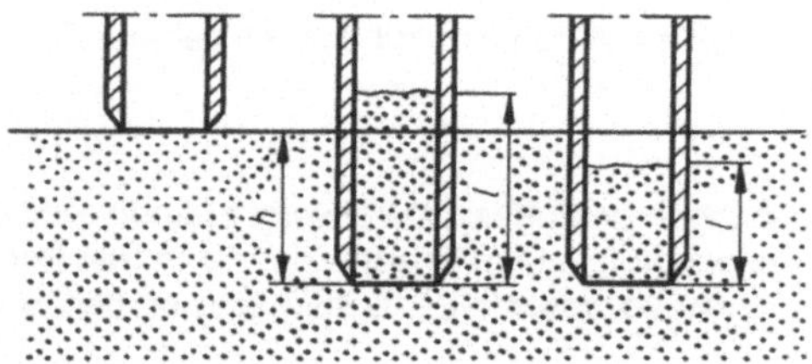

Bild 4.5: Verhalten der Probe bei der Entnahme

b) Das Flächenverhältnis

$$C_a = \frac{D_w^2 - D_e^2}{D_e^2} \cdot 100 \text{ in } \% \tag{4.2}$$

stellt das Verhältnis des durch die Wandung verdrängten Volumens zum Volumen der ungestörten Probe dar.

C_a sollte maximal 15 % betragen, da mit zunehmendem C_a-Wert der Eindringwiderstand und damit die Gefahr der Probenzerstörung wächst. Bei dickwandigen Geräten mit $C_a > 15$ % ist der Schneidenwinkel um so kleiner zu wählen, je größer die Wanddicke ist.

c) Das Innendurchmesserverhältnis

$$C_i = \frac{D_s - D_e}{D_e} \cdot 100 \text{ in \%} \tag{4.3}$$

muß groß genug sein, um auch bei einem gewissen Schwellen der Probe noch kein Anliegen an der Wand zu gestatten, es muß aber auch klein genug sein, um ein Zerfallen der Probe zu verhindern ($C_i \sim (0,5 \dots 1,0)$ %). Bei günstigen C_i-Werten wird die Innenwandreibung ebenso wie durch glatte, geölte Zylinderinnenflächen beträchtlich verringert.

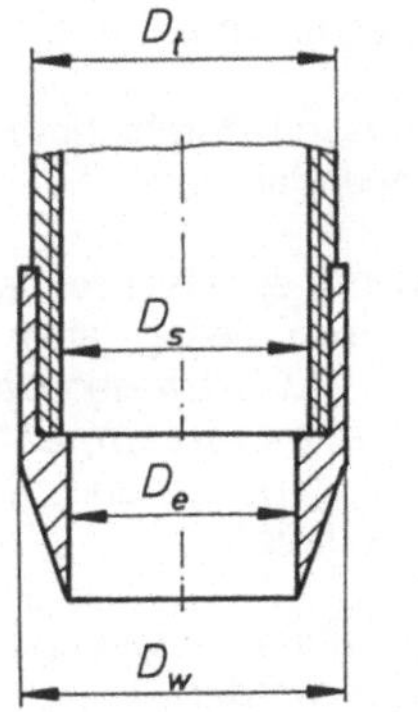
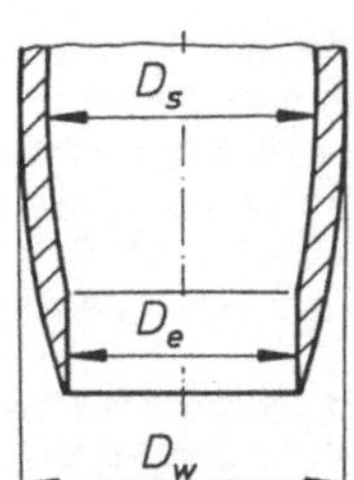

Bild 4.6: Entnahmestutzen mit Schneidkopf

d) Das Außendurchmesserverhältnis

$$C_d = \frac{D_w - D_t}{D_t} \cdot 100 \text{ in \%} \tag{4.4}$$

ist ein Maß für die Außenwandreibung. In Sanden und Kiesen soll $C_d = 0$ und in Schluffen und Tonen $C_d < (2 \dots 3)$ % sein.

Bisher wurden Änderungen des Spannungszustandes durch das Freilegen der Probe und durch den Stutzeneinfluß besprochen, die zu verändertem Wassergehalt, verändertem Volumen und zur Zerstörung der Struktur führen können. Als weiterer Störfaktor soll die Möglichkeit chemischer Beeinflussung durch saures oder alkalisches Grundwasser und daraus folgend eine Oxydation des Stutzens genannt werden. Saubere, entrostete, möglichst mit geölten Innenflächen versehene Stutzen sind eine Voraussetzung für eine gute Probenahme.

Proben können für praktische Zwecke als ausreichend ungestört angesehen werden, wenn

- C_l annähernd bei 1 liegt und
  $$C_l < 1 - 2C_i \tag{4.5}$$
  gilt,

- auf der Oberfläche der Probe keine Verzerrungen oder Bruchflächen erkennbar sind,

- das Gewicht und die Lage der Probe sich während des Transportes und der Aufbewahrung nicht verändert haben.

Um die Störungen der Probe weitestgehend zu kompensieren, ist es ratsam,

- den am stärksten gestörten äußeren Mantel der Probe vor der Versuchsdurchführung zu entfernen, das ihn bildende Material nicht für Versuche zu verwenden und

- vor aufwendigen Versuchen an ungestörten Proben (Triaxialversuch) eine Konsolidation unter den Spannungen vorzunehmen, denen die Probe im Feld unterlag (anisotrope Konsolidation). Da auch durch eine Konsolidation ein zu starkes Schwellen der Probe nur ungenügend rückgängig gemacht werden kann, ist es ratsam, entsprechend empfindliche Materialien bald nach Entnahme zu untersuchen und die Probe eventuell unmittelbar in situ in die Versuchseinrichtung einzubauen.

Nachdem nun die Aufschlußarten und Störfaktoren bei der Probenahme besprochen wurden, kann auf die praktische Entnahme von Proben eingegangen werden.

4.4   Ungestörte Probenahme aus Schürfen

Die Schürfgrube (kurz Schurf) stellt einen Geländeaushub kleinsten Umfanges (Punktuntersuchung) dar, der sich besonders dann als Aufschluß eignet, wenn die interessierenden Schichten nicht sehr tief liegen. Schürf- und Bohrarbeiten sowie Probenahmen sind gemäß der bereits mehrfach genannten DIN 4021 durchzuführen.

Bei nicht begehbaren Schürfen sind der Baugrund unmittelbar bei der Herstellung zu beurteilen und Proben zu entnehmen. Begehbare Schürfe (Bild 4.7) sind so geräumig anzulegen, daß sie an den Wandungen und an der Sohle besichtigt, Proben entnommen und Versuche im Schurf durchgeführt werden können.

Die Mindestgrundfläche der Sohle von 1,0 m x 1,0 m wird durch den Wunsch nach einem bequemen Aushub und einer bequemen Probenahme bestimmt. Schürfe sind Bohrungen vor allem dann vorzuziehen, wenn der Übergang von verwittertem zu kompaktem Fels erkundet werden soll. Außerdem sind Schürfe sinnvoll, wenn der Baugrund in seiner ungestörten Lagerung in Augenschein genommen werden muß oder Bodenproben besonders hoher Güte gewonnen werden sollen. Besonderes Augenmerk ist auf die Wasserhaltung bei Schürfen unterhalb des Grundwasserspiegels zu legen.

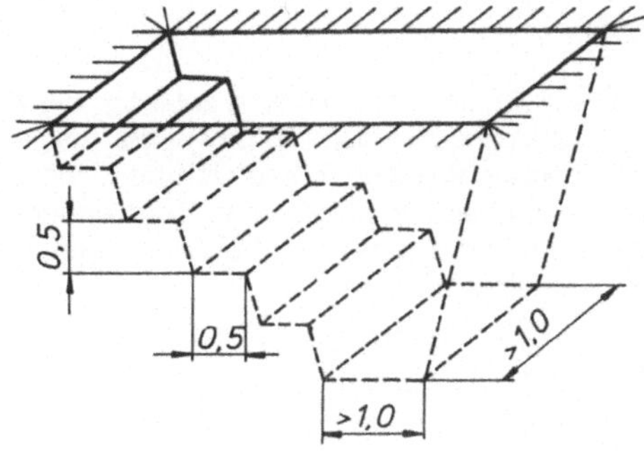

Bild 4.7: Schurf

Unter Bedingungen, in denen ein in einer Richtung ausgedehnter Schurf (beispielsweise zur besseren Erfassung des Schichtenverlaufes) gefordert wird, haben sich Schurfschlitze oder -gräben bewährt, wie sie leicht von Universaltraktoren in beliebiger Länge, einer Breite von (60 ... 80) cm und einer Tiefe bis zu 2,5 m hergestellt werden können.

Vor der ungestörten Probenahme sind die Bereiche mit gestörter Lagerung zu entfernen. Die Stutzen sind vertikal in die Stufen oder in die Schurfsohle einzudrücken, nur im Notfall einzuschlagen. Horizontale Proben dürfen aus der Schurfwand nur nach Zustimmung der die Proben untersuchenden Institutionen entnommen werden. Neben Zylinderproben ist auch die ungestörte Entnahme von Würfeln mit Abmessungen von (10 ... 20) cm Kantenlänge möglich. Der Würfel ist vorsichtig allseitig freizugraben und mit kochendem Paraffin zu umgießen, in Pergament zu wickeln und erneut in Paraffin zu tauchen.

Nach der Entnahme solcher Proben ist besonders zu achten auf:

- einen luftdichten Verschluß durch Paraffinverguß,
- ein Aufkleben der Entnahmezettel auf die Stutzenwand,
- eine Kennzeichnung der Probenorientierung,
- den Schutz vor Frost, Sonne und künstlichen Wärmequellen,
- einen Versand an die Untersuchungsstelle innerhalb einer Woche,
- eine Aufbewahrung der ungestörten Proben in Räumen mit konstanter, hoher Luftfeuchtigkeit und konstanter Temperatur.

Einer Sendung der Proben ist ein Verzeichnis der beim Bohren angetroffenen Schichten beizufügen (Schichtenverzeichnis).

4.5   Probenahme aus Bohrungen

Für Baugrunduntersuchungen sind nach DIN 4021 alle Bohrverfahren zulässig, die einen für den jeweiligen Untersuchungsfall hinreichenden Aufschluß sowie die nötigen Bodenproben liefern. Bohrverfahren und Bohrdurchmesser richten sich demzufolge nach der Art der verlangten Bodenproben. Grundsätzlich sind solche Bohrverfahren vorzuziehen, bei denen möglichst ungestörte Proben entnommen werden können. Es werden im allgemeinen folgende Bohrverfahren unterschieden.

Tabelle 4.3: Bohrverfahren zur Probengewinnung

Verfahren 1	mit durchgehender Gewinnung von gekernten Bodenproben (Kern-, Rammbohrungen)
Verfahren 2	mit durchgehender Gewinnung nicht gekernter Bodenproben (Dreh-, Greiferbohrungen)
Verfahren 3	mit Gewinnung unvollständiger Proben (Schlag-, Spülbohrungen)

Zusätzlich existieren noch Kleinbohrverfahren (Sondierungen) mit der Gewinnung geringer Bodenmengen.

Bei den Verfahren mit durchgehender Gewinnung nicht gekernter Bodenproben ist bei jedem Wechsel der Bodenschicht, mindestens aber im Abstand von 1,0 m, wenigstens eine Bohrprobe zu entnehmen.

Für die Probenahme werden verzinkte Stutzen von mindestens 250 mm Länge und einem Durchmesser von (50 bis 114) mm verwendet. Zur Bestimmung von Festigkeits- und Verformungskennzahlen sollten Stutzen mit einem Durchmesser von >100 mm benutzt werden. Die ungestörten Proben sind vom natürlichen Baugrund unterhalb der Verrohrung zu entnehmen. Der Stutzen wird dazu nach Bild 4.8 an ein Rammgerät angeschraubt, das durch einen (10, 30, 50 oder 63,5) kg schweren Rammbär in die Bohrlochsohle getrieben wird. Ein über dem Stutzen befindlicher Schlammfang verhindert, daß weiches, gestörtes Material der Bohrlochsohle im Stutzen verbleibt. Der Rammvorgang schließt unter Baustellenbedingungen die Möglichkeit beträchtlicher Probestörungen in sich ein.

Für die Behandlung der Probe nach der Entnahme gelten die gleichen Hinweise wie bei der Probenahme aus Schürfen.

Bei der Entnahme nichtbindiger Proben (Sande) aus Bohrlöchern besteht infolge fehlender Haftung des Materials an der Wandung der Stutzen die Gefahr des Herausrutschens der Probe aus dem Stutzen. Das gilt besonders bei Probenahmen unter dem Grundwasserspiegel. In diesen Fällen hat sich in der hiesigen Praxis das Körste-Entnahmegerät gut bewährt (siehe Bild 4.9).

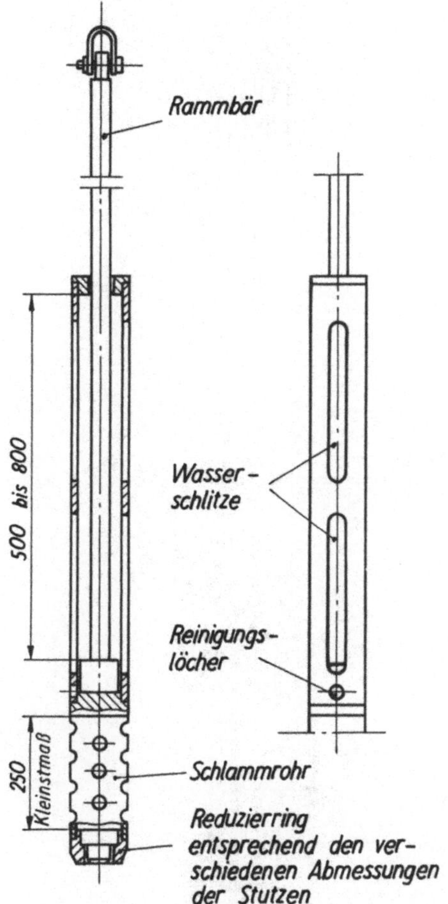

Bild 4.8: Rammgerät zur Probenahme

Ein beim Eintreiben des Stutzens geöffnetes Ventil wird beim Herausziehen des Gerätes geschlossen. Der Schließdruck bleibt durch eine Feder konstant. Beim Bestreben der Probe herauszurutschen, bildet sich im oberen Teil des Stutzens ein Vakuum, das das weitere Herausrutschen der Probe verhindert. Auf ähnlichem Prinzip beruhen auch andere Entnahmegeräte.

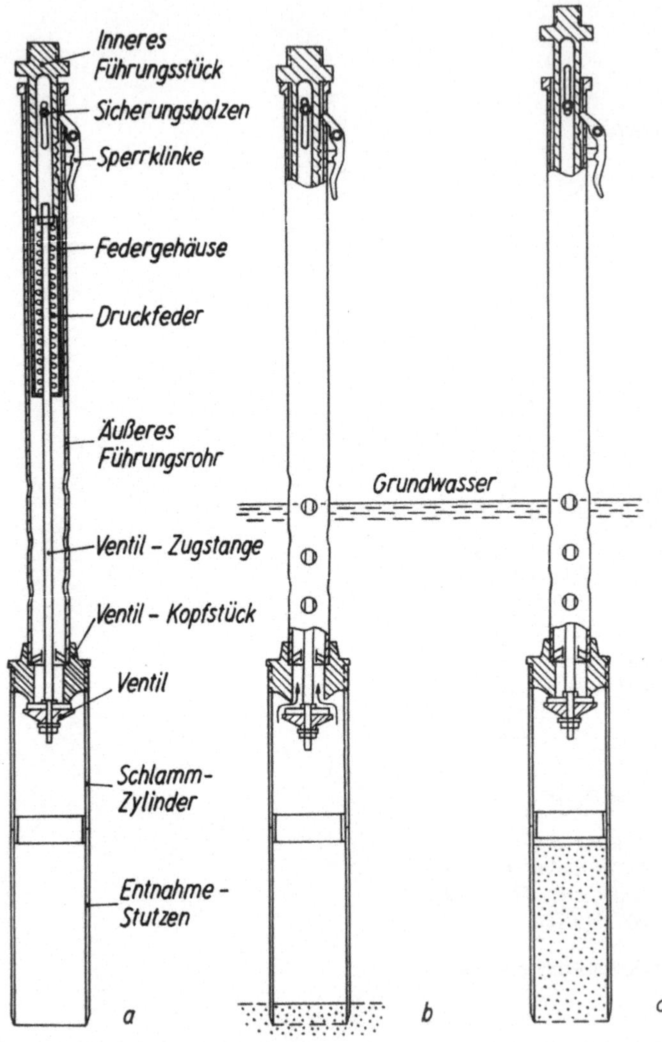

Bild 4.9: Entnahmegerät von Körste [35]
a) Zustand beim Hinablassen; b) Zustand beim Aufsetzen und Eintreiben;
c) Zustand beim Ziehen

4.6   Entnahme gestörter Proben

Aus Schürfen kann zur Gewinnung gestörter Proben die Entnahme mittels Spaten oder Hacke erfolgen. Bei Sand und Kies ist darauf zu achten, daß keine entmischten Proben entnommen werden. Die Gefahr besteht besonders bei der Entnahme von Repräsentativproben längs der Schurfwand, wobei sich auf der Schurfsohle ein Haufen des entmischten Materials ansammelt.

Je nachdem, ob der Wassergehalt bestimmt werden muß oder nicht, ist die Aufbewahrung als "strukturgestörte" Probe (in luftdichten Behältern) oder als "gestörte" Probe (in Beuteln) vorzunehmen.

Für Handbohrungen stehen nach Bild 4.10 verschiedene Gerätschaften, wie

a) Ventilbohrer,
b) Sondierspitze mit Nut, in der sich das Lockergestein festsetzt,
c) Spiralbohrer,
d), e) Schappe, d. h. ein geschlitztes Rohr, das sich beim Eindrehen ins Erdreich mit
        Probenmaterial füllt,
f) Vorrichtung zum Eindrehen der Schappen

zur Verfügung.

Auch für größere Bohrungen werden Schappen benutzt. Details zum Bohrprozeß sind nicht Gegenstand unserer Betrachtungen.

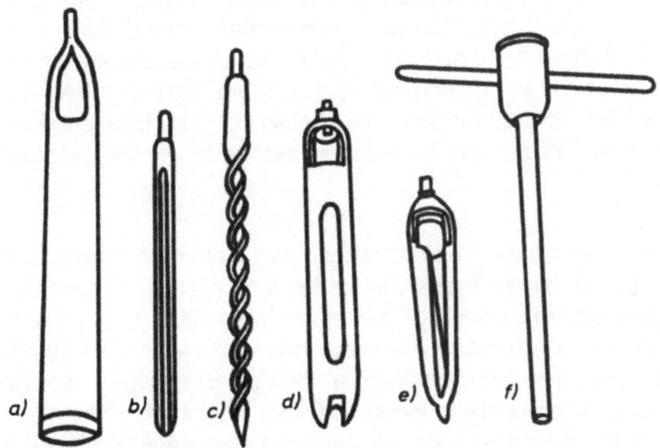

Bild 4.10: Gerätschaften für Handbohrungen

5 Kornaufbau und seine Bedeutung

5.1 Kornaufbau

Es wurde bereits mehrfach erwähnt, daß Kenntnisse des Kornaufbaus für das Verständnis gewisser Eigenschaften, besonders der der feinkörnigen (bindigen) Lockergesteine, bedeutsam sind. Wesentlich sind in diesem Sinne vor allem die das Korn bildenden Minerale.

Die Bindung und Anordnung der Atome bzw. Moleküle bestimmen das Mineral als Silikat, Karbonat, Oxid etc. Dabei sind die Silikate, die etwa zu 90 % im Lockergestein vorkommen, für den Bodenmechaniker eindeutig die wichtigsten. Wesentlicher noch als eine Einteilung nach der Art der Atome, aber aufbauend auf dieser, ist eine solche nach der Anordnung der Atome bzw. Moleküle. Das hängt in erster Linie damit zusammen, daß die spezifische Oberfläche bei den feinkörnigen Lockergesteinen stark zunimmt und damit der Einfluß der Kräfte zwischen den Molekülen benachbarter Partikeloberflächen wächst. Silikate kristallisieren in der Weise, daß jeweils ein Si^{4+}-Ion von vier O^{2-}-Ionen in tetraedischer Anordnung umschlossen wird. Die Vielfalt der Silikate in der Natur resultiert aus der unterschiedlichen Verknüpfung dieser Tetraeder miteinander. Bei einzelnen Tetraedern spricht man von Inselsilikaten. Zwei Tetraeder verbinden sich zu einem Doppelsilikat, drei oder sechs zu Ringen, unbegrenzt viele in der Ebene zu Ketten.

Zwei eindimensionale Ketten ergeben die Bandsilikate, deren Verknüpfung in der Ebene zu Schichtsilikaten, im Raum zu Gerüstsilikaten führt. Bei diesen Verknüpfungen ist die Regel, daß ein Sauerstoffion mehreren Tetraedern zugeordnet ist. Beachtet man die Valenzen, so stellt man fest, daß weder ein Inselsilikat noch andere Anordnungen (mit Ausnahme der Gerüstbildungen) als isolierte Einheiten existieren können. Eine schließliche Absättigung erfolgt durch den Einbau von Metallionen zwischen die SiO_4-Tetraeder.

Andere Grundstrukturen sind die Hydroxide (Oktaederschichten) der Form Hydrargillit, $n(Al_2(OH)_6)$, und $n(Mg_3(OH)_6)$, Brucit, die ebenfalls wieder Schichten bilden. Diese Einheiten sind allerdings im Gegensatz zu den SiO_4-Tetraedern abgesättigt und bilden selbständige Mineralgruppen. Durch Kombination der genannten Oktaeder- und Tetraederschichten entstehen die mehrlagigen Schichtminerale. Solche Bindungen werden ermöglicht, weil die Abstände der Gitterpunkte in verschiedenen Schichten etwa gleich sind. Sie lassen sich dadurch aneinanderlagern, wobei die nicht abgesättigten Bindungen in der Silikatschicht an die Stelle der (OH)-Gruppe in den Hydroxiden treten.

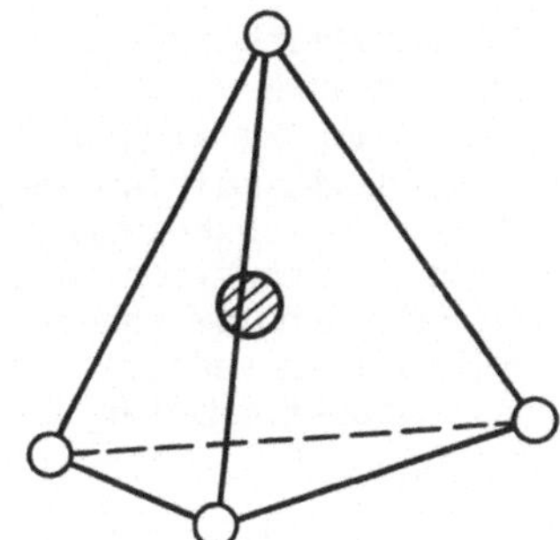

Bild 5.1: SiO$_4$-Tetraeder

Als Beispiel für zweilagige Schichtminerale sind zu nennen:

a) Kaolinit, eine Anlagerung von Hydrargillit an eine Tetraederschicht mit der entstehenden Form n(Al$_2$Si$_2$O$_5$(OH)$_4$). Liegen zwei (oder mehrere) solcher Doppelschichtbildungen zueinander parallel, kommt es zwischen den O^{2-}-Ionen der Silikatschicht einer Doppelschicht und den (OH)$^-$-Ionen der zweiten Doppelschicht zu einer sogenannten Wasserstoffbrückenbindung. Es entstehen also regelmäßig aufgebaute Doppelschichtpakete.

b) Halloysit ist dem Kaolinit sehr ähnlich aufgebaut. Es erfolgt lediglich zwischen den Doppelschichten ein Einbau einer Schicht von Wassermolekülen, verbunden mit einer schwachen Störung der Kaolinstruktur. Bei Entwässerung geht die Hydratschicht irreversibel verloren. Es entsteht Metahalloysit mit anderen Eigenschaften. Eine Regeneration zu Kaolinit erfolgt nicht, da die eben erwähnte Strukturveränderung erhalten bleibt.

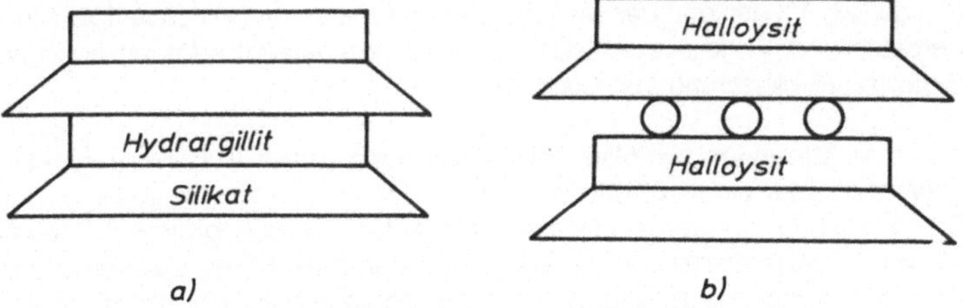

Bild 5.2: Symboiische Darstellung von Kaolinit (a) und Halloysit (b) (in Anlehnung an [23])

c) Serpentin ist analog dem Kaolinit, aber aus Brucit und Tetraederschichten aufgebaut. Wichtige Erscheinungen sind die der Diadochie und Isomorphie. An die Stelle der Si^{4+}-, Al^{3+}- oder Mg^{2+}-Ionen werden andere Ionen eingebaut. Das erfolgt ohne größere Konsequenzen (d. h., lediglich wegen ungleicher geometrischer Größen der Ionen kommt es in bestimmtem Maße zu einer Störung des Gitters und daraus resultierend zu einer Begrenzung des Kristallwachstums), wenn die Substitution durch Ionen gleicher Valenzen erfolgt (Al^{3+} wird ersetzt durch Fe^{3+}). Sind die Valenzen ungleich (Al^{3+} ersetzt Si^{4+}), entsteht eine Elektronenstörstelle. Es verbleibt eine Struktur mit negativer Ladung, die zur Kompensation Ionen mit positiver Ladung aus dem im Lockergestein befindlichen Wasser aufnehmen muß.

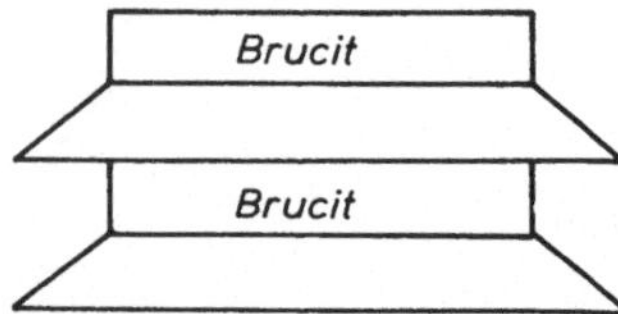

Bild 5.3: Symbolische Darstellung des Serpentin (in Anlehnung an [23])

In dreilagigen Schichtmineralen sind Oktaederschichten zwischen Tetraederschichten eingelagert. So entstehen z. B.:

a) Pyrophyllit, ein Schichtmineral, bei dem Hydrargillit zwischen Tetraederschichten eingelagert ist.

b) Minerale der Glimmergruppe. Sie sind dem Pyrophyllit entsprechend aufgebaut. Wie bei ihm sind die Grenzflächen der Dreifachschichten jeweils durch O^{2-}-Ionen gebildet. Wasserstoffbrückenbindungen zwischen den dreilagigen Schichten sind also ausgeschlossen. Schichtbindungen erfolgen durch Kaliumionen, die sich erforderlich machen, da ein Viertel der vierwertigen Siliziumionen durch dreiwertige Aluminiumionen ersetzt wird. In den verschiedenen Glimmermineralen erfolgen noch weitere Substitutionen (Einlagerung von Eisen etc.).

c) Illit entspricht den Mineralen der Glimmergruppe. Isomorphe Substitutionen sind seltener. Es werden aber nicht nur Kaliumionen adsorbiert, die sehr feste Bindungen bewirken. Die Schichtbindungen sind daher schwächer. Wegen größerer Gitterstörungen sind die Kristalle kleiner und unregelmäßiger in ihrer Form. Die verschiedenen Illite können Stufungen von Glimmer bis zum Montmorillonit (Smektite) bilden.

d) Montmorillonit, in ihm sind ein Sechstel der Aluminiumionen des Hydrargillits durch Magnesiumionen ersetzt. Auch hier wird die resultierende negative Ladung durch Adsorbtion von Kationen zwischen den Kristallschichten kompensiert. Es handelt sich dabei aber nicht um Kalium, sondern andere, schwach bindende Ionen. Damit wird Wassereintritt zwischen den Schichten möglich. Es sind daher große Volumenänderungen des Minerals bis zur völligen Trennung der Schichten denkbar. Gründungen auf montmorillonitreichen Tonen bringen stets Komplikationen (ganz besonders auch bei Verkehrsbauten) mit sich.

e) Hydroglimmer, z. B. Hydromuskovit, ist dadurch gekennzeichnet, daß an Stelle einiger Kationen H_2O-Moleküle treten können. In der Kristallstruktur bildet zum Beispiel der Hydromuskovit eine Übergangsform vom Muskovit zum Montmorillonit, eine wechselnde Lagerung des Schichtpaketes mit Muskovit- und mit Kaolinit- bzw. Montmorillonitstruktur. Die an den Stellen der Kationen angelagerten Wassermoleküle bedingen einen schwankenden Gehalt an H_2O, der leicht durch Erhitzen variiert werden kann. Bei Temperaturen >110 °C tritt eine vollständige Zerstörung der Kristallstruktur auf. Bei normaler Lufttemperatur verläuft der Prozeß umgekehrt. Es treten wie beim Montmorillonit Schwellungen auf, diese liegen aber in festen Grenzen.

f) Minerale der Chloritgruppe stellen eine Wechsellagerung von Glimmer- und Brucitschichten dar, wobei sowohl isomorphe Substitutionen in den Tetraederschichten (Si^{4+}-Ionen durch Al^{3+}-Ionen) durch solche mit Brucit (Mg^{2+} ersetzt durch Al^{3+}) kompensiert werden. Sie unterscheiden sich von den anderen Mineralen in der Schichtenfolge sowie Anzahl und Lage isomorpher Substitutionen. Gut kristallisierte Chlorite befinden sich im Ladungsgleichgewicht; weniger gut kristallisierte mit willkürlicher Form kommen vor.

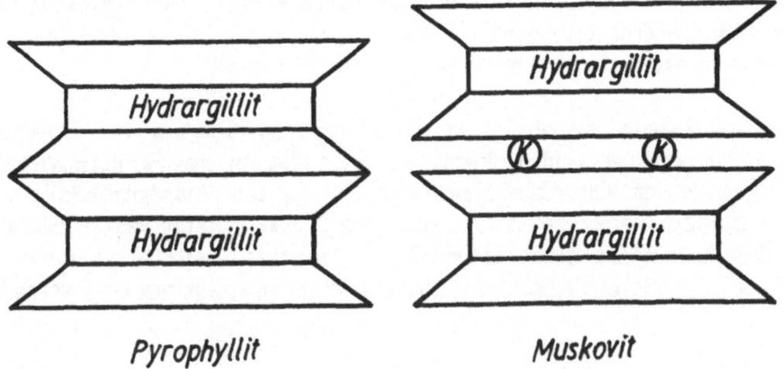

Bild 5.4: Symbolische Darstellung der dreilagigen Schichtminerale (in Anlehung an [23])

Defekte gibt es aber auch bei anderen Mineralen. Es kommt dadurch nicht nur zwischen den Schichten zur Diffusion von Ionen, sondern auch im Kristallgitter selbst. Damit ist eine stetige Veränderung in Wechselwirkung mit dem umgebenden Wasser verbunden. Gewisse Minerale haben eine derart irreguläre Kristallstruktur, daß selbst die Röntgenspektralanalyse als eine der wichtigsten Methoden zur Untersuchung von Tonmineralen keine Aufklärung ermöglicht.

Zu den Gerüstsilikaten gehören vor allem die Feldspäte und Quarze. Während erstere noch durch Verwitterung in die Tonminerale übergehen, sind Quarzkristalle auf Grund des geringen Verhältnisses zwischen Sauerstoff- und Siliziumatomen (2 : 1) sehr verwitterungsbeständig. Gerüstminerale bilden vorwiegend Körner, die größer sind als das des Tonkorns und ihrer Form nach kantig oder rund.

5.2   Kräfte zwischen Lockergesteinspartikeln

Die zwischen den Lockergesteinspartikeln, überwiegend von Tonkorngröße, wirkenden Kräfte sind primär durch elektrische Felder zu erklären. Lockergesteinspartikel sind vorwiegend negativ geladen als Folge von

- isomorpher Substitution,
- Dissoziation von OH^--Ionen an der Oberfläche,
- Kationenmangel im Kristallgitter,
- Anionenadsorption und
- Vorhandensein organischer Substanzen.

Bei den so gebildeten Feldern treten noch solche, die durch sogenannte Dipolmomente bedingt sind, auf. Diese Dipolmomente entstehen dadurch, daß die Schwerpunkte positiver und negativer Ladungen nicht zusammenfallen. Die Größe des Dipolmomentes ist durch das Produkt aus positiver Ladung und Abstand der Ladungszentren gegeben.

Die Kraftwirkung der Felder erfolgt über die Partikeloberfläche. Insofern ist die spezifische Oberfläche auch dafür ein Maß, inwieweit diese Oberflächenkräfte gegenüber Massenkräften eigenschaftsbestimmend sind. Partikel von Tonkorngröße dürfen bereits zu den Kolloiden gezählt werden, bei denen dieser Fall die Regel ist.

Bringt man Tonpartikel ins Wasser, so erfolgt eine Bindung desselben an die Oberfläche der Tonteilchen durch Wasserstoffbrückenbindungen, da an der Schichtgrenze stets O^{2-}- oder $(OH)^-$-Ionen liegen. Über die exakte Anordnung der Wassermoleküle an den Mineralgrenzen bestehen bisher keine konkret belegbaren Vorstellungen. Sicher dürfte sein, daß eine feste, reguläre Bindung unmittelbar an der Grenzfläche vorliegt. Dagegen ist das Wasser in größerem Abstand weniger regulär angeordnet und schwächer gebunden.

Auf Grund der negativen Ladung der Partikel werden aus dem eingelagerten Wasser positiv geladene Ionen aufgenommen, die auch durch andere zu ersetzen sind und daher als austauschbare Ionen bezeichnet werden. Diese Ionen werden an den Mineralgrenzen gebunden, sind allerdings bestrebt, sich auf Grund ihrer thermischen Energie voneinander zu entfernen. Die tatsächliche Lage ist das Ergebnis beider Kraftwirkungen. Die größte Konzentration der Ionenschicht liegt an den Kristallgrenzen vor. Von dort aus erfolgt näherungsweise eine exponentielle Abnahme. Entstanden ist damit die sogenannte elektrochemische Doppelschicht. Als Doppelschichtdicke bezeichnet man die Dicke der Schicht, innerhalb der die Ionenkonzentration größer ist als im "freien" Wasser bzw. innerhalb der die Wirkung eines elektrischen Potentials nachweisbar ist.

Die Dicke der Doppelschicht hängt nun ab von

- der Ionenkonzentration im Wasser (zunehmende Konzentration reduziert die Dicke) und
- der Art der Ionen. So führen einwertige Ionen (Na^+) zu größeren Schichtdicken (es sind zur Ladungskompensation mehr Ionen erforderlich). Die Schichtdicke nimmt bei Anlagerung von Ionen in der Reihenfolge Na^+, K^+, Ca^{2+}, H^+, Mg^{2+}, Fe^{3+} ab.

Die Änderung der Art der Ionen in der Doppelschicht bezeichnet man als Basenaustausch. Sie ist durch eine Änderung des Kationentyps in der flüssigen Phase zu erreichen. Mit ihr kann man eine Änderung der Lockergesteinseigenschaften (z. B. ausgedrückt durch eine Änderung der Atterbergschen Grenzen) erreichen. Als Maß für diese Ionenaustauschkapazität wählt man die Zahl der Schichtladungen pro 100 g Masse. Das experimentell gefundene Kationenaustauschvermögen liegt für Kaolinit bei (1 ... 10) meq/100 g und für Montmorillonit bei (70 ... 120) meq/100 g. Dabei bedeutet meq/100 g Milliäquivalent pro 100 g.

Innerhalb der Doppelschicht befindet sich natürlich auch Wasser, dessen Konzentration - abhängig vom Tonpartikel und dessen spezifischer Oberfläche - unterschiedlich ist. Beim Montmorillonit ist sie wesentlich größer als beim Kaolinit. Insofern kann ein gleicher Wassergehalt bei einem Mineral aus gebundenem Wasser resultieren, beim anderen aus freiem Porenwasser. Zur Errichtung von Dichtungskernen im Dammbau können sehr wohl Tone verwendet werden, die Minerale mit hohem Wasserbindevermögen enthalten (Halloysit), deshalb hohe Wassergehalte und geringe Trockendichten zeigen.

Sobald man Tonpartikel bis zu einer bestimmten Entfernung einander nähert, wirken sie aufeinander durch

- Van-der-Waalssche Kräfte als Folge einer Wechselwirkung zwischen Atomkernen und Elektronen verschiedener Moleküle (es sind Anziehungskräfte beachtlicher Größe bei einem Abstand, der der Größe des Atoms entspricht); sie nehmen aber reziprok zur (5. ... 6.) Potenz des Abstandes voneinander ab,

- abstoßende Kräfte als Folge gleicher negativer Ladung der Partikel.

Bei geringem Abstand überwiegen die Van-der-Waalsschen Kräfte. Die abstoßenden Kräfte wirken im Moment, da sich die Doppelschichten berühren. Verringerung der Doppelschichtendicke hat also eine Verringerung der repulsiven Kraft im gleichen Abstand zur Folge.

Überwiegen die Anziehungskräfte, kommt es zu einer Flockenbildung (Koagulation), im umgekehrten Falle zu einer Dispersion. Die Tendenz zu solchen Erscheinungen ist steuerbar, z. B. über die Beeinflussung der Doppelschichtdicke. So steigt die Neigung zur Flockenbildung bei

- Erhöhung der Temperatur,
- Erhöhung der Ionenwertigkeit und
- Steigerung der Elektrolytkonzentration,
- Verringerung der Ionengröße und
- Verringerung des pH-Wertes.

Die Abstoßung ist dann am größten, wenn sich die Teilchen mit ihren Grenzflächen berühren. Daraus resultiert die Tendenz zu einer Kanten-Flächen-Lagerung bei Koagulation. In saurer Lösung sind die Ladungen darüber hinaus so verteilt, daß sich die negativen Ladungen auf den Grenzflächen, die positiven hingegen an den Kanten in Form von $(OH)^-$-Ionen konzentrieren. Dieser Fakt führt zu der sogenannten Kartenhausstruktur.

Bei disperser Anordnung sind die Teilchen in der Suspension voneinander getrennt. Bei Sedimentation kommt es allerdings dann zu einer parallelen Anordnung.

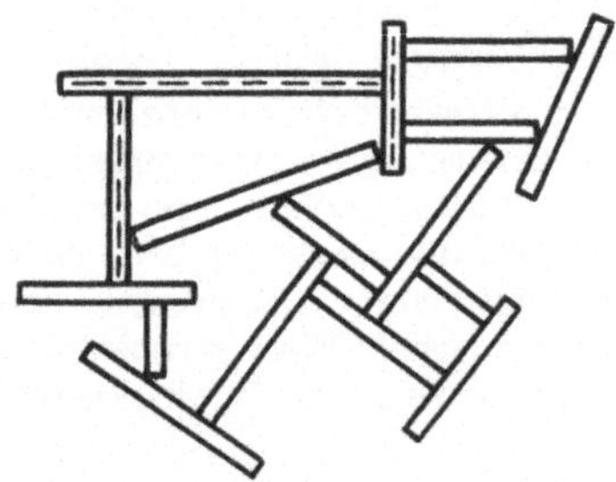

Bild 5.5: Kartenhausstruktur

5.3   Einige praktische Schlußfolgerungen

Alle für bodenmechanische Untersuchungen wesentlichen Eigenschaften wie Kompressibilität, Scherfestigkeit und Durchlässigkeit werden wesentlich von

- der Art des Tonminerals und
- der Art der Konzentration der Ionen in der Doppelschicht

beeinflußt.

Die Durchlässigkeit nimmt offensichtlich zu, wenn der Porenraum freies, statt gebundenes Wasser enthält. Die Durchlässigkeit läßt sich durch Verminderung der Doppelschichtdicke im Zuge eines Basenaustausches steigern.

Die Verdichtungsfähigkeit ist ebenfalls deutlich größer bei Tonmineralen (Montmorillonit), die mehr Wasser anlagern können als Kaolinit. Im gleichen Sinne wirken Natriumionen in der Doppelschicht insofern, als sie dickere Doppelschichten bedingen. Ähnliches ist zum Schwellvorgang zu sagen.

Die Scherfestigkeit τ_f wird mit stärkeren Kontakten der Partikel untereinander wachsen, also mit abnehmender Porenzahl. Hier ist darüberhinaus noch die Wirkung von Strukturstörungen zu beachten, die auf die Teilchenanordnung und die Bindungen in den Kontaktpunkten Einfluß nehmen. Eine wesentliche Größe in diesem Sinne ist die Sensitivität S_t

$$S_t = \frac{\text{Scherfestigkeit des ungestörten Lockergesteins}}{\text{Scherfestigkeit des gestörten Lockergesteins}}. \tag{5.1}$$

Normale Lockergesteine zeigen Werte $S_t \leq 8$, besonders empfindliche Lockergesteine wesentlich höhere (Quicktone). Im Laufe der Zeit wird der Einfluß der Störungen bei einigen, den sogenannten thixotropen Tonen zum Teil durch Neuaufbau zerstörter Bindungen kompensiert. Das gelingt allerdings nur unvollständig, da die ursprüngliche Struktur nicht wieder herzustellen ist.

Die in Ostdeutschland abgelagerten Tone sind vorwiegend marinen Ursprungs mit hohem Anteil an Illit.

In autochthonen Tonen dominieren Kaolinite dann, wenn das Muttergestein Granit ist; ist das Ausgangsgestein Basalt, entsteht im Ergebnis häufig Montmorillonit. Montmorillonit resultiert ebenso aus der Verwitterung vulkanischer Aschen. Die so entstandenen Lockergesteine tragen die Bezeichnung Bentonit.

6 Die Spannungsübertragung und der Spannungszustand im Lockergestein

6.1 Spannungsübertragung zwischen den Lockergesteinsteilchen

Die Übertragung von Normalspannungen zwischen den Teilchen nichtbindiger Lockergesteine (d > 0,063 mm) erfolgt offensichtlich über sehr kleine Kontaktflächen, die nur einigen Zehntausendstel des totalen Querschnittes entsprechen. Es kommt daher bereits bei niedrigen mittleren Spannungen zu hohen Korn-zu-Korn-Drücken, die ein Ausquetschen eventuell angelagerten Wassers bewirken.

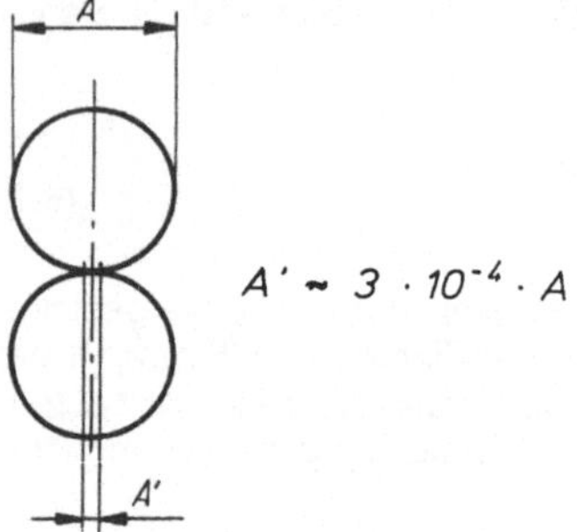

Bild 6.1: Kontaktflächen zwischen Körnern

Nähert man hingegen Tonkristalle mit großer Doppelschichtdicke einander, wird bei niedrigen mittleren Spannungen eine Kraftübertragung durch die Doppelschicht erfolgen. Erst eine erhebliche Spannungssteigerung führt hier zu einem Ausquetschen des adsorbierten Wassers auch als Folge davon, daß sich die Kontaktflächen nur wenig von der mittleren Fläche unterscheiden. Erst bei sehr hohen Spannungen in der Größenordnung von etwa 10^5 kN/m^2 wird eine unmittelbare Berührung zwischen der Festsubstanz der Minerale erreicht.

Der hier geschilderte Fall ist vor allem bei Tonen im dispersen Zustand zu erwarten. Liegen Koagulationen vor, ist natürlich die Kraftübertragung ähnlich der bei grobkörnigerem Material.

In einem realen Lockergestein treten alle Korngrößen auf. Diese und weitere Einflußfaktoren wirken darauf hin, daß auch in einem Lockergestein, das wir als Ton ansprechen, die Kraftübertragung in einer Weise erfolgt, die zwischen den beiden erläuterten Extremen liegt und mehr zu der zwischen gröberen Körnern tendiert.

Als Schubwiderstand zwischen zwei Lockergesteinspartikeln wird die maximale Kraft bezeichnet, die aufzuwenden ist, um eine Relativverschiebung zwischen den Teilchen zu bewirken. Offensichtlich wird nur ein Teil des Schubwiderstandes (auch oft als Scherwiderstand bezeichnet) durch Reibungskräfte innerhalb des Lockergesteins bedingt. Der andere Teil ist eine Folge der gegenseitigen Verzahnung der Körner des Kornsystems. Eine weitere Ursache des Schubwiderstandes zwischen Partikeln ist darin zu suchen, daß zwischen den Oberflächenatomen der Teilchen anziehende Kräfte wirken, die an den Kontaktpunkten auch zu chemischen Bindungen führen. Ohne vorerst die Faktoren zu untersuchen, die die Verbindung an diesen Stellen bewirken, läßt sich sagen, daß der Schubwiderstand proportional der Normalkraft ist, die an den Kontakten gemessen wird. Der Schubwiderstand zwischen Lockergesteinspartikeln ist somit ein Reibungswiderstand. Eine echte Kohäsion, bedingt durch chemische Verbindungen der Lockergesteinspartikel, ist unabhängig von der Normalkraft und nur in Ausnahmefällen bedeutsam. Sie könnte die Folge eines langandauernden Kontaktes zwischen den Partikeln sein.

Unter Beachtung oben getroffener Aussage hinsichtlich der Bedeutung der Normalkraft wird der Schubwiderstand T_{max} zu dieser in folgender Weise in Beziehung gebracht (T_{max} = max T):

$$\max T = N \cdot \tan\varphi_\mu. \tag{6.1}$$

Die physikalische Bedeutung ist aus Bild 6.2 ersichtlich. Die Resultierende aus N und $T < T_{max}$ hat eine Neigung $\alpha \le \varphi_\mu$ zur Normalkraft.

Obige Gleichung erfaßt

- die Unabhängigkeit der Schubkraft von der Kraftübertragungsfläche und
- die Proportionalität der Schubkraft zur Normalkraft.

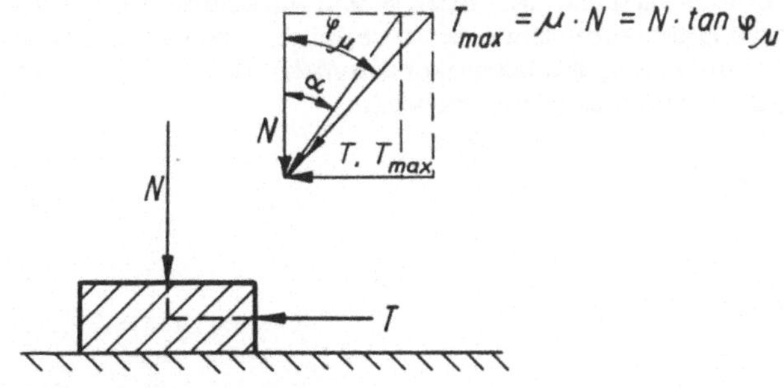

Bild 6.2: Kräfte bei Reibung (N - Normalkraft; T - Schubkraft)

Eine Erklärung der Reibung gab erstmals Terzaghi [46] unter den Voraussetzungen

- kleiner Kontaktflächen A' relativ zum Bruttoquerschnitt,

- des Eintretens eines Fließens (plastischen Verformens der Körner) mit der Fließspannung σ_F. Daraus resultiert eine Kontaktflächengröße

$$A' = \frac{N}{\sigma_F},\tag{6.2}$$

also ein Anwachsen derselben bei zunehmender Normalkraft,

- des Entstehens einer Adhäsion an den Kontaktstellen infolge chemischer Bindungen,

- einer maximal möglichen Schubkraft

$$T_{max} = \tau_A \cdot A'\tag{6.3}$$

mit τ_A als Adhäsionsscherfestigkeit.

Verbindet man diese Beziehung mit der vorangehenden Gleichung, so wird

$$T_{max} = \tau_A \cdot \frac{N}{\sigma_F} = \mu \cdot N\tag{6.4}$$

und der Reibungobeiwel t

$$\mu = \frac{\tau_A}{\sigma_F}.\tag{6.5}$$

Der Reibungsbeiwert ergibt sich demnach als Verhältnis von Adhäsionsscherfestigkeit und Fließspannung. Wird die Fließgrenze nicht erreicht, verformen sich die Kontaktstellen elastisch. Damit vergrößert sich die Kontaktstelle nicht mehr linear normalkraftproportional (Theorie von Hertz), sondern es gilt die Beziehung

$$A \sim k \cdot \left(\frac{N}{N_o}\right)^{\frac{2}{3}},\tag{6.6}$$

die im Bild 6.3 dargestellt ist.

Daraus resultiert

$$T_{max} = \tau_A \cdot k \cdot \left(\frac{N}{N_o}\right)^{\frac{2}{3}}, \tag{6.7}$$

d. h., es wächst der Schubwiderstand mit zunehmender Normalkraft unterlinear. Unter realen Bedingungen ist eine solche Erscheinung erst bei recht hohen Fließspannungen zu erwarten.

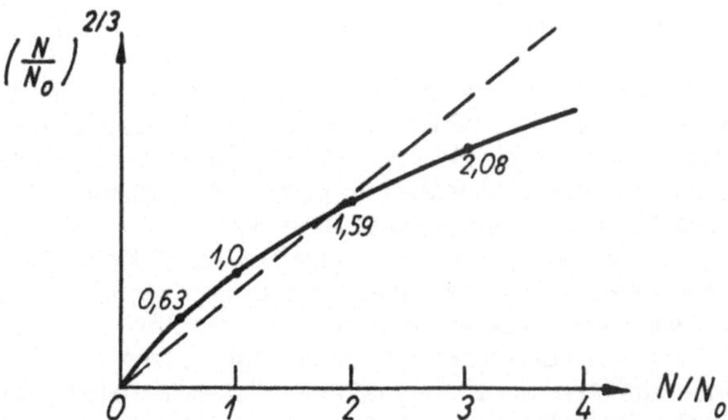

Bild 6.3: Änderung der Kontaktfläche mit zunehmender Kraft zwischen den Körnern

Entgegen der eben näher dargestellten Theorie ist auch die Oberflächenrauhigkeit für die Größe des Schubwiderstandes insofern bedeutsam, als es zu einer Verzahnung von Spitzen kommen kann. Es läßt sich aber keine exakte Beziehung zwischen dem Neigungswinkel β (Bild 6.4) und dem Reibungsbeiwert μ angeben.

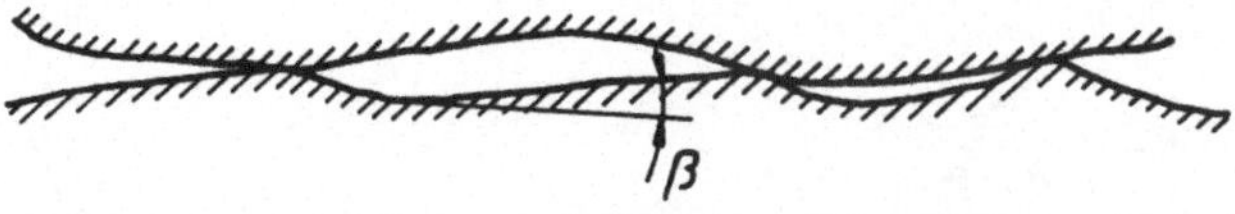

Bild 6.4: Kornverzahnung auf Grund von Oberflächenrauhigkeit

Zu beachten ist schließlich noch der Fakt, daß die Lockergesteinskörner an ihrer Oberfläche zumeist Wasser oder andere Substanzen gebunden haben. Eine solche Schicht kann den Schubwiderstand verändern.

Betrachtet man die Reibungsverhältnisse zwischen runden oder kantigen Quarzteilchen, so ist der Einfluß des Wassers bei glatter Oberfläche dann nachweisbar, wenn ursprünglich eine "Schmutzhaut" vorlag. Das Wasser beseitigt an einzelnen Stellen den Schmutz und erhöht damit die Reibung. Bei rauher Oberfläche (praktisch bedeutsamer) ist dieser Effekt nicht mehr nachweisbar, da die Rauhigkeitsstellen die umhüllende Schicht von vornherein durchdringen.

Feststellbar ist weiterhin ein Einfluß der Korngröße. Es zeigen sich bei gröberem Korn kleinere Reibungswinkel als bei feinerem. Das kann als Folge von Korndrehungen und daraus resultierender rollender Reibung gedeutet werden, wobei solche Korndrehungen bei gröberen Körnungen wahrscheinlicher sind als bei feineren. Der Reibungswinkel liegt für Quarzkörner etwa bei $\varphi_\mu = 26°$.

Plattige Tonteilchen sind im Verhältnis zum Quarz als wesentlich glatter anzusehen. Ein unmittelbarer Mineralkontakt ist aber weniger häufig, da adsorbierte Wasserschichten selten verdrängt werden. Wasser wirkt wie ein Schmiermittel. Es läßt sich zeigen, daß der Beiwert für Reibung zwischen plattigen Mineralen im getrockneten Zustand beim zwei- bis dreifachen des Wertes im gesättigten Zustand liegen kann. Es scheint aber eine Reihe weiterer Einflüsse zu existieren, die darauf hinwirken, daß auch für natürliche Tonminerale überwiegend ähnliche Bedingungen gelten wie für körnige. Eine echte Kohäsion kann - wie bereits erwähnt - vor allem im koagulierten Zustand bei Bindungen von Seitenfläche/Kante entstehen. Auch bei extremer Näherung der Seitenflächen können feste Bindungen zustande kommen, die zu vergrößerten (dickeren) Teilchen führen. Der Reibungswinkel zwischen Tonmineralen liegt etwa bei $\varphi_\mu = (8 \ldots 13)°$.

6.2   Totaler Spannungszustand

Zu betrachten ist in der Tiefe z unter der Geländeoberfläche ein Volumenelement von Würfelform mit der Seitenlänge a. Die auf die Seiten des Würfels wirkenden Kräfte seien meßbar. Unter Beachtung der Orientierung eines x, y, z-Systems bezeichnet man die Kräfte als N_x, N_{xy}, N_{xz}; N_y, N_{yx}, N_{yz}; N_z, N_{zx}, N_{zy} und definiert analog als Spannungen die folgenden Größen

$$\sigma_{xx} = \frac{N_x}{a \cdot a}; \; \sigma_{yy} = \frac{N_y}{a \cdot a}; \; \sigma_{zz} = \frac{N_z}{a \cdot a} \tag{6.8}$$

sowie

$$\sigma_{xy} = \frac{N_{xy}}{a \cdot a}; \; \sigma_{xz} = \frac{N_{xz}}{a \cdot a} \text{ usw.} \tag{6.9}$$

Aus Gleichgewichtsgründen gilt

$$\sigma_{xy} = \sigma_{yx}; \; \sigma_{xz} = \sigma_{zx}; \; \sigma_{yz} = \sigma_{zy}. \tag{6.10}$$

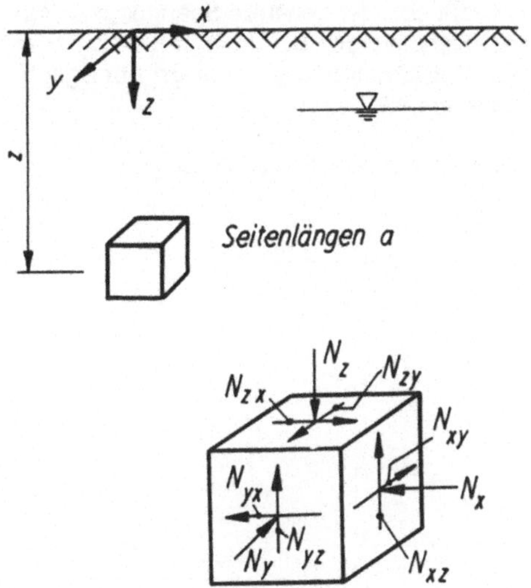

Bild 6.5: Kräfte an einem Würfel

Im Gegensatz zur technischen Mechanik verwendet man in der Bodenmechanik für Druckspannungen das positive Vorzeichen und muß, damit die Kompatibilität der Komponenten des Spannungstensors untereinander erhalten bleibt, auch eine Vorzeichenneudefinition bei den Schubspannungen vornehmen.

In manchen Fällen ist nicht eine Bezeichnung der Spannungen nach den Koordinatenachsen zweckmäßig, sondern es sind natürliche Richtungen als Basis der Bezeichnungen zu wählen. Man wird also gegebenenfalls von einer Vertikalspannung σ_v und einer Horizontalspannung σ_h sprechen. Beide sind Normalspannungen.

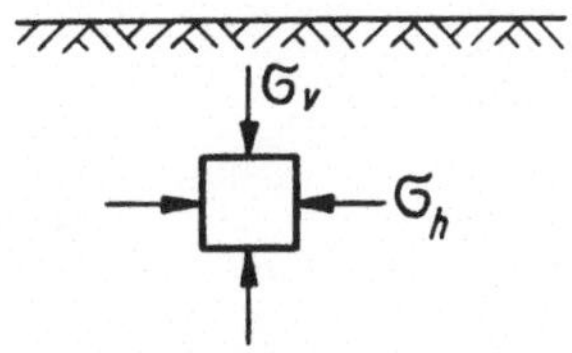

Bild 6.6: Bezeichnung horizontaler und vertikaler Spannungen

Wie aus der technischen Mechanik bekannt, läßt sich der generelle Spannungszustand in die Hauptrichtungen 1, 2, 3 mit den Hauptspannungen σ_1, σ_2, σ_3 ($\sigma_1 > \sigma_2 > \sigma_3$) orientieren. σ_1 ist dabei im Punkt mit den Koordinaten x, y, z der größtmögliche, σ_3 hingegen der dort kleinstmögliche Spannungswert.

Auf den Hauptspannungsebenen sind die Schubspannungen stets Null.

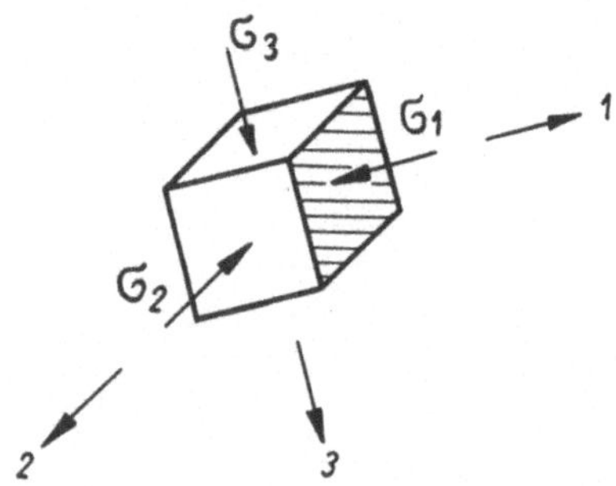

Bild 6.7: Hauptspannungen, Hauptspannungsrichtungen

Man nimmt zumeist an, daß der Einfluß der mittleren Hauptspannung σ_2 vor allem auf die Festigkeit gering ist. Einige Versuche rechtfertigen diese Annahme. Daher betrachtet man überwiegend nur die Ebene, die die größte (σ_1) und kleinste Hauptspannung (σ_3) enthält. Damit gelingt eine Darstellung der Spannungsverhältnisse im Punkt mit den Koordinaten x, y, z im sogenannten Mohrschen Spannungskreis [32], [34]. Sind Größe und Richtung der Spannungen σ_1 und σ_3 gegeben, ist es möglich, Normal- und Schubspannungen σ, τ auf einer beliebig orientierten Fläche zu berechnen bzw. mit Hilfe des Mohrschen Spannungskreises graphisch zu ermitteln.

Unter Beachtung der Definition gemäß Bild 6.8 gelten für die Berechnung folgende Gleichungen:

$$\sigma(\alpha) = \sigma_1 \cdot \cos^2\alpha + \sigma_3 \cdot \sin^2\alpha = \frac{\sigma_1 + \sigma_3}{2} + \frac{\sigma_1 - \sigma_3}{2} \cdot \cos2\alpha, \qquad (6.11)$$

$$\tau(\alpha) = \frac{1}{2} (\sigma_1 - \sigma_3) \cdot \sin2\alpha. \qquad (6.12)$$

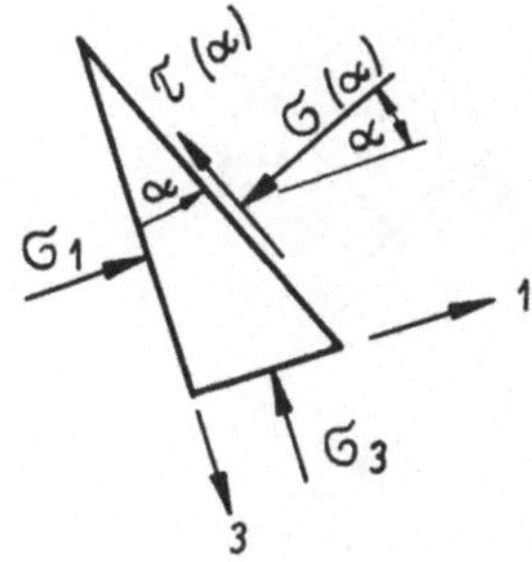

Bild 6.8: Normal- und Schubspannungen an einer unter α-orientierten Fläche

Die Konstruktion des Mohrschen Spannungskreises folgt den Regeln (Bild 6.9):

1. Gewählt wird ein (σ, τ)-System.

2. Der Mittelpunkt des Kreises liegt bei

$$\sigma_m = \frac{1}{2}(\sigma_1 + \sigma_3). \tag{6.13}$$

3. Der Radius des Kreises ist

$$R = \frac{1}{2}(\sigma_1 - \sigma_3). \tag{6.14}$$

4. Werden durch die Spannungspunkte $(\sigma_1, 0)$ und $(\sigma_3, 0)$ Geraden gelegt, die parallel zu den Flächen verlaufen, auf denen die Spannungen wirken, erhält man einen Schnittpunkt auf dem Kreisbogen, der als Pol P bezeichnet wird.

5. Eine weitere Gerade, die parallel zu der Fläche verläuft, auf der $\sigma(\alpha)$ und $\tau(\alpha)$ wirken und die gleichzeitig durch den Pol P geht, führt zu einem Spannungspunkt mit den Koordinaten $\sigma(\alpha)$ und $\tau(\alpha)$.

6. Die Schubspannung ist dann positiv, wenn sie zur Flächennormalen entgegen dem Uhrzeigersinn orientiert ist.

Man erkennt aus dem Mohrschen Spannungskreis weiterhin, daß die größte mögliche Schubspannung den Wert

$$\tau_{max} = \frac{1}{2}(\sigma_1 - \sigma_3) = R, \tag{6.15}$$

also den der halben Hauptspannungsdifferenz annimmt.

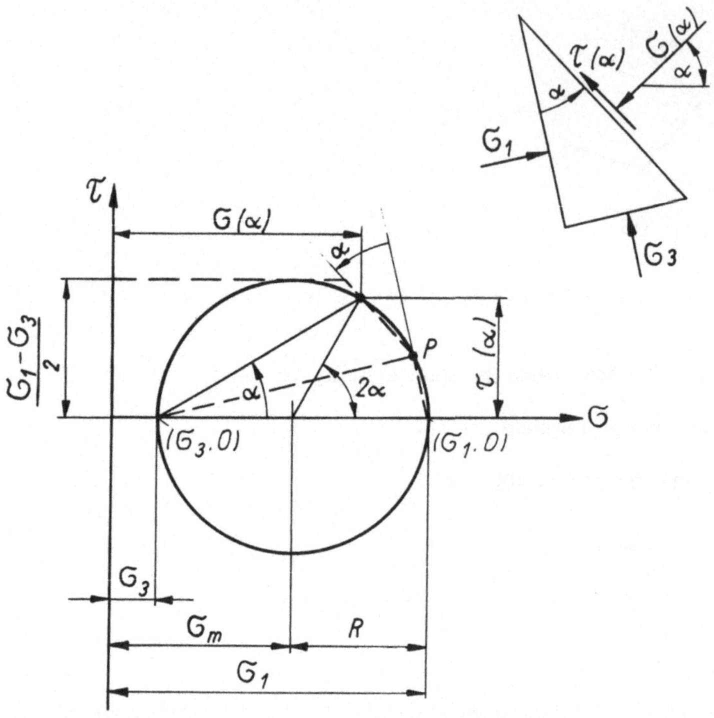

Bild 6.9: Grundbeziehungen im Mohrschen Spannungskreis

Es ist häufig sinnvoll, viele in einem Raumpunkt zeitlich aufeinanderfolgende Spannungszustände in einem einzigen Diagramm darzustellen. In diesen und ähnlichen Fällen bewährt sich die Anwendung des sogenannten (s, t)-Diagramms. Der Spannungszustand wird dabei durch den Spannungspunkt mit den Koordinaten ·

$$s = \frac{1}{2}(\sigma_1 + \sigma_3) \quad \text{und} \tag{6.16}$$

$$t = \pm\frac{1}{2}(\sigma_1 - \sigma_3) \tag{6.17}$$

beschrieben (positives Vorzeichen, wenn die 1-Richtung einen Winkel $\leq 45°$ mit der Vertikalen einschließt; negatives Vorzeichen, wenn die 1-Richtung einen Winkel $< 45°$ mit der Horizontalen einschließt).

Gilt $\sigma_v = \sigma_1$, $\sigma_h = \sigma_3$, so ist eindeutig

$$s = \frac{\sigma_v + \sigma_h}{2}, \tag{6.18}$$

$$t = \frac{\sigma_v - \sigma_h}{2}. \tag{6.19}$$

Zur Darstellung aufeinanderfolgender Spannungszustände, z. B. in einer Probe, könnte
man auch eine Reihe Mohrscher Kreise zeichnen. Günstiger ist es, diese Reihe von
Spannungspunkten ins (s, t)-Diagramm einzutragen und zu verbinden. Man bezeichnet
den entstehenden Kurvenzug als Spannungsweg. Er vermittelt eine stetige Darstellung
aufeinanderfolgender Spannungszustände (Bild 6.10).

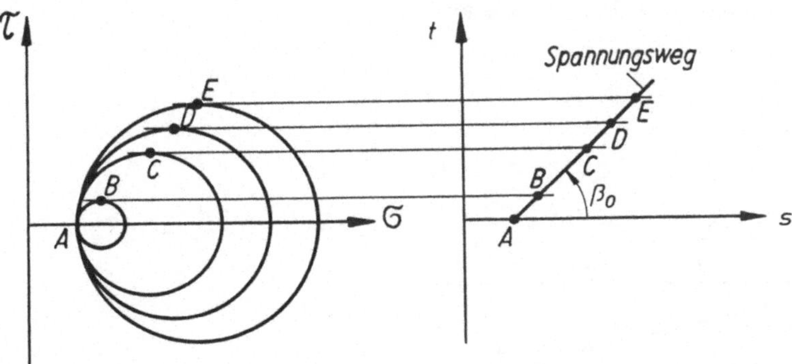

Bild 6.10: Entstehung des Spannungsweges (nach [23])

Als Beispiel soll ein Lockergesteinselement betrachtet werden, das durch Sedimentation zunehmend überdeckt wird. Der Ausgangszustand ist durch $\sigma_h = \sigma_v = 0$ charakterisiert, folgende Zustände sind durch σ_v, $\sigma_h = K_0 \cdot \sigma_v$ bestimmt. Es gilt dann

$$s = \frac{\sigma_v + K_0\,\sigma_v}{2} = \frac{1}{2} \cdot \sigma_v \cdot (1 + K_0), \tag{6.20}$$

$$t = \frac{\sigma_v - K_0\,\sigma_v}{2} = \frac{1}{2} \cdot \sigma_v \cdot (1 - K_0), \tag{6.21}$$

und die Gleichung für den Spannungsweg ist

$$t = \frac{1 - K_0}{1 + K_0}\, s. \tag{6.22}$$

Der Anstieg dieses Spannungsweges ist durch den Winkel β_0 bestimmt, wobei

$$\tan\beta_0 = \frac{1 - K_0}{1 + K_0} \tag{6.23}$$

ist.

Zwischen der Neigung des Spannungsweges β_0 und der Größe des sogenannten Ruhedruckbeiwertes K_0 besteht die Beziehung

$$K_0 = \frac{1 - \tan\beta_0}{1 + \tan\beta_0}. \tag{6.24}$$

Das Ergebnis wird durch Bild 6.11 erläutert.

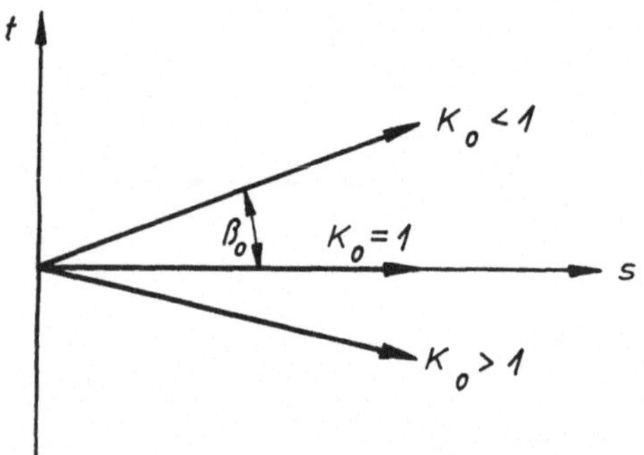

Bild 6.11: Neigung des Spannungsweges in Abhängigkeit vom Ruhedruckbeiwert K_0

Die einfachste Spannungs-Weg-Darstellung erfolgt aber direkt in einem (σ_3, σ_1)-Diagramm, wenn $\sigma_3 = \sigma_2$ vorausgesetzt wird.

Eine dritte, etwas kompliziertere Darstellung des Spannungsweges ist die im (p, q)-Diagramm. Sie ist besonders zweckmäßig für den noch zu besprechenden Triaxialversuch. In ihm sind stets zwei Hauptspannungen einander gleich ($\sigma_2 = \sigma_3$ oder $\sigma_1 = \sigma_2$). Für den Fall $\sigma_2 = \sigma_3$ gilt:

$$p = \frac{1}{3}(\sigma_1 + 2\sigma_3) \tag{6.25}$$

$$q = \sigma_1 - \sigma_3. \tag{6.26}$$

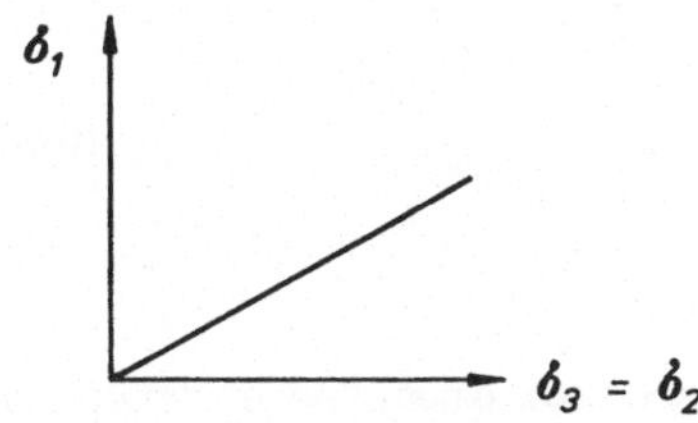

Bild 6.12: (σ_3, σ_1)-Diagramm

Zur Erläuterung wird in den drei Darstellungsformen der Spannungsweg für einen Versuch aufgetragen, für den

$$\sigma_1 = \sigma_1(\xi),\ \sigma_3 = \sigma_{3,0} = \text{const} \tag{6.27}$$
$(\xi$ - Parameter)

gilt. Als Anfangswert wird $\sigma_1(\xi = 0) = \sigma_{3,0}$ festgelegt.

a) (s, t)-Darstellung

Wie bereits bekannt, gelten für s und t folgende Formeln:

$$s = \frac{1}{2} \cdot (\sigma_1(\xi) + \sigma_3), \tag{6.28}$$

$$t = \frac{1}{2} \cdot (\sigma_1(\xi) - \sigma_3). \tag{6.29}$$

Um den Anstieg des Spannungsweges dt/ds ermitteln zu können, werden s und t jeweils nach $d\xi$ differenziert. Man erhält

$$\frac{ds}{d\xi} = \frac{ds}{d\sigma_1} \cdot \frac{d\sigma_1}{d\xi} + \frac{ds}{d\sigma_3} \cdot \frac{d\sigma_3}{d\xi} = \frac{1}{2} \cdot \frac{d\sigma_1}{d\xi}, \tag{6.30}$$

$$\frac{dt}{d\xi} = \frac{dt}{d\sigma_1} \cdot \frac{d\sigma_1}{d\xi} + \frac{dt}{d\sigma_3} \cdot \frac{d\sigma_3}{d\xi} = \frac{1}{2} \cdot \frac{d\sigma_1}{d\xi}. \tag{6.31}$$

Daraus folgt

$$\frac{dt}{ds} = \frac{\dfrac{d\sigma_1}{d\xi}}{\dfrac{d\sigma_1}{d\xi}} = 1. \tag{6.32}$$

Der Anstieg der Spannungswegkurve erfolgt demnach unter einem Winkel von 45°, da $\tan 45° = 1$.

Für $\xi = 0$ ist:

$$s(\xi{=}0) = \frac{1}{2}\,(\sigma_{3,0} + \sigma_{3,0}) = \sigma_{3,0},$$

$$t(\xi{=}0) = \frac{1}{2}\,(\sigma_{3,0} - \sigma_{3,0}) = 0. \tag{6.33}$$

Das Ergebnis zeigt Bild 6.13.

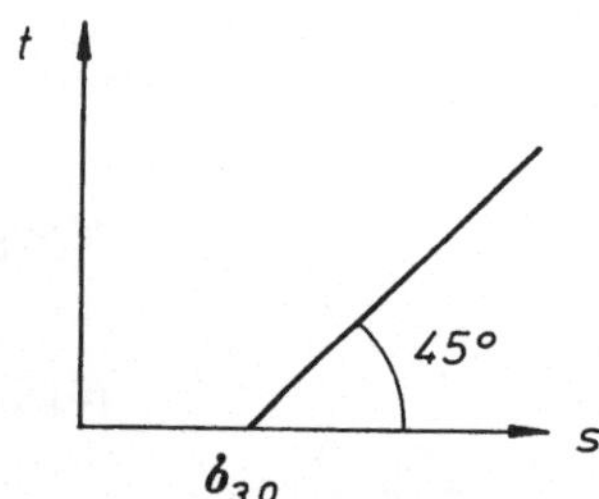

Bild 6.13: (s, t)-Diagramm

b) $(\sigma_3,\ \sigma_1)$-Darstellung

In diesem Fall ist der Spannungsweg einfach eine Parallele zur σ_1-Achse im Abstand von $\sigma_3 = \sigma_{3,0}$ (Bild 6.14). Für $\xi = 0$ ist:

$$\sigma_1(\xi{=}0) = \sigma_{3,0},$$
$$\sigma_3(\xi{=}0) = \sigma_{3,0}. \tag{6.34}$$

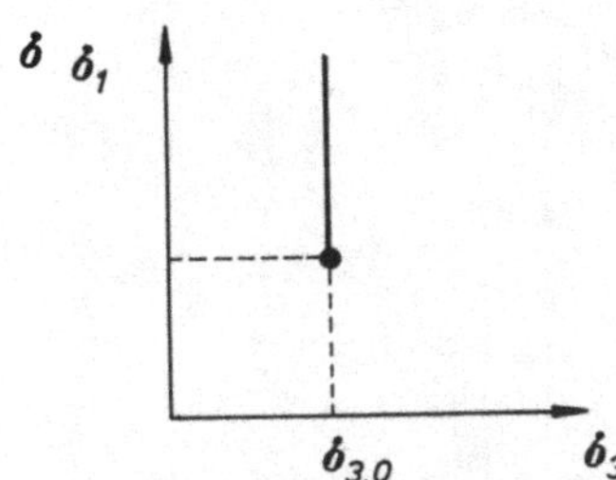

Bild 6.14: (σ_3, σ_1)-Diagramm

c) (p, q)-Darstellung

Analog zu a) wird auch hier unter Zuhilfenahme der Gleichungen 6.25 und 6.26 der Anstieg der Spannungswegkurve durch Differentiation ermittelt, und man erhält:

$$\frac{dp}{d\xi} = \frac{1}{3}\frac{d\sigma_1}{d\xi}, \tag{6.35}$$

$$\frac{dq}{d\xi} = \frac{d\sigma_1}{d\xi}, \tag{6.36}$$

daraus folgt:

$$\frac{dq}{dp} = 3. \tag{6.37}$$

Somit ist der Anstieg der Spannungswegkurve 71,6°, da tan71,6° = 3 (Bild 6.15).

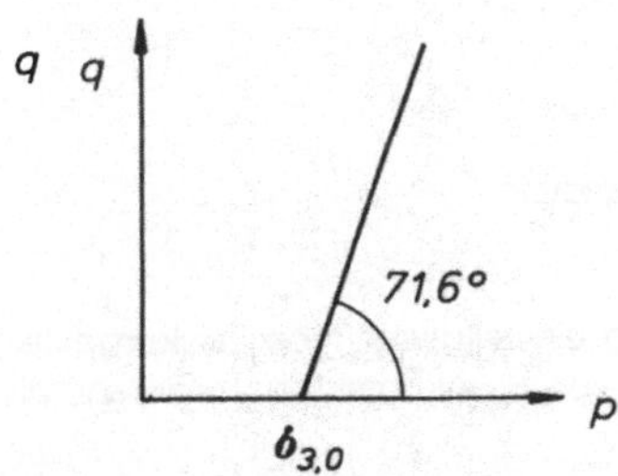

Bild 6.15: (p, q)-Diagramm

Für $\xi = 0$ wird:

$$p(\xi=0) = \frac{1}{3}\left(\sigma_{3,0} + 2\sigma_{3,0}\right) = \sigma_{3,0}, \tag{6.38}$$

$$q(\xi=0) = \sigma_{3,0} - \sigma_{3,0} = 0. \tag{6.39}$$

6.3   Wirksame und neutrale Spannungen

In einem wassergesättigten Lockergestein wird ein Schnitt I - I betrachtet (Bild 6.16). Er führt durch Festsubstanz und Wasser. In einem ebenfalls mit Wasser gefüllten Standrohr, das in das Wasser in Höhe des Schnittes I - I eingesetzt ist, stellt sich eine Standrohrspiegelhöhe h_p ein. Sie entspricht einem Druck im Wasser

$$u = g \cdot \varrho_w \cdot h_p, \tag{6.40}$$

der als Porenwasserdruck bezeichnet wird. Als wirksame oder effektive Spannung wird die Differenz zwischen totaler Spannung σ und Porenwasserdruck u definiert. Es gilt also

$$\sigma' = \sigma - u. \tag{6.41}$$

Diese Beziehung wurde von Terzaghi formuliert. Die effektive Spannung entspricht etwa dem vom Korngerüst übernommenen Kraftanteil nach Division durch die Fläche $A = a \cdot a$.

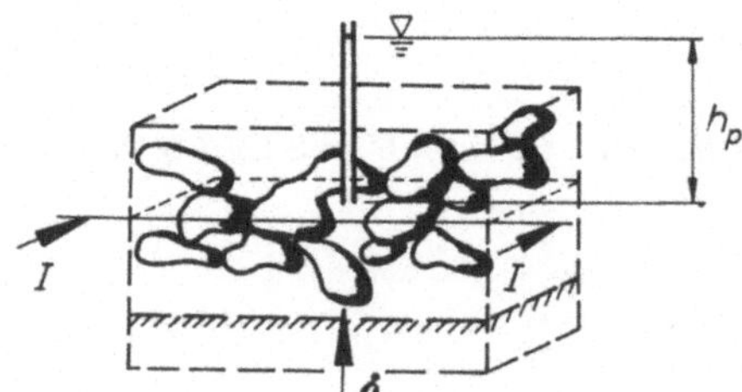

Bild 6.16: Schnitt in einem wassergesättigten Lockergestein

In Bild 6.17 sind die Flächenanteile bei einem durch ein teilgesättigtes Lockergestein geführten Schnitt verdeutlicht, der zudem im Bereich von Kornkontakten verlaufen soll.

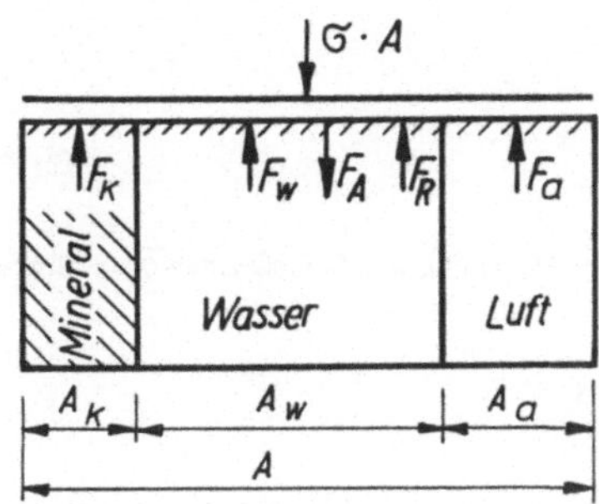

Bild 6.17: Flächenanteile in einem teilgesättigten Lockergestein

Die in einem solchen Schnitt übertragene Kraft ist

$$\sigma \cdot A = F_K + F_w + F_a + F_R - F_A. \tag{6.42}$$

Dabei sind F_K, F_w, F_a die von Festsubstanz, Wasser bzw. Luft übernommenen Anteile. F_A und F_R sind die durch elektrische Felder zwischen den Körnern bedingten Anziehungs- bzw. Abstoßungskräfte.

Mit Spannungswerten

$$\bar{\sigma} = \frac{F_K}{A_K}, \quad u_w = \frac{F_w}{A_w}, \quad u_a = \frac{F_a}{A_a}, \tag{6.43}$$

$$\sigma_A = \frac{F_A}{A}, \quad \sigma_R = \frac{F_R}{A} \tag{6.44}$$

schreibt man

$$\sigma = \bar{\sigma} \cdot \frac{A_K}{A} + u_w \cdot \frac{A_w}{A} + u_a \cdot \frac{A_a}{A} + \sigma_R - \sigma_A. \tag{6.45}$$

Die Kontaktspannung in einem körnigen Lockergestein ist im allgemeinen sehr hoch und kann bis in die Größenordnung

$$\bar{\sigma} = n \cdot 1000 \cdot \sigma \quad (n = 1 \dots 10) \tag{6.46}$$

reichen. Daraus folgt für das Flächenverhältnis

$$\frac{A_K}{A} \sim 0{,}01 \ldots 0{,}1. \tag{6.47}$$

Bei einigen Tonmineralen (Montmorillonit) muß aber auch mit $A_K/A = 0$ und $\bar{\sigma} = 0$ gerechnet werden.

In gesättigten Lockergesteinen gelten $A_a/A = 0$ und

$$\frac{A_K}{A} + \frac{A_w}{A} = 1 \text{ bzw. } \frac{A_w}{A} \approx 0{,}90 \ldots 0{,}99. \tag{6.48}$$

Der Porenwasserdruck entspricht damit etwa dem im Standrohr gemessenen Wert, d. h. $u_w \approx u$. Gewisse Druckunterschiede im Wasser sind durch unterschiedliche Kationenkonzentrationen (osmotischer Druck) zu erklären und bestehen zwischen dem freien Wasser (Punkt P I) und dem in der Doppelschicht (Punkt P II) gebundenen Wasser (Bild 6.18). Die Druckdifferenz wird durch die Spannung aus abstoßenden Kräften bedingt:

$$u_{w,II} = u_{w,I} + \sigma_R. \tag{6.49}$$

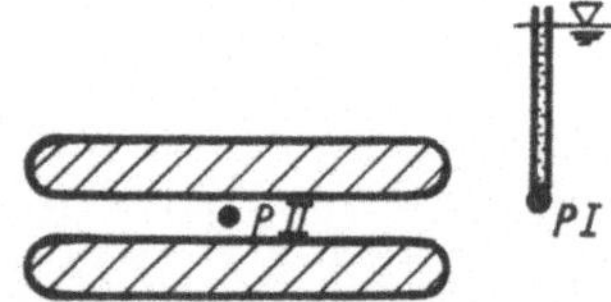

Bild 6.18: Druckdifferenz zwischen freiem Porenwasser und dem in einer Doppelschicht gebundenen Wasser

Einige Sonderfälle der Gleichung (6.45) sollen betrachtet werden:

a) Gesättigte granulare Medien

Hier gelten

$$\sigma_R - \sigma_A = 0;\ u_w = u,\ \text{also} \tag{6.50}$$

$$\sigma = \bar{\sigma} \cdot \frac{A_K}{A} + u \cdot \frac{A_w}{A} \tag{6.51}$$

und wegen

$$\frac{A_k}{A} + \frac{A_w}{A} = 1 \tag{6.52}$$

$$\sigma = \bar{\sigma} \cdot \frac{A_K}{A} + u \cdot \left(1 - \frac{A_K}{A}\right) \quad \text{bzw.} \quad \sigma = (\bar{\sigma} - u) \cdot \frac{A_K}{A} + u. \tag{6.53}$$

Beachten wir $\bar{\sigma} \gg u$, so wird

$$\sigma \sim \bar{\sigma} \cdot \frac{A_K}{A} + u, \tag{6.54}$$

also die wirksame Spannung

$$\sigma' = \bar{\sigma} \cdot \frac{A_K}{A}. \tag{6.55}$$

Hier erkennt man am besten, daß die wirksame Spannung in engem Zusammenhang mit der von den Körnern übertragenen steht. Im allgemeinen gilt:

$$\sigma = \sigma' + u, \tag{6.56}$$

also die bereits mit (6.41) bezeichnete Gleichung.

b) Gesättigte, hochplastische, disperse Lockergesteine

Hier ist $\bar{\sigma} = 0$ anzunehmen, also

$$\sigma = u + \sigma_R - \sigma_A, \tag{6.57}$$

damit gilt

$$\sigma' = \sigma_R - \sigma_A. \tag{6.58}$$

c) Gesättigte Lockergesteine allgemein

Aus der Gleichung

$$\sigma = \bar{\sigma} \cdot \frac{A_K}{A} + u \cdot \frac{A_w}{A} + \sigma_R - \sigma_A \tag{6.59}$$

folgt die wirksame Spannung

$$\sigma' = \bar{\sigma} \cdot \frac{A_K}{A} - u \cdot \left(1 - \frac{A_w}{A}\right) + \sigma_R - \sigma_A. \tag{6.60}$$

d) In teilgesättigten Lockergesteinen ist unter der Annahme

$$\sigma_R - \sigma_A = 0 \text{ und } \sigma' = \bar{\sigma} \cdot \frac{A_K}{A} \tag{6.61}$$

$$\sigma' = \sigma - \left(u_w \cdot \frac{A_w}{A} + u_a \cdot \frac{A_a}{A} \right). \tag{6.62}$$

Beachtet man $A_w/A + A_a/A \sim 1$ (siehe auch (6.47)), wird

$$\sigma' = \sigma - \left[u_a + (u_w - u_a) \cdot \frac{A_w}{A} \right]. \tag{6.63}$$

Die hier dargestellte Beziehung ist von Bishop [4] vorgeschlagen worden.

An dieser Stelle soll noch eine Erläuterung des Begriffs "wirksam" im Zusammenhang mit der Spannung erfolgen. Alle Deformationsvorgänge sind Deformationen des Korngerüstes und letztlich der in diesem übertragenen Spannung σ' proportional. Weiterhin weiß man, daß der Widerstand gegenüber einer Scherbeanspruchung, also die Scherfestigkeit, mit der Normalspannung wächst. Entscheidend dafür ist auch der Normalspannungsanteil, der durch das Korngerüst als wirksame Spannung übertragen wird.

7 Spannungs-Deformations-Eigenschaften der Lockergesteine

7.1 Versuchsarten

Wie bisher durchweg üblich, wird in den nachfolgenden Betrachtungen von allen zeitabhängig verlaufenden Verformungsvorgängen, die nicht einfach Folgen von Porenwasserdruckänderungen sind, abgesehen. Das bedeutet, daß die speziellen rheologischen Erscheinungen ausgeklammert werden.

Im Gegensatz zu elastischen Materialien, bei denen im einfachen, einachsigen Zug- oder Druckversuch die die Verformungseigenschaften charakterisierenden Parameter bestimmt werden können, muß bei Lockergesteinen ein hinsichtlich Spannungszustand und Spannungsweg den realen Bedingungen weitestgehend angepaßter Versuch gefahren werden. Dementsprechend gibt es auch mehrere Versuchstypen:

- den Oedometerversuch,
- den Triaxialversuch,
- den Biaxialversuch und
- den echten Triaxialversuch.

Ausnahmsweise könnten auch zur Bestimmung der Deformationseigenschaften der Lockergesteine noch der direkte Scherversuch (Rahmen- und Ringscherversuch) und der Einfachscherversuch herangezogen werden. Die vorrangige Bedeutung vor allem des ersteren liegt allerdings mehr auf dem Gebiet der Festigkeitsermittlung.

Beim Oedometerversuch wird die Probe in Form einer Kreisscheibe in einen Drucktopf eingebaut und vertikal (Kraft F, Spannungen σ_v bzw. σ_v') belastet (Bild 7.1). Bei diesem Versuch ist nur eine Vertikaldeformation möglich; horizontale Deformationen können nicht eintreten (Versuch mit behinderter Seitendehnung).

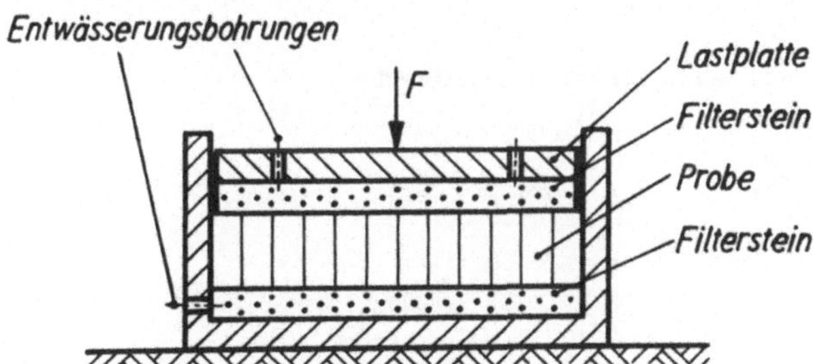

Bild 7.1: Prinzip eines Oedometers

Die Horizontalspannungen stellen sich in ihrer Größe ein und können - wenn entsprechende Einrichtungen existieren - gemessen werden. Man erhält als Beziehung zwischen den effektiven Spannungen

$$\sigma_h' = K_0 \cdot \sigma_v' \tag{7.1}$$

Darin wird K_0 als Ruhedruckbeiwert bezeichnet [17]. Das Spannungsweg-Diagramm für den Fall $K_0 < 1$ zeigt Bild 7.3.

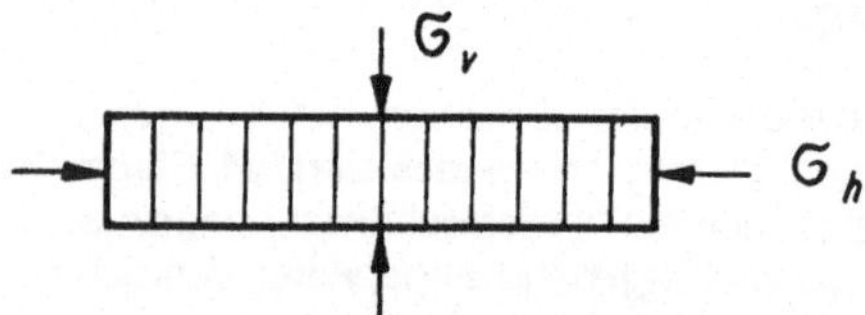

Bild 7.2: Spannungen in einer Oedometerprobe

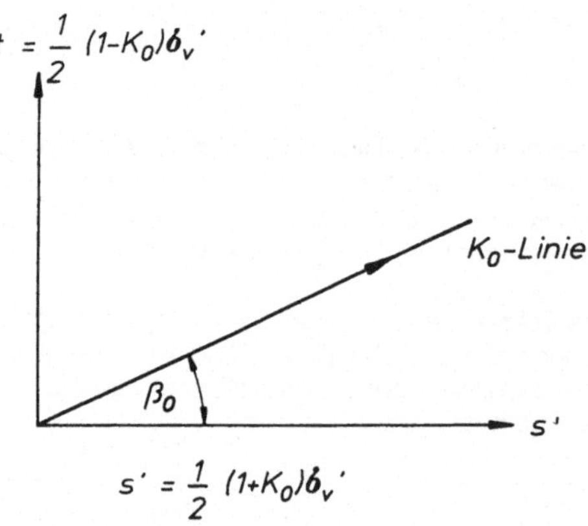

Bild 7.3: Spannungsweg der Lasteintragung im Oedometer

Es gilt (siehe Gleichung 6.22)

$$t = t(s') = \frac{1 - K_0}{1 + K_0} \cdot s' \tag{7.2}$$

Daraus folgt für die Neigung der K_0-Geraden (Gleichung 6.23)

$$\beta_0 = \arctan\frac{1 - K_0}{1 + K_0}.\qquad(7.3.)$$

Ein großer Mangel des Versuches liegt darin, daß ein Teil der Vertikalkraft F durch Reibung von den Gerätewandungen aufgenommen wird. Daher wird das Verhältnis zwischen Probenhöhe und Durchmesser klein (1 : 3 ... 1 : 5) gewählt und durch eine geeignete Gerätekonstruktion versucht, der Gefahr zu begegnen.

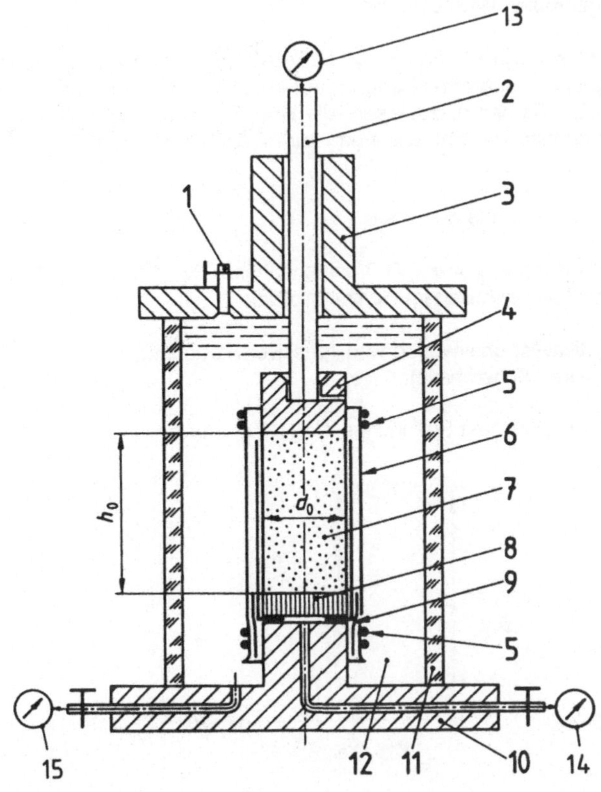

1 - Entlüftung; 2 - Druckstempel; 3 - Kopfplatte; 4 - Druckkappe; 5 - Gummiringe; 6 - Gummihülle;
7 - Probekörper; 8 - Filterstein; 9 - Gummimanschette; 10 - Fußplatte mit Sockel; 11 - Zylinder;
12 - Zellenflüssigkeit; 13 - Meßgerät zur Kraft- und Verformungsmessung; 14 - Meßgerät zum Messen
des Porenwasserdrucks; 15 - Meßgerät zur Messung des Zelldrucks

Bild 7.4 : Triaxialgerät

Im Triaxialgerät wird eine kreiszylindrische Probe einer vertikalen und einer radialsymmetrischen horizontalen Spannung unterworfen. Die Horizontalspannung wird durch Wasser- oder Gasdruck auf die Probe übertragen. Bild 7.4 zeigt das Gerät.

Die Geräte sind ausgerüstet mit

- Meßeinrichtungen zur Messung des Porenwasserdruckes in der Probe (Drainage der Probe kann verhindert werden oder auch nicht),

- Meßeinrichtungen zur Messung der Volumenänderung (bei gesättigten Proben über eine Messung des ausgepreßten Wassers) und

- Meßeinrichtungen zur Messung der Längen- und Umfangsveränderung (Querdehnungsmessung). In diesem Zusammenhang ist auf eine Störung des Versuches durch Reibung an den Endflächen hinzuweisen, die eine bauchige Probe (Tonnenform) entstehen läßt. Auch hier sind Entwicklungen zur Minderung der Endflächenreibung bekannt.

Der übliche Versuch sieht so aus, daß die Probe

- einer meist isotropen Belastung $\sigma_{h,0} = \sigma_{v,0}$ (1. Versuchsphase - Konsolidationsphase) und anschließend bei konstant gehaltenem Horizontaldruck

- einer Steigerung der Vertikallast unterworfen wird (passiver Stauchungsversuch - pS-Versuch) (2. Versuchsphase - Scherphase).

Dazu gehören die in Bild 7.5 gezeigten Spannungs-Weg-Diagramme.

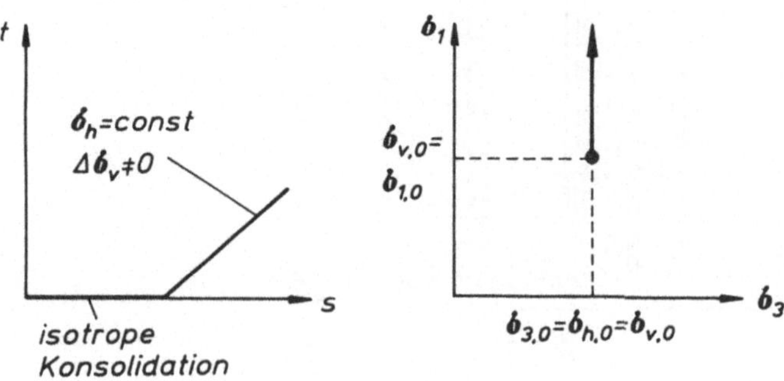

Bild 7.5: Spannungsweg im Standardtriaxialversuch

Abweichungen von diesem üblichen Vorgehen wären in zweierlei Weise denkbar:

- Statt der isotropen Konsolidation könnte eine dem natürlichen Spannungszustand entsprechende anisotrope Konsolidation gewählt werden, d. h., die Anfangsspannungen sind ungleich: $\sigma_{v,0} \neq \sigma_{h,0}$.

- Die weitere Belastung der Probe wäre in einer von der oben genannten abweichenden Form möglich:
  a) aktiver Stauchungsversuch (aS); nach Konsolidation erfolgt ein Verminderung des Horizontaldruckes $\sigma_v > \sigma_h$,
  b) aktiver Dehnungsversuch (aD); nach Konsolidation erfolgt eine Verminderung des Vertikaldruckes $\sigma_h > \sigma_v$ und
  c) passiver Dehnungsversuch (pD); nach Konsolidation erfolgt eine Steigerung des Horizontaldruckes $\sigma_h > \sigma_v$.

Die zugehörigen Spannungswege nach isotroper Konsolidation sind dem Bild 7.6 zu entnehmen. Dabei kann die Spannungsänderung nur bis zu der Grenze erfolgen, an der der Bruch eintritt.

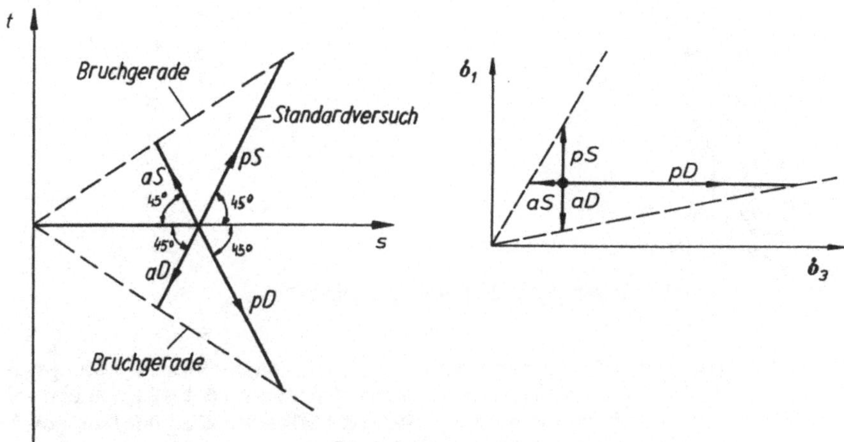

Bild 7.6: Spannungswege bei unterschiedlichen Versuchen im Triaxialgerät
           (isotrope Konsolidation; kohäsionsloses Material)

Im Biaxialgerät wird die Probe einem ebenen Deformationszustand unterworfen. Dabei sind im allgemeinen alle drei Hauptspannungen voneinander verschieden. Die Randbedingungen sind so gestaltet, daß in einer Richtung die Deformation der Probe verhindert wird ($\varepsilon_y = 0$). Die Größe der Spannungen σ_z, σ_x wird kontrolliert. Die Spannung σ_y stellt sich in einer durch die Randbedingungen bestimmten Weise ein, d. h.

$$\sigma_y = \sigma_y(\sigma_x, \sigma_z, \varepsilon_y = 0). \tag{7.4}$$

Der Probekörper (Bild 7.7) hat die Form eines Quaders. Die generelle Anlage des Versuchsgerätes und die meßtechnischen Möglichkeiten entsprechen denen des Triaxialgerätes. Es sind die grundsätzlich gleichen Versuchsarten möglich. Die Spannungsweg-Diagramme ähneln den für das Triaxialgerät gezeigten. Der Vorteil des Biaxialversuchs ist darin zu sehen, daß die eintragbaren Spannungszustände den in situ dominierenden Bedingungen (ebener Zustand) besser entsprechen.

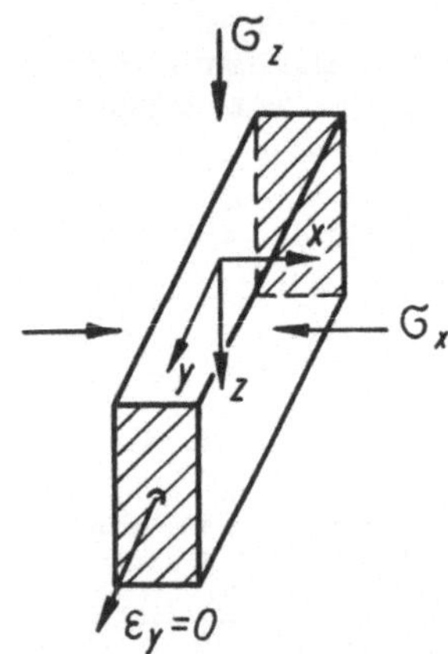

Bild 7.7: Randbedingungen der biaxial beanspruchten Probe

Im echten Triaxialversuch wird eine würfelförmige Probe durch unterschiedliche Spannungen in den drei Hauptrichtungen beansprucht. Der Versuch hat bis heute noch keinen Eingang in die Laborpraxis gefunden und dient bisher lediglich Forschungszwekken, besonders der Erforschung von Materialgesetzen.

Mit dem Einfachschergerät können direkte Verformungskennwerte, wie z. B. der Schubmodul G, ermittelt werden. Hierzu wird eine Probe in einen Scherkasten eingebaut, der durch Gelenke drehbar gelagert ist. Wirkt nun eine Schubkraft T, so können der Verschiebungsweg der oberen Kante des Scherkastens gemessen, der Verschiebungswinkel γ ermittelt und der Schubmodul G errechnet werden (Bild 7.8):

$$G = \frac{T}{\gamma}. \tag{7.5}$$

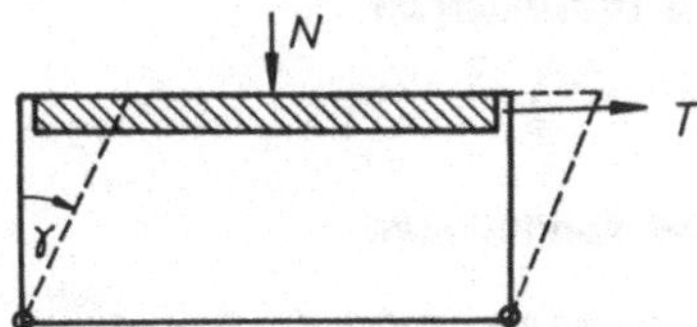

Bild 7.8: Prinzipskizze eines Einfachschergerätes

7.2 Deformationsmechanismus

Als Ursache aller Verformungen des Lockergesteins sind zwei Komponenten anzusehen:

- Deformation des Einzelkorns,
- Relativverschiebung der Körner.

Beide Faktoren sind stets miteinander verbunden. Relativverschiebungen werden oft nur durch Deformationen der Einzelkörner möglich. Für die Erklärung solcher Deformationsvorgänge wurde eine Reihe von Theorien entwickelt, die

- entweder nur die elastischen Verformungen der Teilchen oder
- die Relativverschiebungen der Teilchen gegeneinander oder
- in regulären Lagerungen auch beides untersuchten.

Für die Erklärung der Vorgänge in einem realen Lockergesteinskörper reichen sie aber in keinem Falle aus.

Bei Sanden muß man im allgemeinen mit drei Verformungsbereichen rechnen

I. Übergang einer lockeren in eine dichtere Lagerung durch Zusammenbruch instabiler Anordnungen,
II. Kornzertrümmerung und
III. Verdichtung des neu entstandenen Korngemisches.

In Tonen, also bei Vorherrschen plattiger Kornformen, muß man mit

I. Verbiegen der Mineralplättchen,
II. Umorientierung der Partikel (Übergang in zunehmend parallele Anordnungen) und
III. Änderung des Abstandes zwischen den Partikeln (sowohl durch angelegte Spannungen als auch durch Veränderung der Ionenart im Wasser).

rechnen.

7.3   Deformationen im Druckversuch mit behinderter Seitendehnung

7.3.1   Grundbeziehungen als Funktion wirksamer Spannungen

Aus den im Versuch angelegten Kräften F wird durch Division durch die Probenquerschnittsfläche A die einaxiale Druckspannung σ = F/A berechnet. Gemessen werden weiterhin die den Spannungen zuzuordnenden Dickenveränderungen Δh der Probe.

Im allgemeinen interessiert man sich für die Relativwerte $\Delta h/h_A$ (h_A - Ausgangsprobendicke), die als Stauchung ε bezeichnet werden. Zur graphischen Veranschaulichung der Ergebnisse dient eine Darstellung $\varepsilon = \varepsilon(\sigma)$ (Spannungs-Verformungs-Diagramm), in manchen Fällen auch $\varepsilon = \varepsilon[\log(\sigma/p_a)]$ (p_a - atmosphärischer Druck; gleiche Einheit wie für σ verwenden). Oft tritt auch an die Stelle der abhängigen Veränderlichen ε die Porenzahl e. Es entsteht mit e = e(σ) oder e = e[$\log(\sigma/p_a)$] das Spannungs-Porenzahl-Diagramm. Bei halblogarithmischer Darstellung bildet sich die Abhängigkeit in bestimmten Belastungsbereichen als Gerade ab.

Betrachtet man nun einmal die Spannungs-Verformungs-Kurve eines Sandes, so spiegeln sich eindeutig die durch den Verformungsmechanismus des Sandes bedingten Vorgänge wider. Im allgemeinen werden die Versuche auf den Bereich I beschränkt bleiben, der Übergang in den Bereich II (Kornzertrümmerung) ist erst etwa bei $1,4 \cdot 10^4$ kN/m² zu erwarten.

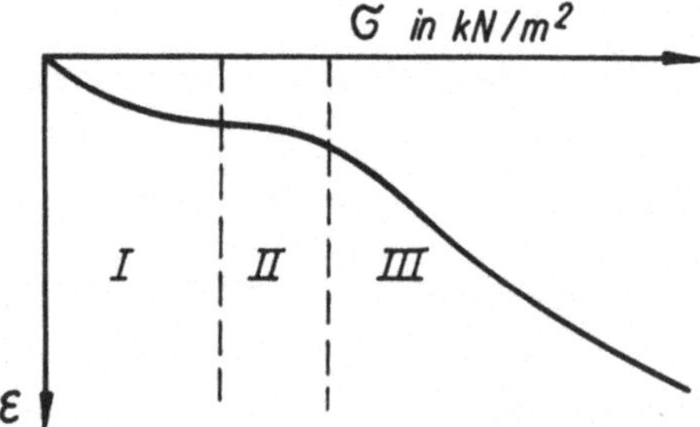

Bild 7.9: Spannungs-Verformungs-Kurve eines Sandes

Wird der gleiche Versuch im Ton durchgeführt, spielt das Entstehen von Porenwasserdrücken eine wesentliche Rolle. Es bleiben für den Versuch zwei Möglichkeiten offen:

a) geringe Belastungsgeschwindigkeit, so daß der Abfluß des Porenwassers gewährleistet ist und damit Porenwasserdrücke nicht auftreten,

b) Belastung in Stufen mit Pausen, innerhalb deren der Porenwasserdruckabbau (Abklingen der Setzungen) erfolgt.

Beide Möglichkeiten führen im allgemeinen zu gleichen Ergebnissen. Das letzte Verfahren wird in der Laborpraxis bevorzugt. Es gilt im Versuch damit $\sigma = \sigma'$. Der generelle Kurvenverlauf entspricht zumindest in den interessierenden unteren Spannungsbereichen dem des Sandes. Die Verformungen sind etwas größer.

Werden nun Ent- und Wiederbelastungsvorgänge in einem gestört eingebauten Material verfolgt, zeigen sich bei Sand und Ton gleichermaßen die in Bild 7.10 wiedergegebenen Erscheinungen:

- Bei Wiederbelastung ist unterhalb der Maximalspannung der Erstbelastung das Material steifer als bei Erstbelastung.

- In Spannungsbereichen oberhalb des bei Erstbelastung erreichten Wertes wird der Kurvenverlauf durch den Entlastungsvorgang nicht beeinflußt.

- Die Wiederbelastungskurve im Bereich $\overline{AB}$ darf, abgesehen von Hystereseerscheinungen, näherungsweise als parallel zur Entlastungskurve angesehen werden.

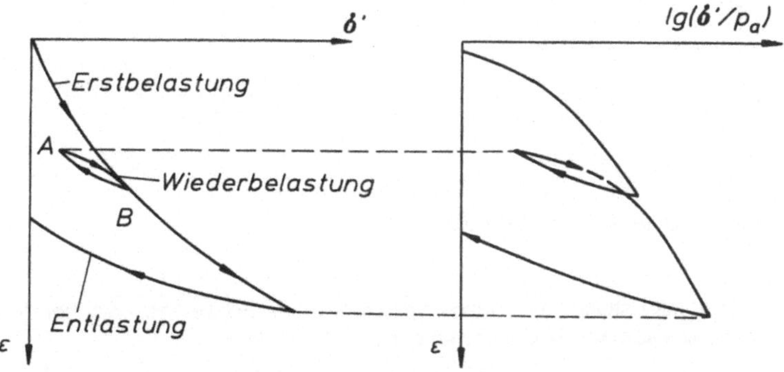

Bild 7.10: Spannungs-Verformungs-Kurve bei Ent- und Wiederbelastung

Nimmt man zwischen zwei Spannungsgrenzen σ'_u und σ'_o eine hohe Zahl von Lastwechseln an, bildet sich schließlich eine stabile Hysteresekurve aus (Bild 7.11 a).

Bild 7.11 b zeigt das dazugehörige Spannungsweg-Diagramm, das durch gleichzeitige Messungen des Horizontaldruckes zu gewinnen wäre. Zur Erläuterung sollen die beim Druckversuch mit behinderter Seitendehnung auftretenden Horizontaldrücke einer näheren Betrachtung unterzogen werden. Zur Unterscheidung der Spannungen in Vertikal- und Horizontalrichtung wird vorübergehend $\sigma = \sigma_v$ für die Vertikalspannung und σ_h für die Horizontalspannung gesetzt. Ohne weitere Erklärung leuchtet ein, daß bei Erstbelastung mit $\sigma'_h < \sigma'_v$ zu rechnen ist, d. h., daß der Ruhedruckbeiwert

$$K_0 = \frac{\sigma_h'}{\sigma_v'} < 1 \tag{7.6}$$

ist.

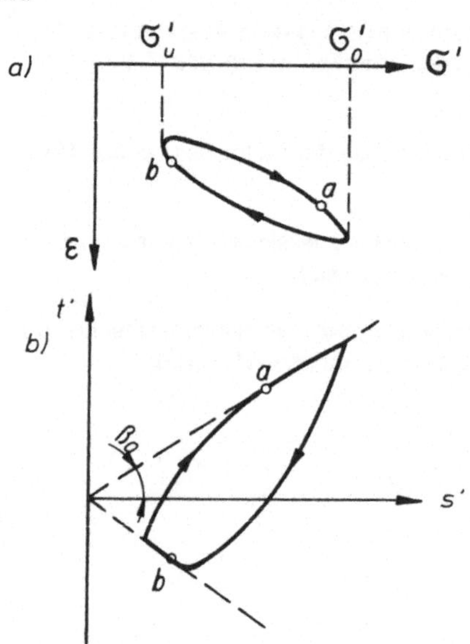

Bild 7.11: Zyklische Belastung im Oedometer

Untersuchungen von Jaky stellten für körnige Materialien eine Beziehung zwischen Ruhedruckbeiwert und wirksamem Reibungswinkel φ'[1] her. Sie lautet

$$K_0 = 1 - \sin\varphi'. \tag{7.7}$$

Damit ist der Neigungswinkel der Ruhedruckgeraden im Spannungsweg-Diagramm durch

$$\beta_0 = \arctan \frac{\sin\varphi'}{2 - \sin\varphi'} \tag{7.8}$$

gegeben.

---

[1]   Die Bedeutung des Reibungswinkels wird in späteren Abschnitten ausführlich diskutiert.

In der Entlastungsphase sind die Horizontalspannungen allerdings im allgemeinen größer als in der Belastungsphase. Sie können sogar - wie das oben angegebene Spannungsweg-Diagramm verdeutlicht - größer sein als die Vertikalspannungen. Es wird dann in einem bestimmten Bereich gelten:

$$\frac{\sigma_v'}{\sigma_h'} = K_0 \quad \text{oder} \quad \frac{\sigma_h'}{\sigma_v'} = \frac{1}{K_0}. \tag{7.9}$$

Bei zyklischer Belastung verläuft also der Spannungsweg im Bereich der unter (β_0) und ($-\beta_0$) geneigten Geraden.

Bezeichnet man bei einem solchen Lastrichtungswechsel das Verhältnis zwischen dem Maximalwert der Vertikalspannung max $\sigma_v' = \sigma_{v,0}'$ und der jeweiligen Vertikalspannung σ_v' auf dem Entlastungsast als Konsolidationsverhältnis OCR

$$\text{OCR} = \frac{\sigma_{v,0}'}{\sigma_v'} \geq 1, \tag{7.10}$$

dann wachsen beim Entlastungsvorgang sowohl das Konsolidationsverhältnis OCR als auch der Ruhedruckbeiwert K_0 immer mehr an (Bild 7.12). Ausführliche Untersuchungen lassen nun eine Abhängigkeit erkennen, die sich im Bild 7.13 widerspiegelt.

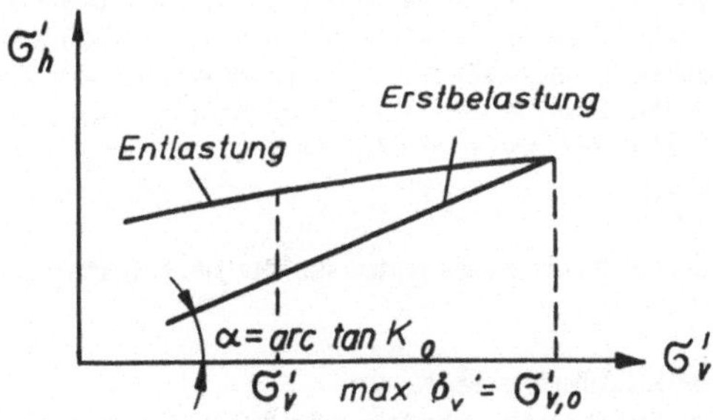

Bild 7.12: Zusammenhang zwischen Vertikal- und Horizontalspannung bei Be- und Entlastung

Der Ruhedruckbeiwert wächst mit dem Konsolidationsverhältnis und der Plastizitätszahl I_p bzw. hat bei hohen OCR-Werten im Bereich $I_p = 0{,}10 \ldots 0{,}20$ ein Maximum.

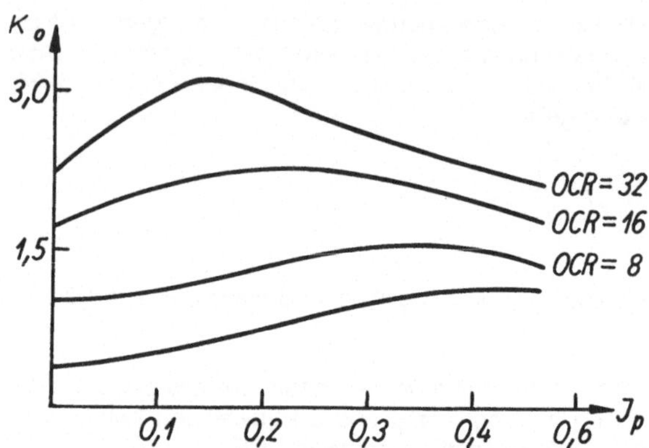

Bild 7.13: Ruhedruckbeiwert in Abhängigkeit von OCR und I_p

Untersucht man ungestört entnommene Proben aus einem Lockergestein, dann drückt sich die Spannungsgeschichte, z. B. eine ehemals vorhandene Vorbelastung, auch in der Druck-Setzungs-Kurve durch einen Knickpunkt an der Stelle der sogenannten Vorspannung $\sigma'_{v,0}$, die bereits am Übergang vom Wiederbelastungs- zum Erstbelastungsbereich festgestellt wurde, aus. Man versteht unter Vorbelastung die höchste vertikale Spannung, die in einer Lockergesteinsschicht seit ihrer Bildung wirksam war. Die Vorspannung hingegen entspricht exakt der Lage des Knickpunktes in der Druck-Verformungs-Kurve. Die Größe der Vorspannung ist unter anderem maßgebend von der Größe der Vorbelastung abhängig. In der Graphik wird die Vorspannung dann am deutlichsten, wenn die Porenzahl (oder Verformung) in Abhängigkeit vom Logarithmus der wirksamen Spannung dargestellt wird.

Das übliche Verfahren zur Ermittlung des Vorspannungswertes ist das nach Casagrande [11]:

a) Bestimmung des Punktes A stärkster Krümmung der Kurve.
b) Anlegen einer Horizontalen und einer Tangente an die Kurve im Punkt A.
c) Halbierung des Winkels zwischen beiden Geraden und Darstellung der Winkelhalbierenden.
d) Der Schnittpunkt zwischen Winkelhalbierender und der rückwärts verlängerten Erstbelastungskurve entspricht $\sigma'_{v,0}$.

Einen etwas anderen Weg hat Ohde [37] vorgeschlagen. Er legt an die Wiederbelastungskurve eine Tangente parallel zur Entlastungskurve und bringt diese mit der Tangente der Erstbelastungskurve zum Schnitt. Der Schnittpunkt soll auch hier $\sigma'_{v,0}$ entsprechen (Bild 7.15).

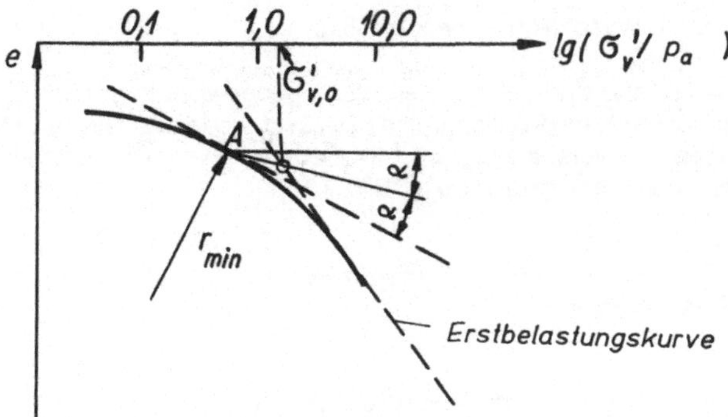

Bild 7.14: Ermittlung der Vorspannung nach Casagrande

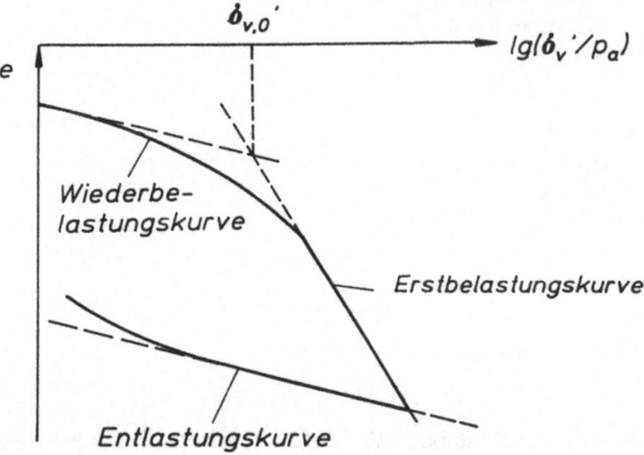

Bild 7.15: Ermittlung der Vorspannung nach Ohde

Es gibt mehrere Gründe dafür, daß die Vorspannungswerte nach jedem der beschriebenen Verfahren nicht korrekt ermittelt werden können. Dazu gehören in erster Linie die Störung der Probe während der Entnahme (Änderung des Spannungszustandes und der Struktur), Details der Versuchsdurchführung, vielleicht auch Unterschiede der Temperatur im Labor und in situ.

Die Größe der Vorspannung ist ein wesentliches Merkmal für die Klassifizierung vor allem der Tone.

Nach Bjerrum [7] ist folgende Unterscheidung zweckmäßig:

1. Junge, normalkonsolidierte Tone sind solche, die unter Eigengewicht konsolidieren, ohne daß sie einer sekundären Konsolidation unterlegen sind. Jede zusätzliche Last führt zu starken Setzungen. Die Vorspannung $\sigma'_{v,0}$, im Oedometerversuch bestimmt, ist ebenso groß wie der Überlagerungsdruck $\sigma'_{v,a}$ (Bild 7.16).

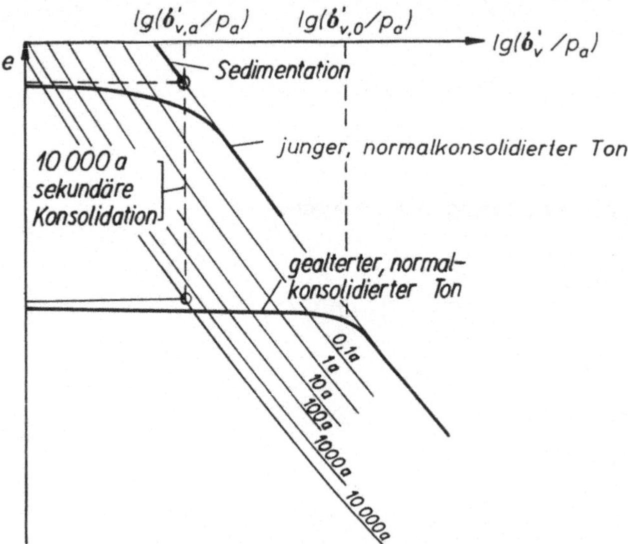

Bild 7.16: Natürliche Konsolidation (nach [7])

2. Gealterte, normalkonsolidierte Tone entstehen aus jungen Tonen nach längerer Ablagerungszeit. Im Ergebnis einer sekundären Konsolidation kommt es zur Bildung einer stabileren Struktur mit größerer Festigkeit und geringerer Zusammendrückbarkeit. Der Ton ist jetzt in der Lage, auch höhere Lasten ohne beachtliche Volumenänderungen zu tragen. Im Oedometerversuch ergibt sich $\sigma'_{v,0} > \sigma'_{v,a}$. Diese Vorspannung ist proportional $\sigma'_{v,a}$, so daß gilt (für verschiedene Tiefen) $\sigma'_{v,0}/\sigma'_{v,a} =$ const. Da die sekundäre Konsolidation von der Plastizitätszahl abhängt, gilt auch für feste Zeiten t: $\sigma'_{v,0}/\sigma'_{v,a} = f(I_p)$; t = const.

3. Überkonsolidierte Tone sind solche, die in einem bestimmten Stadium eine Last getragen haben, die größer war als ihre heutige. Man stellt sich vor, daß der Ton unter der Spannung $\sigma'_{v,a}$ konsolidierte, dann von $\sigma'_{v,a}$ auf $\sigma'_{v,e}$ entlastet wurde. Das ist denkbar durch Abtrag überlagernder Lockergesteinsschichten (Erosion) oder auch Abschmelzen von Eisdecken, die tertiäre oder glazigene Lockergesteine tragen mußten. Das Konsolidationsverhältnis ist gegeben durch

$$(OCR)' = \frac{\sigma'_{v,a}}{\sigma'_{v,e}}. \tag{7.11}$$

Die Vorspannung $\sigma'_{v,0}$ entsteht durch

- den Vorbelastungseffekt und
- die sekundäre Konsolidation während der Zeit, da die Belastung $\sigma'_{v,a}$ getragen wurde. Das tatsächlich bestimmte Konsolidationsverhältnis wird

$$OCR = \frac{\sigma'_{v,0}}{\sigma'_{v,e}} > (OCR)'. \tag{7.12}$$

Spannungen im Bereich $\sigma'_v < \sigma'_{v,0}$ können vom Material ohne beachtliche Volumenminderung übernommen werden.

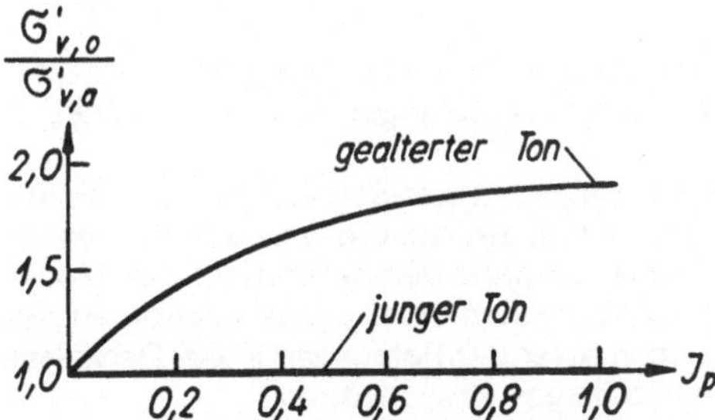

Bild 7.17: Beziehung zwischen Vorspannung und Überlagerungsdruck in Abhängigkeit von der Plastizität

7.3.2 Zeiteffekte im Oedometerversuch

Zeiteffekte im Oedometerversuch sind für Sand im allgemeinen ohne praktische Bedeutung (Bild 7.18).

Die zu einer bestimmten Vertikallast gehörenden Setzungen stellen sich innerhalb der ersten Minuten nach Lastaufbringung fast völlig ein. Lediglich bei sehr hohen Spannungen, die einen Bruch des Einzelkorns bewirken, oder bei sehr weichen bzw. schwach aneinander gebundenen Einzelkörnern sind Zeiteffekte in bedeutsamer Größe nachweisbar.

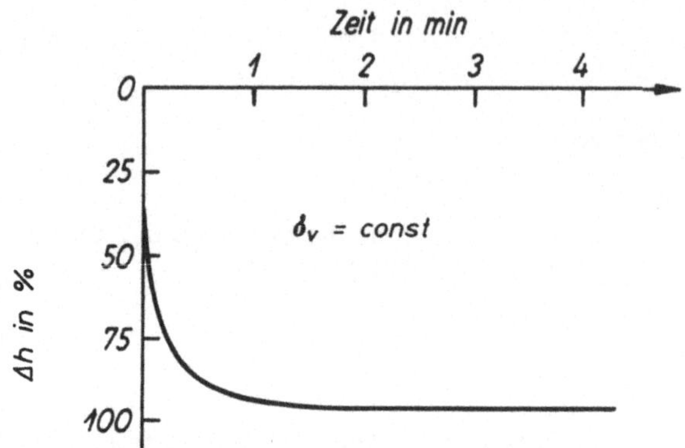

Bild 7.18: Setzung als Funktion der Zeit bei Sand

Ganz anders verläuft der Oedometerversuch mit Ton. Hier treten auf jeden Fall zeitabhängige Setzungen bei wassergesättigten Proben auf. Dafür gibt es zwei Ursachen:

a) Die Konsolidation, d. h. die allmähliche Umlagerung der Spannungen vom Porenwasser auf das Korngerüst, verbunden mit einem Auspressen des Porenwassers und einer Volumenminderung. Diesen Vorgang veranschaulicht das Modell (Bild 7.19). In ihm ist das Korngerüst durch Federn ersetzt. Das Abströmen des Wassers erfolgt so, wie es Zahl und Durchmesser der Bohrungen in der Deckplatte (Modellbild für die Durchlässigkeit eines Lockergesteins) zulassen.

Die Setzungszeit hängt somit von der Größe der aufgebrachten Last, der Zusammendrückbarkeit des Lockergesteingerüstes, der Dicke der Schicht, der Art der Entwässerung (wird die Schicht beidseitig oder nur einseitig drainiert) und der Durchlässigkeit des Lockergesteins ab. Die durch den Porenwasserausgleich bedingte Setzungsverzögerung kann im Oedometer bei einer Probendicke von (2,5 ... 3,0) cm zwischen (10 ... 1000) min liegen.

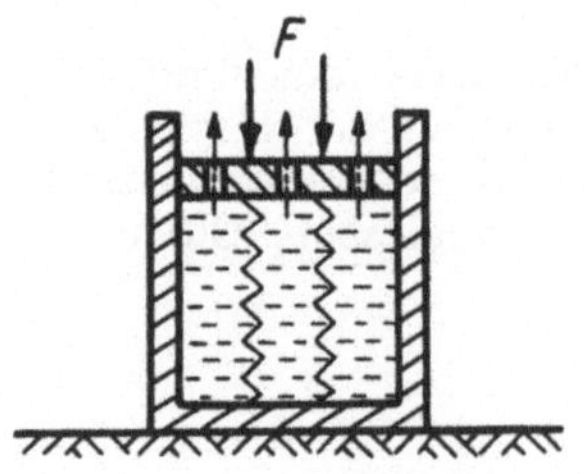

Bild 7.19: Konsolidationsmodell

b) Die sekundäre Verdichtung (sekundäre Konsolidation). Auch wenn der Porenwasserausgleich erfolgt ist, verläuft der Verdichtungsvorgang weiter. Wie bereits festgestellt wurde, ist dieser Prozeß im Sand unter üblichen Spannungen rasch beendet. Anders ist es in hochplastischen, vor allem organischen Lockergesteinen. Als Ursache für den sekundären Verdichtungsvorgang sehen wir heute eine fortschreitende Umorientierung der Teilchen an, die von einem Verdrängen des an die einzelnen Partikel gebundenen Wassers beeinflußt oder begleitet sein kann.

Im allgemeinen trägt man das Setzungsverhältnis $\Delta h/\Delta h_{max}$ für konstante Last als Funktion des Logarithmus der Zeit auf (Bild 7.20). Δh_{max} ist dabei der zu einer Laststufe (einer bestimmten Vertikalspannung) gehörende maximale Setzungswert, Δh ist die sich unter der gleichen Belastung als Funktion der Zeit einstellende Setzung $\Delta h = \Delta h(t)$. Legt man an die beiden entstehenden Äste der Zeit-Setzungs-Kurve Tangenten, so denkt man sich durch deren Schnittpunkt die Abgrenzung zwischen Primär- und Sekundärsetzung gegeben.

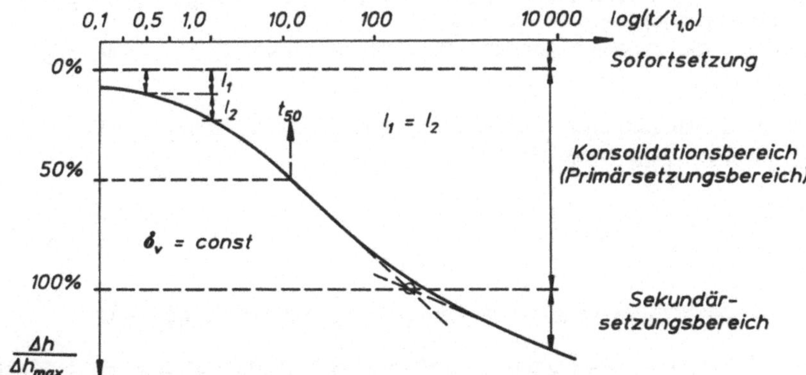

Bild 7.20: Zeit-Setzungs-Kurve bei logarithmischer Auftragung

Vorwiegend durch die Versuchsdurchführung bestimmt, ist noch ein dritter Setzungsbereich dem Primärsetzungsbereich vorgeschaltet. Es ist der Sofortsetzungsbereich. In ihm treten die Setzungen zeitlich nicht verzögert, sondern sofort bei Lastaufbringung durch Kornumlagerungen ohne Auspressen von Porenwasser oder als Anlegesetzungen des Druckstempels an die Probe auf. Seine Abgrenzung zum Primärsetzungsbereich findet man unter Verwendung des im Anfangsbereich der Primärsetzungskurve näherungsweise gültigen theoretischen Zusammenhangs zwischen Zeit und Setzung

$$\frac{\Delta h}{\Delta h_{max}} = a \cdot \sqrt{\frac{t}{t_0}}. \tag{7.13}$$

Wählt man beliebig $t = t_1$ und $t = t_2 = 4t_1$, so wird $(\Delta h_2/\Delta h_{max})/(\Delta h_1/\Delta h_{max}) = 2$. Es verdoppeln sich also die Setzungen in vierfacher Zeit. Man kommt daher durch nochmaliges Abtragen der in der Zeitspanne $\Delta t = t_2 - t_1$ (1,5 min) sich einstellenden Setzungen nach oben auf die Abgrenzung zum Sofortsetzungsbereich (im Beispiel: $t_1 = 0{,}5$ min, $t_2 = 2{,}0$ min).

Es ist häufig von Interesse, aus dieser Kurve den t_{50}-Wert abzulesen, d. h. die Zeit, nach der 50 % der Konsolidation eingetreten sind. Mit ihm läßt sich ein für den Konsolidierungsvorgang entscheidender Faktor berechnen, nämlich der Konsolidationsbeiwert c_v. Für ihn gilt die Beziehung

$$c_v = \frac{H^2 \cdot T}{t_{50}}. \tag{7.14}$$

Darin sind

H - die Probenhöhe bei Entwässerung nur nach einer Seite oder die halbe Probenhöhe bei Entwässerung nach beiden Seiten,

T - eine aus der Theorie folgende dimensionslose Größe $T(t_{50}) = 0{,}197$, $T(t_{90}) = 0{,}848$.

Mit der Zeit t_{50} läßt sich auch der Durchlässigkeitsbeiwert k berechnen. Die Formel dazu sei bereits an dieser Stelle genannt:

$$k = \frac{0{,}197 \quad H^2 \cdot \gamma_w}{E_S \cdot t_{50}} = c_v \cdot \frac{\gamma_w}{E_S}. \tag{7.15}$$

E_S ist darin der Steifemodul, eine dem Elastizitätsmodul vergleichbare Größe.

Im Hinblick auf einen bestehenden quadratischen Zusammenhang zwischen Setzung und Zeit ist eine Auftragung der Zeit-Setzungs-Kurve in der Form $\Delta h/\Delta h_{max} = f(\sqrt{t/t_0})$ üblich. Man setzt dabei im allgemeinen $t_0 = 1{,}0$ min.

Die entstehende Kurve hat den in Bild 7.21 skizzierten Verlauf.

Eine Tangente an ihrem geraden Teil schneidet die Ordinate an der Grenze zwischen Sofort- und Primärsetzung. Eine mit der 1,15fachen Steigung der Tangente gegenüber der Ordinatenachse eingetragene Gerade schneidet die Zeit-Setzungs-Kurve in einem Punkt, der einer 90 %igen Primärsetzung entspricht. Es ist dann sehr leicht, die Grenze zum Sekundärbereich zu finden. t_{90} kann ebenso wie t_{50} zur Ermittlung des Konsolidationsbeiwertes und des Durchlässigkeitsbeiwertes benutzt werden. In beiden Fällen kommt man zu etwas anderen Ergebnissen. Im allgemeinen liefert die "Quadratwurzelmethode" einen etwas größeren Wert für c_v.

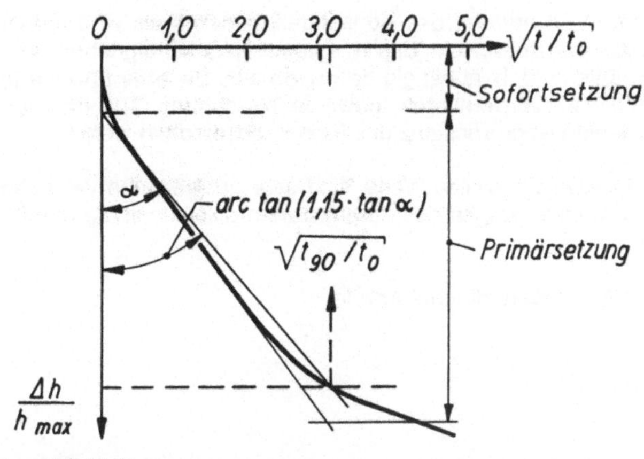

t₁,₀ - Zeiteinheit

Bild 7.21: Zeit-Setzungs-Kurve

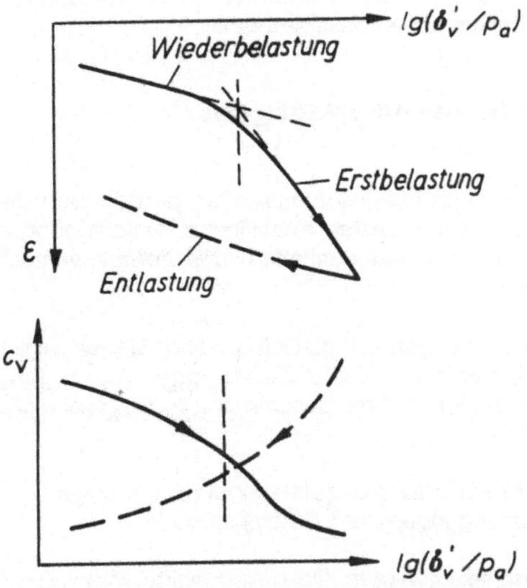

Bild 7.22: Abhängigkeit des Konsolidationsbeiwertes von der Spannung

Die Problematik der weiteren Verwendung des Konsolidationsbeiwertes wird später noch aufgegriffen. Es sei hier vorausgeschickt, daß er spannungsabhängig ist und abhängig von der Belastungsrichtung, d. h. abhängig davon, ob eine Be- oder Entlastung vorliegt. Die Kurven in Bild 7.22 verdeutlichen gewisse Tendenzen. Nur im Erstbelastungsbereich kann etwa von einer Konstanz des Wertes gesprochen werden.

Braucht man für Projektierungszwecke exakte Werte, sind sehr gut geplante Versuche durchzuführen, oder man ist auf Messungen des Porenwasserdruckes in situ angewiesen.

Im Vorangehenden ist versucht worden, die drei Anteile

- Sofortsetzung,
- Primärsetzung und
- Sekundärsetzung

voneinander zu trennen. Das ist im Prinzip nicht ohne weiteres möglich. Die Anteile können in Abhängigkeit von der Probendicke miteinander verbunden sein. Bei einer sehr dünnen Probe wird sich die Konsolidationssetzung quasi auch einstellen, also als Sofortsetzung erscheinen. Bei sehr dicken Proben hingegen kann ein merklicher Anteil der als Primärsetzung ausgewiesenen Setzung von seiner physikalischen Ursache her Sekundärsetzung sein. Das mag u. a. auch ein Grund dafür sein, daß der Konsolidationsbeiwert selten zutreffend aus Laborversuchen bestimmbar ist.

7.3.3   Spannungs-Deformationsbeziehungen - Auswertung des Oedometerversuches

Ist bei Errichtung eines Bauwerkes ein Bruch ausgeschlossen, so ist dennoch der Nachweis erforderlich, daß sich unter angelegten Lasten einstellende Verschiebungen in zulässigen Grenzen bleiben. Für den Nachweis dafür schaffen im Oedometerversuch bestimmte Kennwerte Voraussetzungen.

Es existieren zwar heute bereits allgemeinere Spannungs-Deformations-Beziehungen, trotzdem werden auch in Zukunft noch gewisse einfache Beziehungen Anwendung finden, wie sie hier betrachtet werden. Es gibt zu ihrer Bestimmung zwei wesentliche Vorgehensweisen:

- Messung der Deformation im Laborversuch unter real auftretenden Spannungen und
- Auswertung unter Übertragung von Überlegungen der Elastizitätstheorie.

Mit letzterem soll sich hier vorrangig beschäftigt werden. Dazu sind einige vorangehende Ableitungen notwendig.

Zur grundsätzlichen Erläuterung des Verformungsbildes wird ein ebener Deformationszustand in den Koordinaten x, z betrachtet [1].

Das Element OABC wird verschoben und verformt. Es entsteht O'A'B'C' (Bild 7.23).

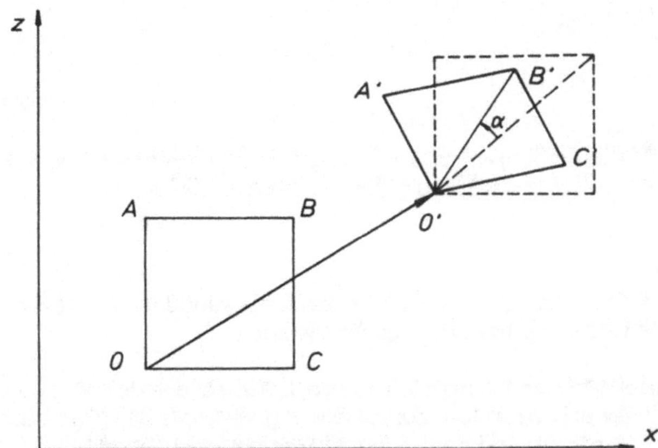

Bild 7.23: Ebener Deformationszustand

Die neue Lage ist die Folge

- einer Verschiebung des Elementes im ganzen, charakterisiert durch den Vektor $\overrightarrow{OO'}$,
- einer Rotation des Elementes im ganzen, charakterisiert durch die Drehung der Diagonale um den Winkel α sowie
- von Dehnungen (Stauchungen) und Verzerrungen (Winkeländerungen).

Zur Untersuchung des Deformationszustandes werden die Starrkörperverschiebung und -verdrehung rückgängig gemacht. Diese Situation zeigt Bild 7.24.

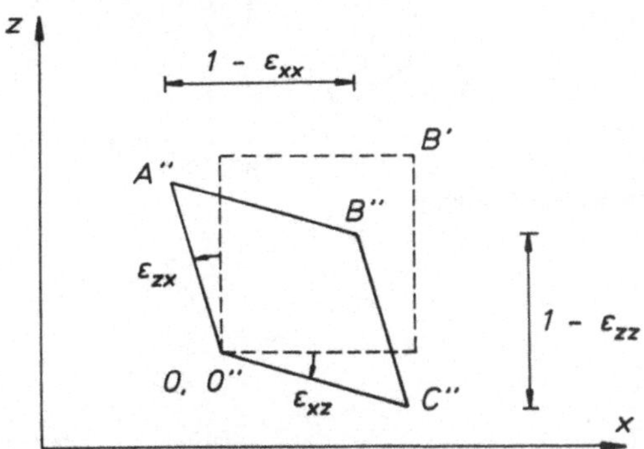

Bild 7.24: Deformationen nach rückgängig gemachten Starrkörperverschiebungen und
         -verdrehungen

Man nimmt an, daß die Seiten im Ausgangszustand die Länge Eins in der Maßeinheit hatten. Betrachtet man die Winkeländerungen als klein, so sind die Längen der Seiten nach Stauchung um ε_{xx} bzw. ε_{zz}

$$A''B'' = 1 - \varepsilon_{xx'}$$
$$O''A'' = 1 - \varepsilon_{zz'} \tag{7.16}$$

Die Winkeländerungen (Verzerrungen) ε_{zx} und ε_{xz} entsprechen den Verdrehungen der Seiten, nachdem die Rotation um α rückgängig gemacht wurde. Es gilt

$$\varepsilon_{xz} = \varepsilon_{zx'} \tag{7.17}$$

Bei der Bezeichnung der Verzerrungen und der Vorzeichenfestlegung ist ihre Beziehung zu den Schubspannungen σ_{xz} bzw. σ_{zx} beachtet worden.

In der für Ingenieure geschriebenen Literatur zur Kontinuumsmechanik ist oft eine andere Definition für die Verzerrung zu finden. Zur Erläuterung wird von Bild 7.24 ausgegangen, aber $\varepsilon_{xx} = \varepsilon_{zz} = 0$ gesetzt und das verformte Element um O'' gedreht

- einmal im Gegenuhrzeigersinn um den Winkel $\varepsilon_{zx'}$
- zum anderen im Uhrzeigersinn um $\varepsilon_{xz'}$.

Das Ergebnis zeigt Bild 7.25.

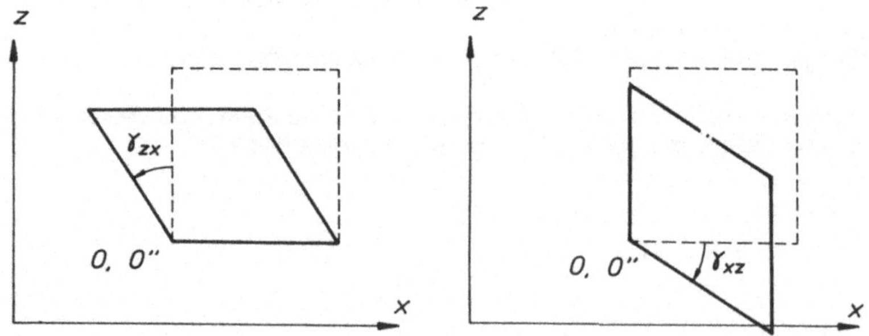

Bild 7.25: Schubverzerrung nach technischer Definition

Es folgen dann

$$\gamma_{zx} = 2\varepsilon_{zx'}$$
$$\gamma_{xz} = 2\varepsilon_{xz'}$$
$$\gamma_{zx} = \gamma_{xz'} \tag{7.18}$$

Physikalisch ist γ der Änderung des Winkels gleich, den zwei ursprünglich senkrecht zueinander orientierte Fasern erfahren.

Es ist nun nicht mehr schwer, nach der Betrachtung des ebenen Deformationszustandes auf den räumlichen zu schließen, wobei die Größen ε_{yy}, $\varepsilon_{xy} = \varepsilon_{yx}$, $\varepsilon_{yz} = \varepsilon_{zy}$ hinzukommen.

Das Hookesche Gesetz verbindet Spannungen und Deformationen. Setzen wir vorläufig allein die Existenz eines einachsigen Spannungszustandes voraus, gilt

$$\varepsilon_{zz} = \frac{1}{E}\,\sigma_{zz}; \quad \varepsilon_{xx} = \varepsilon_{yy} = -\nu\varepsilon_{zz}. \tag{7.19}$$

(E - Elastizitätsmodul; ν - Querdehnungszahl)

Treten Schubspannungen $\sigma_{xz} = \sigma_{zx}$ hinzu, entstehen Verzerrungen

$$\varepsilon_{xz} = \frac{1}{2}\,\frac{\sigma_{xz}}{G}; \quad \varepsilon_{zx} = \frac{1}{2}\,\frac{\sigma_{zx}}{G} \tag{7.20}$$

oder

$$\gamma_{xz} = \frac{\sigma_{xz}}{G}; \quad \gamma_{zx} = \frac{\sigma_{zx}}{G} \tag{7.21}$$

(G - Schubmodul).

Wie bekannt, sind nur zwei der drei bisher eingeführten elastischen Konstanten E, G, ν voneinander unabhängig. Für den Schubmodul gilt als Funktion von E und ν

$$G = \frac{E}{2\,(1 + \nu)}. \tag{7.22}$$

Werden nicht nur eine Normalspannung und eine Schubspannung, sondern alle real möglichen Normal- und Tangentialspannungen an den Elementarkörper angelegt, kommt man durch Superposition zu folgenden Gleichungen

$$\varepsilon_{xx} = \frac{1}{E}\,[\sigma_{xx} - \nu(\sigma_{yy} + \sigma_{zz})],$$

$$\varepsilon_{yy} = \frac{1}{E}\,[\sigma_{yy} - \nu(\sigma_{xx} + \sigma_{zz})], \tag{7.23}$$

$$\varepsilon_{zz} = \frac{1}{E}\,[\sigma_{zz} - \nu(\sigma_{xx} + \sigma_{yy})]$$

und

$$\gamma_{xy} = \frac{\tau_{xy}}{G}; \quad \gamma_{yz} = \frac{\tau_{yz}}{G}; \quad \gamma_{zx} = \frac{\tau_{zx}}{G}. \tag{7.24}$$

Die Volumendeformation wird (Ausgangsvolumen $V_0 = 1 \times 1 \times 1$)

$$\frac{\Delta V}{V_0} = -(1 - \varepsilon_{xx})\,(1 - \varepsilon_{yy})\,(1 - \varepsilon_{zz}) + 1$$
$$= \varepsilon_{xx} + \varepsilon_{yy} + \varepsilon_{zz} - \varepsilon_{xx}\varepsilon_{yy} - \dots + \varepsilon_{xx}\varepsilon_{yy}\varepsilon_{zz} \tag{7.25}$$

oder unter Vernachlässigung der Glieder höherer Ordnung

$$\varepsilon_V = \frac{\Delta V}{V_0} = \varepsilon_{xx} + \varepsilon_{yy} + \varepsilon_{zz}. \tag{7.26}$$

Wählt man alle drei Spannungswerte gleich, d. h. $\sigma_{xx} = \sigma_{yy} = \sigma_{zz} = \sigma_0$, so ist

$$\varepsilon_V = 3\,\frac{\sigma_0}{E}\,(1 - 2\nu). \tag{7.27}$$

Davon ausgehend definiert man den Volumenänderungsmodul K:

$$K = \frac{\sigma_0}{\varepsilon_V} = \frac{E}{3\,(1 - 2\nu)}. \tag{7.28}$$

Interessant ist noch ein Verformungsmodul, der eine Beziehung zwischen Spannung σ_{zz} und Dehnung ε_{zz} bei behinderter Seitendehnung $\varepsilon_{xx} = \varepsilon_{yy} = 0$ vermittelt. Es ist der Steifemodul E_s. Unter der genannten Bedingung werden die Horizontalspannungen

$$\sigma_{xx} = \sigma_{yy} = \frac{\nu}{1 - \nu}\,\sigma_{zz}. \tag{7.29}$$

Führt man diesen Ausdruck in die Gleichung 7.23 ein, so wird

$$\varepsilon_{zz} = \frac{(1 + \nu)\,(1 - 2\nu)}{(1 - \nu)\,E} \cdot \sigma_{zz} = \frac{\sigma_{zz}}{E_s}. \tag{7.30}$$

Daraus folgt

$$E_s = \frac{1 - \nu}{(1 + \nu)\,(1 - 2\nu)} \cdot E. \tag{7.31}$$

Die lineare Elastizitätstheorie liefert auch hierfür natürlich nur konstante Werte. Aus der Kenntnis der Spannungs-Dehnungs-Beziehungen realer Lockergesteine weiß man, daß das für Lockergesteine nicht gelten kann. Man arbeitet daher je nach Zweck mit einem konstanten Wert für einen bestimmten Spannungsbereich $\sigma'_{(1)} \ldots \sigma'_{(2)}$, dem Sekantenmodul oder einer von der Spannung abhängigen Größe, dem Tangentenmodul (Bild 7.26). In der Bodenmechanik tritt aus diesem Grunde an die Stelle des Elastizitätsmoduls als Ersatzgröße der Verformungsmodul E_V. Seine Bestimmung erfolgt zumeist so, daß er ein "Sekanten"modul oder auch "Tangenten"modul wird.

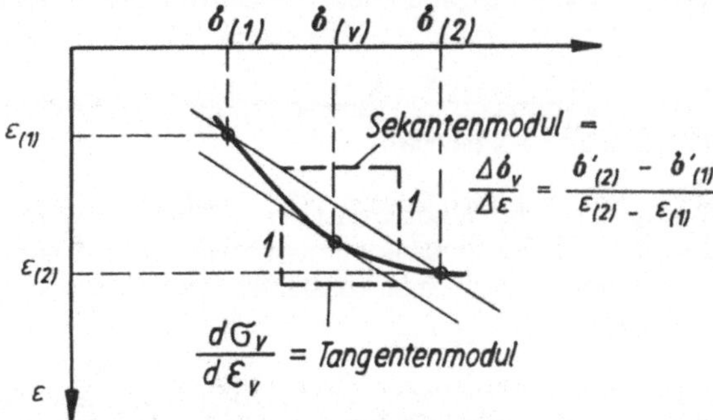

Bild 7.26: Sekantenmodul - Tangentenmodul

Es ist - wie bei den Spannungen - oft üblich, die z-Richtung als Vertikalrichtung (v) und die (x, y)-Richtungen als Horizontalrichtungen (h) zu definieren und dann

$$\begin{aligned} \varepsilon_{zz} &= \varepsilon_v \\ \varepsilon_{xx} &= \varepsilon_{yy} = \varepsilon_h \end{aligned} \tag{7.32}$$

zu schreiben.

Aus Bild 7.27 erkennt man sehr deutlich, daß es für den Sekantenmodul im Spannungsbereich $\sigma'_{(1)} \ldots \sigma'_{(2)}$ zwei Werte abhängig davon geben muß, ob die Bestimmung an der Erstbelastungs- oder an der Wiederbelastungskurve durchgeführt wird. Man unterscheidet demnach zwischen dem Steifemodul für Erstbelastung $E_{s,0}$ für $\sigma'_{(1)} \ldots \sigma'_{(2)}$ und dem für Wiederbelastung $E_{s,e}$ für $\sigma'_{(1)} \ldots \sigma'_{(2)}$. Offensichtlich gilt $E_{s,e} > E_{s,0}$.

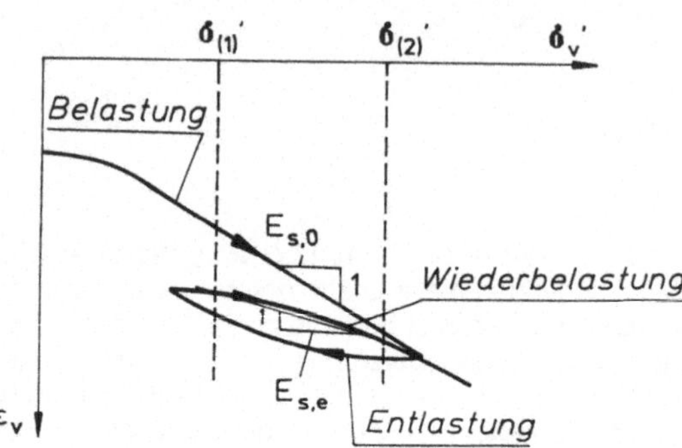

Bild 7.27: Steifemodul für Erst- und Wiederbelastung

An dieser Stelle seien noch einige weitere Aussagen über die Größe der Moduln gemacht:

(1) Bei Sand ist deutlich, daß lockere Lagerung zu kleineren Moduln innerhalb eines bestimmten Spannungsbereiches führt als dichtere.

(2) Wechselt man ständig zwischen Ent- und Wiederbelastung, so wächst der Modul für den Wiederbelastungsast anfangs stark, später immer schwächer und erreicht nach einer hohen Lastwechselzahl schließlich einen konstanten Wert. Er nähert sich dem Modul für den Entlastungsast.

(3) Hohe Belastungsgeschwindigkeiten, d. h. größere Laststeigerungen pro Zeiteinheit, führen bei Sanden zu größeren Moduln als kleinere Belastungsgeschwindigkeiten.

(4) Aus bisher Gesagtem geht hervor, daß bei Verwendung von Moduln beachtet werden muß, in welchem Spannungsbereich eine Neubelastung erfolgt. Für eine Belastung unterhalb des Vorspannungswertes $\sigma_{v,0}'$ ist der Modul $E_{s,e}$ (etwa identisch mit dem Wiederbelastungsmodul) zu verwenden, für ein Lastinkrement oberhalb von $\sigma_{v,0}'$ der Erstbelastungsmodul $E_{s,0}$.

Soll anstelle des Sekantenmoduls der Tangentenmodul in Berechnungen eingeführt werden, ist es üblich, punktweise Tangenten anzulegen, die Tangentenmoduln für ausgewählte Spannungswerte zu bestimmen und diese Werte dimensionslos und logarithmisch über dem Logarithmus der Spannung aufzutragen [38].

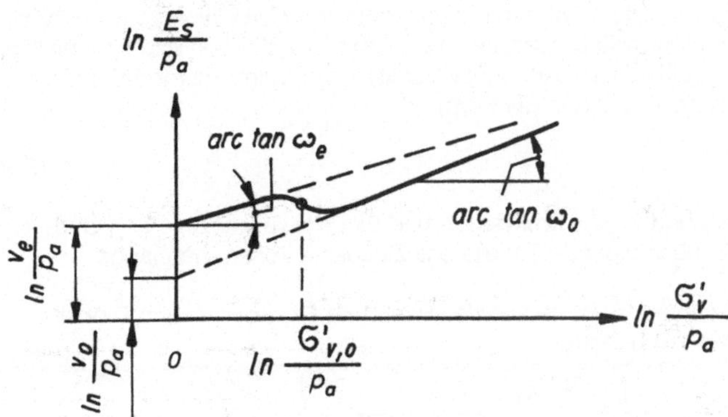

ω_0, ω_e - Steifeexponent; v_0, v_e - Steifebeiwert für Erst- bzw. Wiederbelastung

Bild 7.28: Beziehung zwischen Verformungsmodul und Spannung

Man erkennt zwei in etwa geradlinige Kurvenstücke, die durch einen Übergangsbereich verbunden sind. Sie entsprechen jeweils dem Wiederbelastungs- und Erstbelastungsbereich. Der Wendepunkt des Kurvenzuges dürfte der Vorspannung $\sigma'_{v,0}$ zuzuordnen sein. Die Geraden lassen sich in die Form

$$\ln\frac{E_s}{p_a} = \ln\frac{v}{p_a} + \omega\,\ln\frac{\sigma'_v}{p_a} \tag{7.33}$$

oder

$$E_s = v\left(\frac{\sigma'_v}{p_a}\right)^{\omega} \tag{7.34}$$

bringen. Selbstverständlich gilt die Funktion in zwei Bereichen

$$E_{s,e} = v_e\left(\frac{\sigma'_v}{p_a}\right)^{\omega_e} \qquad \text{für } \sigma'_v \leq \sigma'_{v,0},$$

$$\tag{7.35}$$

$$E_{s,0} = v_0\left(\frac{\sigma'_v}{p_a}\right)^{\omega_0} \qquad \text{für } \sigma'_v > \sigma'_{v,0}.$$

ω und v lassen sich aus einer Regressionsanalyse ermitteln.

Eine Reihe von Wissenschaftlern hat, um die umfangreichen Druckversuche zu sparen, Beziehungen zwischen Klassifikationszahlen und Verformungsgrößen experimentell aufgestellt. Ein erster Versuch dieser Art wurde bereits von Ohde unternommen, der für normalkonsolidierte Tone Relationen der Form

$$v = f(w_0, w_1) \tag{7.36}$$

angibt. Hierbei sind w_0 und w_1 die Breiwasser- und Einheitswasserzahl nach Ohde (vgl. Abschnitt 3.2.2.3). Die nachfolgende Tabelle enthält solche Zusammenhänge.

Tabelle 7.1: Zusammenhang zwischen Steifebeiwert und Breiwasser- und Einheitswasserzahl nach Ohde

w_0^2/w_1	v	w_0^2/w_1	v	w_0^2/w_1	v
40	4,2	7	6,5	1,5	16,0
30	4,6	5	7,4	1,0	20,0
20	5,0	3	9,4	0,7	28,0
10	5,9	2	14,0	0,5	42,0

Für den Steifemodul E_s von Tonen wählt man meist $\omega = 0,7 \dots 1,0$.

In der Literatur sind noch eine Reihe weiterer Definitionen für Verformungsmoduln bekannt. Der einfachste ist der reziproke Wert des Steifemoduls, der Volumenänderungskoeffizient m_V, definiert durch

$$m_V = \frac{d\varepsilon}{d\sigma_v'} \text{ oder } m_V = \frac{\Delta\varepsilon}{\Delta\sigma_v'}. \tag{7.37}$$

Seine Bezeichnung rührt von dem Fakt her, daß im Oedometerversuch die vertikale Deformation ε_v wegen $\varepsilon_{xx} = \varepsilon_{yy} = 0$ zur Volumenänderung $\Delta V/V$ identisch ist.

Der Kompressibilitätskoeffizient a_0 geht von der Darstellung $e = e(\sigma_v')$ (e - Porenzahl) aus und ist definiert durch

$$a_0 = -\frac{de}{d\sigma'} \text{ bzw. } a_0 = -\frac{\Delta e}{\Delta\sigma'}. \tag{7.38}$$

Kompressionsbeiwert C_c und Schwellbeiwert C_s orientieren sich an der Darstellung

$$e = e\left(\lg\frac{\sigma_v'}{p_a}\right). \tag{7.39}$$

Es entsteht

$$\left.\begin{array}{c} C_c \\ C_s \end{array}\right\} = -\frac{de}{d\left(\lg\dfrac{\sigma_v'}{p_a}\right)} \qquad \text{bzw.}$$

$$\left.\begin{array}{c} C_c \\ C_s \end{array}\right\} = -\frac{\Delta e}{\Delta\left(\lg\dfrac{\sigma_v'}{p_a}\right)} . \tag{7.40}$$

Der Kompressionsbeiwert C_c gilt für Erstbelastungen und der Schwellbeiwert C_s für Entlastung bzw. Wiederbelastung.

Typische Kompressions- und Schwellbeiwerte sowie Bezugsporenzahlen bei $\sigma_0 = 10$ kN/m^2 sind in folgender Tabelle [14] dargestellt.

Für die Umrechnung der verschiedenen Moduln ineinander ist zu beachten, daß

$$\varepsilon_v(\sigma_v') = \frac{e_0 - e(\sigma_v')}{1 + e_0} = \frac{\Delta e(\sigma_v')}{1 + e_0} \tag{7.41}$$

gilt.

Mit e_0 als Anfangsporenzahl ergibt sich die folgende Matrix (der Zahlenwert 0,434 folgt aus $M = 1/\ln 10 = 0{,}43429448$; $1/M = 2{,}30258509$; $\overline{\sigma_v'}$ ist der Mittelwert der effektiven Spannung im betrachteten Spannungsbereich).

Tabelle 7.2: Kompressions- und Schwellbeiwerte in Abhängigkeit von der Anfangsporenzahl

Erdstoff	C_c	C_s	e_0
Kiessand	0,001	0,0001	0,3
Feinsand, dicht	0,005	0,0005	0,5
Feinsand, locker	0,01	0,001	0,7
Grobschluff	0,02	0,002	0,8
toniger Schluff	0,03 - 0,6	0,01 - 0,02	0,9 - 1,2
Kaolin-Ton	0,1	0,03	1,5
Klei	0,1 - 0,3	0,03 - 0,1	1,2 - 2,5
Montmorillonit-Ton	0,5	0,4	5
Torf	1	0,3	10

Tabelle 7.3: Zusammenhänge zwischen Steifemodul, Volumenänderungskoeffizient, Kompressibilitätskoeffizient und Kompressions- bzw. Schwellbeiwert

	E_s	m_V	a_0	C
E_s	$\dfrac{\Delta\sigma_v'}{\Delta\varepsilon_v}$	$\dfrac{1}{m_v}$	$\dfrac{1+e_0}{a_0}$	$\dfrac{1+e_0}{0{,}434\cdot C}\,\sigma_v'$
m_V	$\dfrac{1}{E_s}$	$\dfrac{\Delta\varepsilon_v}{\Delta\sigma_v'}$	$\dfrac{a_0}{1+e_0}$	$\dfrac{0{,}434\cdot C}{1+e_0}\,\dfrac{1}{\sigma_v'}$
a_0	$\dfrac{(1+e_0)}{E_s}$	$(1+e_0)m_V$	$\dfrac{-\Delta e}{\Delta\sigma_v'}$	$\dfrac{0{,}434\cdot C}{\sigma_v'}$
C	$\dfrac{(1+e_0)}{0{,}434\cdot E_s}\,\sigma_v'$	$\dfrac{(1+e_0)m_v}{0{,}434}\,\sigma_v'$	$\dfrac{a_0}{0{,}434}\,\sigma_v'$	$-\Delta e/\Delta\lg\dfrac{\sigma_v'}{p_a}$

Bei Darstellung der funktionalen Abhängigkeit $e = e(\lg(\sigma_v'/p_a))$ stellt man im Erstbelastungs-, aber auch im Wiederbelastungsbereich einen erstmals von Terzaghi beobachteten linearen Zusammenhang fest:

$$e = -\frac{2{,}3}{A}\,\lg\,\cdot\,\frac{\sigma_v' + \sigma_0'}{p_a} + e_0. \tag{7.42}$$

A, σ_0' und e_0 sind Kurvenparameter und experimentell zu bestimmen. Es ist

$$e_0 = e(\sigma_v' + \sigma_0' = p_a). \tag{7.43}$$

Die Konstante A wird als Verdichtungsziffer bezeichnet. Daraus resultieren für den Kompressibilitätskoeffizienten

$$a_0 = -\frac{de}{d\sigma_v'} = \frac{1}{A(\sigma_v' + \sigma_0')} \tag{7.44}$$

und für den Steifemodul

$$E_s(\sigma_v') = A(1 + e_0)(\sigma_v' + \sigma_0'). \tag{7.45}$$

Abschließend ist zu sagen, daß körnige Erdstoffe vernachlässigbar geringe C_s-Werte besitzen. Bei Erdstoffen mit sehr hohem Wasseraufnahmevermögen können dagegen auch Schwellbeiwerte auftreten, die in etwa dem Kompressionsbeiwert C_c entsprechen, d. h., nach Entlastung des Erdstoffes geht die Zusammendrückung fast vollständig zurück.

7.4   Deformationen im drainiert verlaufenden Triaxialversuch

Im Triaxialversuch werden neben den wirksamen Spannungen σ_v', σ_h' im allgemeinen in der 2. Versuchsphase (Scherphase)

- die Vertikalstauchung ε_v,
- die Volumendeformation $\Delta V/V_0 = \varepsilon_V$ und
- die Horizontaldeformation ε_h

gemessen.

Üblich sind Auftragungen der Versuchsergebnisse in der Form

$$- \frac{\sigma_v - \sigma_h}{2} = \frac{\sigma_v - \sigma_h}{2}(\varepsilon_v),$$

$$- \varepsilon_V = \varepsilon_V(\varepsilon_v),$$

$$- -\frac{\varepsilon_h}{\varepsilon_v} = \frac{\varepsilon_h}{\varepsilon_v}(\varepsilon_v).$$

$$(7.46)$$

Typisch sind (Bild 7.29)

a) ein Anfangsbereich mit etwa linearem Zusammenhang zwischen Spannungsdeviator $(\sigma_v' - \sigma_h')/2$ und Vertikalstauchung,

b) ein Fließbereich, innerhalb dessen sich die Spannungs-Dehnungs-Kurve krümmt, mit einem Maximum τ_f für den Spannungsdeviator (Bruchwert) und

c) ein Endbereich, innerhalb dessen gilt: $(\sigma_v' - \sigma_h')/2 \sim$ const.

Im Anfangsbereich ist ein schwaches Ausbauchen der Probe festzustellen; ε_V ist positiv. Es kommt zu einer Verdichtung.

Charakteristisch im Fließbereich ist das Maximum τ_f, das als Bruchfestigkeit des Lockergesteins bezeichnet wird und zur Scherfestigkeit in direkter Beziehung steht. Die Deformationen sind im allgemeinen für kleinere Porenzahlen so, daß Volumenvergrößerungen entstehen müssen, wie ein Vergleich der Porenräume in Bild 7.30 erkennen läßt. Der Volumenvergrößerung ordnet man die Bezeichnung "Dilatanz" zu.

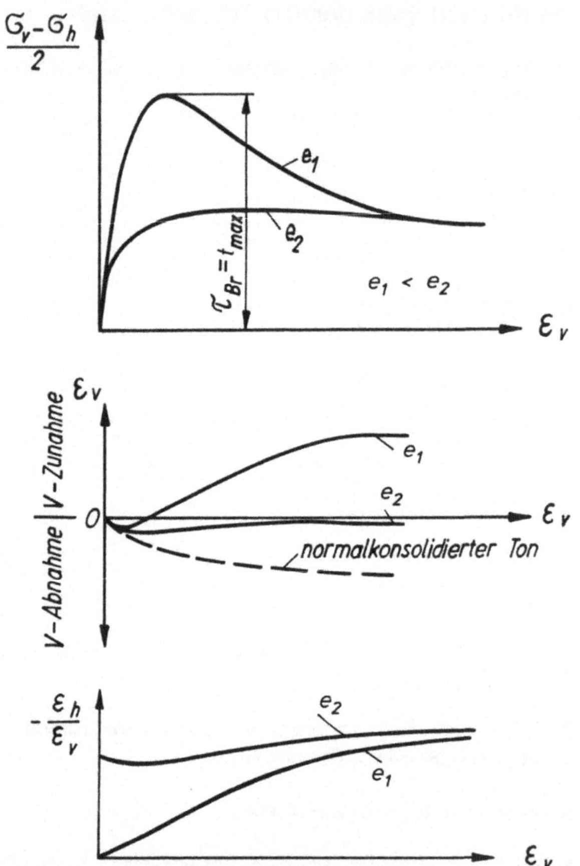

Bild 7.29: Spannungs-Deformations-Beziehungen im Triaxialversuch

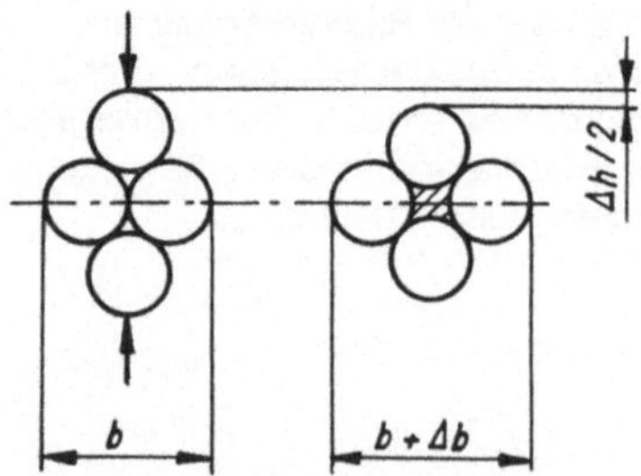

Bild 7.30: Volumenänderungen unter deviatorischen Spannungen

Nach der DIN 18 937 T1 wird unter Dilatanz die Volumenzunahme (Auflockerung) eines überkritisch dichten Bodens unter Scherbelastung verstanden. Die Dilatanz wird durch den Aufgleit- oder auch Dilatanzwinkel $\bar{\nu}$ charakterisiert, der sich aus

$$\tan\bar{\nu} = -\frac{\Delta d}{\Delta s} \qquad\qquad (7.47)$$

Δd - Dickenzunahme (negatives Vorzeichen),
Δs - Verschiebung der Elementoberseite in Richtung der Schubspannung unter Volumenzunahme

berechnen läßt.

In der Literatur wurde festgestellt, daß $\bar{\nu}$ um so größer wird, je scharfkantiger die Körner sind und je dichter das Korngerüst ist.

Bei Volumenzunahme, also Dilatanz, ist der Aufgleitwinkel immer positiv. Wird $\bar{\nu}$ negativ, so sprechen wir von Kontraktanz (Volumenabnahme, Verdichtung).

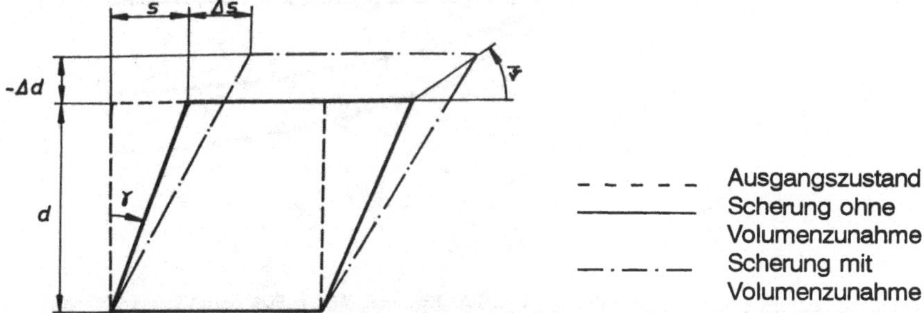

Bild 7.31: Scherung mit und ohne Volumenzunahme

Die Ausgangsporenzahl ist besonders bei Sand von großer Bedeutung für den Verlauf der Spannungs-Dehnungs-Kurve im Triaxialversuch (Bild 7.29). Bei dichter Lagerung ist das Maximum stärker ausgeprägt, die Dilatanz deutlich und die Zunahme $\varepsilon_h/\varepsilon_v$ stärker.

Im Endbereich haben sich solche Verhältnisse in der Struktur der Lagerung eingestellt, daß $(\sigma_v' - \sigma_h')/2$ etwa ebenso konstant bleibt wie die Volumenänderung. Bei Sanden ist die Porenzahl in diesem Bereich annähernd unabhängig von der im Ausgangszustand.

Bei Tonen sind ebenfalls die in Bild 7.29 gezeigten Kurven zu erwarten. Dabei entspricht die $((\sigma_v' - \sigma_h')/2, \varepsilon_v)$ - Darstellung des dichten Sandes der eines überkonsolidierten Tones. Normal konsolidierter Ton hat einen Kurvenverlauf ähnlich dem des locker gelagerten Sandes. Die Volumenänderung ist allerdings bei letzterem stets positiv, d. h., es erfolgt eine Verdichtung.

Sehr unterschiedliche Spannungs-Deformations-Kurven entstehen in Abhängigkeit von der Art des durchgeführten Versuchs als Dehnungs- oder Stauchungsversuch, passiver oder aktiver Versuch. Das Bild 7.32 zeigt dafür Beispiele.

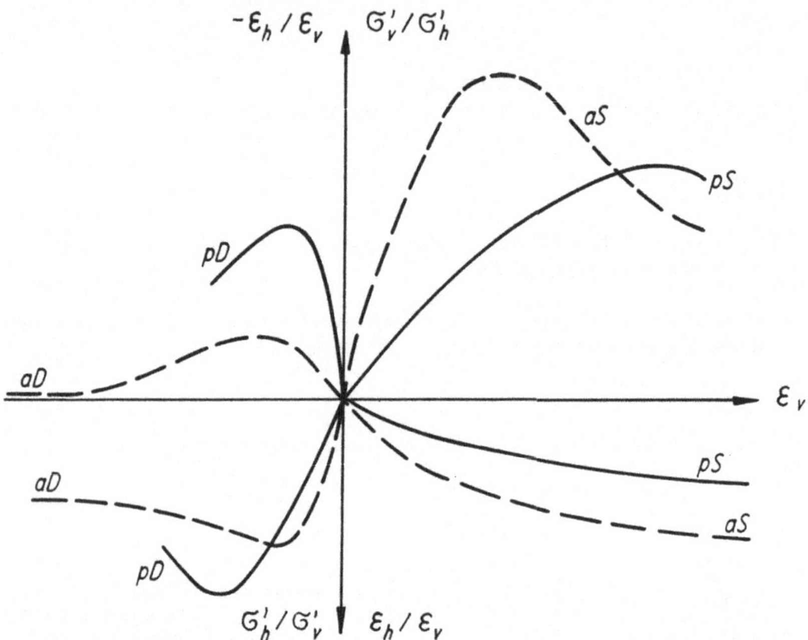

Bild 7.32: Spannungs-Deformations-Beziehungen bei verschiedenen Versuchsarten

Aus den Ergebnissen von Triaxialversuchen sind wiederum Deformationskennzahlen ableitbar. Aus dem passiven Stauchungsversuch gewinnt man den Verformungsmodul E_v. Seine Größe ist - wegen der Krümmung der Spannungs-Deformations-Kurve - nicht konstant. Sie nimmt mit zunehmender Vertikalspannung bis auf den Wert Null an der Bruchgrenze ab.

Meist wird ein konstanter Elastizitätsmodul nur für den Anfangsbereich

$$\frac{1}{2}\,(\sigma_v' - \sigma_h') \le (\frac{1}{3} \dots \frac{1}{2})\,t_{max} \tag{7.48}$$

angegeben.

Nach Vorschlägen verschiedener Autoren läßt sich die Kurve für $\sigma'_v - \sigma'_h \leq 2t'_{max}$ in die Form

$$\sigma'_v = \frac{\varepsilon_v}{a + b \cdot \varepsilon_v} \qquad \text{für } \sigma'_h = \text{const} \tag{7.49}$$

bringen. Daraus folgt

$$\frac{\varepsilon_v}{\sigma'_v} = a + b \cdot \varepsilon_v. \tag{7.50}$$

Die Parameter a, b sind aus einer Regressionsanalyse zu gewinnen (Bild 7.33). Der Verformungsmodul E_V wird

$$E_V = \frac{d\sigma'_v}{d\varepsilon_v} = \frac{a}{(a + b \cdot \varepsilon_v)^2} \tag{7.51}$$

oder mit

$$\varepsilon_v = \frac{a \cdot \sigma'_v}{1 - b \cdot \sigma'_v}$$

$$E_V = \frac{(1 - b \cdot \sigma'_v)^2}{a}. \tag{7.52}$$

Weiterhin wird aus dieser Gleichung auch deutlich, daß $E = E(\sigma'_h)$, d. h., daß eine Abhängigkeit von der horizontalen Spannung besteht.

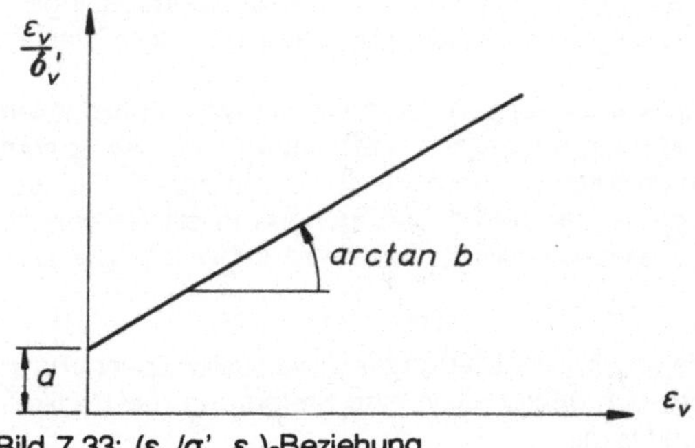

Bild 7.33: $(\varepsilon_v/\sigma'_v, \varepsilon_v)$-Beziehung

Als weitere Einflußgrößen sind zu nennen:

- Strukturstörungen (führen zur Verminderung des E_V-Moduls),
- Überkonsolidation (führt zur Vergrößerung von E_V und ν (Querdehnungszahl)).

Erinnert man sich noch einmal des Bildes 7.32, das die Spannungs-Deformations-Beziehungen in Abhängigkeit vom Spannungsweg darstellte, zeigte sich

- $E_{pS}(t = 0) < E_{aS}(t = 0)$,
- Volumenvergrößerung im aktiven Stauchungsversuch,
- $E_{pD}(t = 0) < E_{aD}(t = 0)$.

Die Bedeutung des Spannungsweges für die Deformationscharakteristika ist also offensichtlich.

Einige Bemerkungen sollen ergänzend noch zur Größe der Querdehnung gemacht werden. Es zeigt sich dabei, daß gerade im Anfangsbereich der Belastung, in dem näherungsweise E_V = const gesetzt werden kann, die Querdehnungszahl zunimmt. Für Sand nimmt sie erst einen konstanten Wert bei großen Verschiebungen (Bruch- und Nachbruchbereich) in der Größe $\nu \geq 0,5$ an. Der Wert $\nu > 0,5$ deutet auf Volumendehnung hin. Der Ansatz von ν in Berechnungen ist wegen der starken Variabilität sehr fraglich. Glücklicherweise ist die Auswirkung eines Fehlers hier nicht sehr groß. Im Anfangsbereich wählt man ν = 0,1 ... 0,2; im Bereich höherer Deformationen und bei wiederholter Belastung ν = 0,3 ... 0,4.

7.5   Versuche mit undrainierten Proben im Triaxialgerät

Bei der Behandlung der Deformation im Triaxialversuch wurde bisher davon ausgegangen, daß dieser Versuch so verläuft, daß in keiner Versuchsphase Porenwasserüberdrücke auftreten. Nicht alle Triaxialversuche werden so durchgeführt. Man schafft im Gegenteil hinsichtlich der Entwässerungsbedingungen in der Probe künstliche Zustände, die selten der Realität voll entsprechen.

Mögliche Arten des Triaxialversuches sollen hinsichtlich der Entwässerungsbedingungen näher betrachtet werden. Ein Triaxialversuch verläuft grundsätzlich in zwei Phasen:

- Der Konsolidationsphase (isotrop oder anisotrop), in der die Probe einer horizontalen (radialen) und einer vertikalen Spannung ausgesetzt wird. Gilt $\sigma_v = \sigma_h$, so spricht man von isotroper, für $\sigma_v \neq \sigma_h$ von anisotroper Konsolidation. Der letztere Fall ist der praktisch insofern bedeutsamere, als er den realen Bedingungen in situ entspricht. Der erstere Fall ist experimentell leichter zu realisieren und wird daher häufiger ausgeführt.

- Der Scherphase, in der durch Änderung horizontaler und/oder vertikaler Spannungen (im zumeist durchgeführten pS-Versuch erfolgt allein eine Steigerung der Vertikalspannungen) der Bruch herbeigeführt wird.

Nach Art der Entwässerungsbedingungen in diesen beiden Phasen werden die Versuche nun klassifiziert.

Der Versuch, der den bisherigen Betrachtungen zugrunde lag, ist der konsolidierte, drainierte Versuch (CD-Versuch, genauer CID-Versuch oder CAD-Versuch; I und A deuten auf isotrope bzw. anisotrope Konsolidation hin).

Sowohl in der Konsolidations- als auch in der Scherphase wird jeweils der porenwasserdruckfreie Zustand abgewartet. Bild 7.34 verdeutlicht die Verhältnisse im pS-Versuch. In die Scherphase kann man erst eintreten, nachdem sich in der Probe die durch die Konsolidationsspannungen anfangs erzeugten Porenwasserdrücke abgebaut haben.

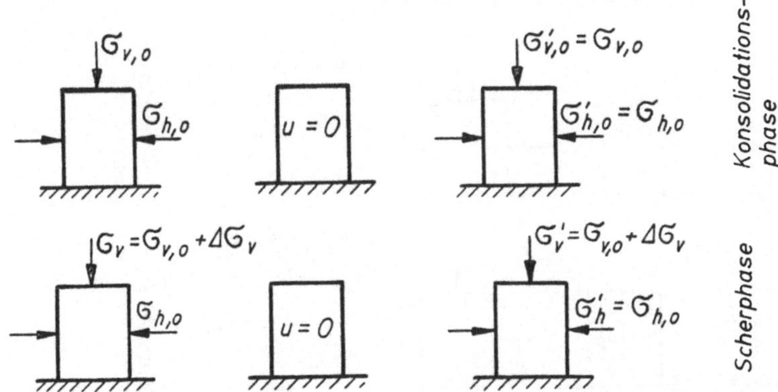

Bild 7.34: Spannungsverhältnisse in Konsolidations- und Scherphase (CD-Versuch)
(in Anlehnung an [23])

Die Scherphase ist so zu durchlaufen, daß

- entweder die Laststeigerung so langsam erfolgt, daß sich keine Porenwasserdrücke aufbauen, oder
- die Laststeigerung in Stufen erfolgt, zwischen denen Porenwasserdruckabbau abzuwarten ist.

Der Versuch ist damit sehr zeitaufwendig. Sein Gegenstück ist der unkonsolidierte, undrainierte Versuch (UU-Versuch). Weder in der Konsolidations- noch in der Scherphase wird der Porenwasserdruckausgleich ermöglicht. Zutritt und Austritt von Wasser werden verhindert. Das geschieht durch Schließen der Ventile der Versuchsapparatur oder durch rasche Versuchsdurchführung.

Es wird nun wieder der Spannungszustand in der Probe näher betrachtet. Hierzu ist es zweckmäßig, bereits den der Konsolidationsphase vorausgehenden Schritt, die Probenahme, mit einzubeziehen. Auf Grund der Kapillarität werden während der Probenahme erstmals Porenwasserdrücke (Unterdrücke) entstehen. Bild 7.35 erläutert die Bedingungen wiederum im pS-Versuch.

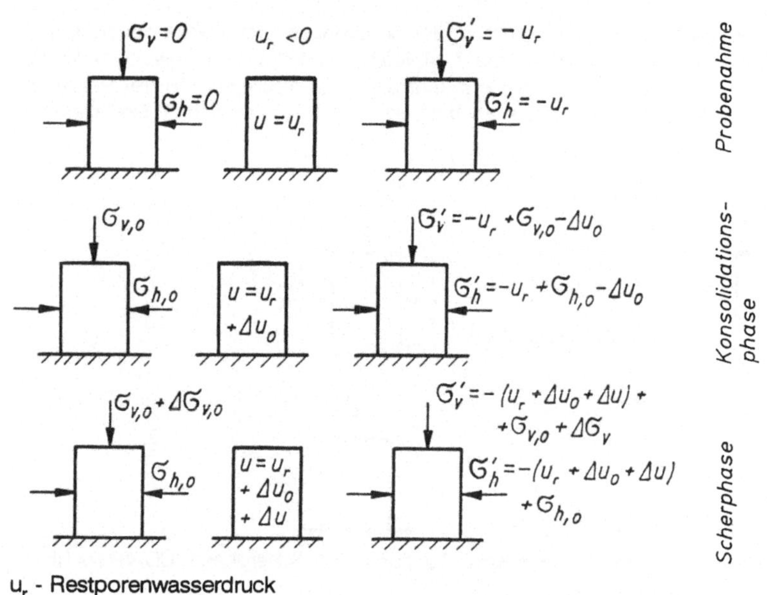

u_r - Restporenwasserdruck

Bild 7.35: Spannungsverhältnisse im UU-Versuch (in Anlehnung an [23])

Während des Versuchs treten bei voller Wassersättigung weder Wassergehalts- noch Volumenänderungen ein. Diese Bedingungen treffen durchaus auch für bestimmte natürliche Belastungsverhältnisse zu. Die Durchführung des Versuches bedarf keines großen zeitlichen Aufwandes.

Eine Sonderform des UU-Versuches ist der Zylinderdruckversuch (Einaxialversuch), ein eindimensionaler UU-Versuch. Bei ihm wird nur die Vertikalspannung gesteigert. Man bedarf dazu nicht des komplizierten Triaxialgerätes. Um die undrainierten Bedingungen zu garantieren, ist der Versuch rasch durchzuführen. Er wird daher häufig als Q-Versuch (quick) bezeichnet.

Ein weiterer erwähnenswerter Versuch ist der konsolidierte, undrainierte Versuch (CU-Versuch). Er stellt eine Kombination der Konsolidationsphase des CD-Versuchs mit der Scherphase des UU-Versuchs dar. Von Wert wird dieser Versuch vor allem durch den Zeitgewinn in der Scherphase gegenüber dem CD-Versuch; er ist aber praktisch nur auswertbar, wenn die Porenwasserdrücke während der Scherphase gemessen werden, dann allerdings auch nur vorwiegend für die Bestimmung der Festigkeit.

Die Deformationsgrößen im undrainierten Versuch sollen näher betrachtet werden. Sie sind beispielsweise dann von Bedeutung, wenn die Setzung einer belasteten Fläche bei undrainierten Bedingungen (Anfangssetzung) berechnet werden muß. Einleitend ist allerdings festzustellen, daß die Bestimmung z. B. des E_V-Moduls für undrainierte Verhältnisse gegenüber einer Reihe von Faktoren, wie Größe der Spannung, Belastungsgeschwindigkeit usw. noch empfindlicher ist. Aus undrainierten Versuchen gewonnene Verformungsmoduln werden mit dem Index "u" bezeichnet.

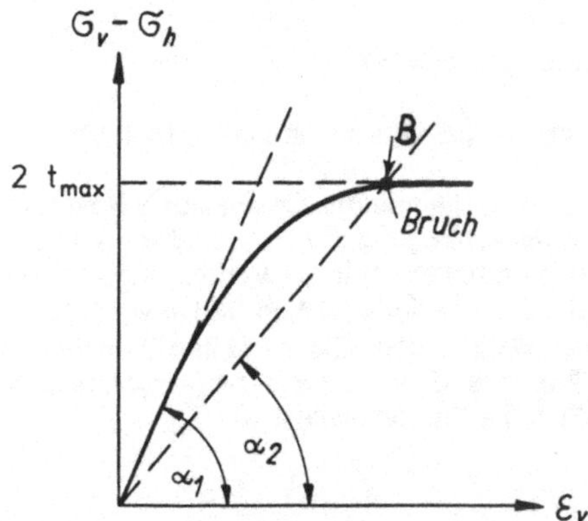

Bild 7.36: Spannungs-Deformations-Kurve eines pS-Versuchs

Das Bild 7.36 zeigt die Spannungs-Deformations-Kurve, die in einem UU-pS-Versuch oder auch einem CU-pS-Versuch gewonnen wurde. Die totale Horizontalspannung ist also während des Versuches konstant geblieben. Aus dieser Kurve bestimmt man

- den Anfangs-Tangentenmodul $E_{u,a}$ definitionsgemäß durch

$$E_{u,a} - E_u(\varepsilon_v - 0) - \frac{d\sigma_v}{d\varepsilon_v}(\varepsilon_v - 0); \qquad (7.53)$$

in der Darstellung entspricht dieser Wert dem Winkel α_1 gemäß

$$\alpha_1 = \text{arc tan } E_{u,a}, \qquad (7.54)$$

- den Sekantenmodul $E_{u,B}$, zum Bruch gehörend, nach der Gleichung

$$E_{u,B} = \frac{2t_{max}}{\varepsilon_{v,B}};$$
(7.55)

es gilt

$$\alpha_2 = \text{arc tan } E_{u,B},$$
(7.56)

- die Sekantenmoduln für spezielle Deformationswerte, also z. B.

$$E_{u,\varepsilon} = E_u(\varepsilon_v = 2\ \%, 5\ \% \ ...)$$
(7.57)

oder auch

$$E_{u,\varepsilon} = f(\sigma_v(\varepsilon_v) - \sigma_h(\varepsilon_v)).$$
(7.58)

Zu diesen Moduln lassen sich nun einige Aussagen machen.

a) Der Einfluß der Konsolidationsspannung im CIU-pS-Versuch ist bereits merklich.

Trägt man für die o. g. Versuche Spannungs-Weg-Diagramme für wirksame Spannungen auf und verbindet diese gleichzeitig mit der Eintragung von Linien gleicher Deformationen, dann deutet sich in den Fällen eine Proportionalität der Verformungsmoduln zur Konsolidationsspannung an, in denen die Deformationsisolinien (radial verlaufende Geraden) und die Spannungswege einander ähnlich sind. Die zu einem bestimmten Deformationswert gehörende Spannungsdifferenz ist dann nämlich der Konsolidationsspannung proportional. Daraus folgt schließlich die Proportionalität von E_u

$$E_{u,\varepsilon} = \frac{1}{\varepsilon_v}\ (\sigma_v - \sigma_h) = \overline{\overline{\chi}} \cdot \frac{\sigma_{v,0}}{\varepsilon_{v,0}}$$
(7.59)

($\overline{\overline{\chi}}$ - Proportionalitätsfaktor).

Eine solche Annahme gilt aber nur in erster Näherung. Abweichungen sind vor allem bei kleineren ε_v-Werten zu verzeichnen. Hier ist eine "Unterproportionalität" festzustellen. Am ehesten gilt die Proportionalität für normalkonsolidierte Tone im Bereich hoher Deformationen.

b) Der Einfluß mehrerer Ent- und Wiederbelastungszyklen zeigt sich in einer Erhöhung des E_u-Moduls. In der ersten Belastungsphase spiegeln sich im E_u-Modul Anliegesetzungen, das Schließen von Rissen in der Probe und andere Störungen wider, die in späteren Zyklen ausgeschaltet sind.

c) Auf steigenden Überkonsolidationsgrad deutet im allgemeinen ein Zuwachs des E_u-Moduls hin, wobei allerdings der Bereich hoher Überkonsolidationsgrade noch nicht ausreichend erforscht ist. Für diesen Bereich liegen widersprüchliche Ergebnisse vor.

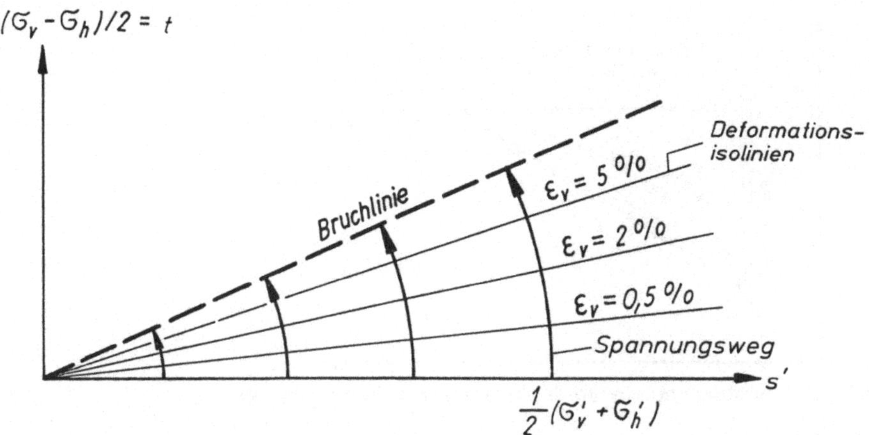

Bild 7.37: Spannungs-Weg-Diagramm von CIU-Versuchen

d) Der Zeiteinfluß zeigt sich als

- Thixotropieeffekt,
- Alterungseffekt und
- Deformationsgeschwindigkeitseffekt.

Der erste Einfluß wird dadurch deutlich, daß ein längeres Lagern einer gestörten Probe bis zur Prüfung derselben zu einer Versteifung führt, d. h. zu höheren E_u-Werten.

Unter dem Alterungseffekt versteht man den Einfluß der Konsolidationsdauer, wobei die Verlängerung dieser Zeit eine verstärkte Möglichkeit zu sekundärer Konsolidation bedeutet. Von verschiedenen Forschern durchgeführte Versuche an unterschiedlichen Materialien haben durchweg eine zunehmende Versteifung mit Verlängerung der Konsolidationsdauer ergeben. Dabei sind Verdoppelungen des E_u-Moduls erreichbar.

e) An dieser Stelle muß wiederum auf die Bedeutung des Spannungsweges hingewiesen werden. Auch Versuche an undrainierten Proben ließen bei unterschiedlichen Spannungswegen deutliche Unterschiede erkennen. Es ist daher kaum möglich, Deformationskenngrößen aus dem Standard(pS)-Versuch auf Probleme anzuwenden, bei denen andere Spannungswege zu erwarten sind.

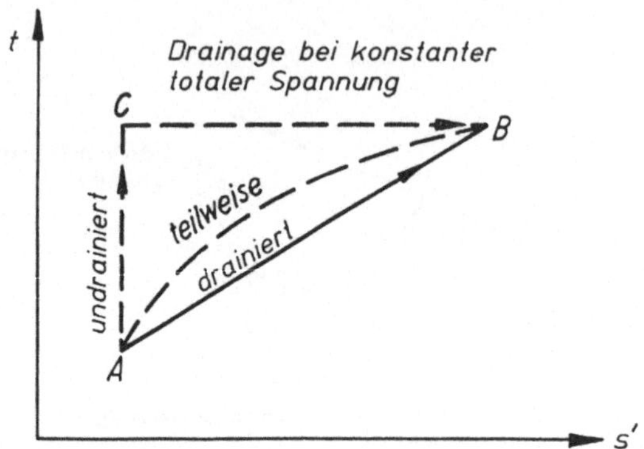

Bild 7.38: Spannungswege im drainierten und undrainierten Versuch

Gleichzeitig soll hier noch der Effekt einer eventuellen Entwässerung während des Versuchs diskutiert werden. Der voll drainierte Versuch entspricht dem Spannungsweg AB, der undrainierte mit anschließender Drainage bei konstanter totaler Spannung dem Weg ACB.

Dazwischen liegend sind unendlich viele teilweise drainierte Versuche denkbar. Nur in einem rein elastischen Medium führen alle Spannungen zu gleichen Deformationen (längs AC reine Scherdeformation, längs CB reine Volumendeformation). Beachtet man, daß hohe s'-Werte eine Versteifung bewirken, ist zu erwarten, daß die größten Deformationswerte längs des Weges ACB eintreten, die geringsten längs AB. Auch durch diese Überlegungen wird nochmals die Bedeutung des Spannungsweges unterstrichen.

f) Verwendet man experimentell ermittelte Deformationsdaten zu Verschiebungsberechnungen und vergleicht diese mit späteren Messungen, stellt man oft beachtliche Abweichungen fest. Die Berechnungsergebnisse liegen im allgemeinen über den Meßergebnissen. Die Ursache dafür ist fast immer in Störungen der Probe während der Entnahme zu suchen. Es liegen daher Empfehlungen zur Korrektur der experimentell ermittelten E_u-Moduln vor (Multiplikation mit einem Faktor in der Größenordnung 4 ... 5). Beachtlich scheint auch der Hinweis, Proben aus ungestört entnommenen größeren Blöcken zu formen, statt sie aus Stutzen zu gewinnen.

Nun soll noch ein Vergleich zwischen den Verformungsmoduln bei drainierten und undrainierten einachsigen Versuchen angestellt werden.

Wird der Verformungsmodul für den drainierten Zustand mit E_V und der für den undrainierten mit E_u bezeichnet, gilt für isotrope Materialien für die Verformung, berechnet mit totalen Spannungen:

$$\varepsilon_v = \frac{1}{E_u}\sigma_v. \tag{7.60}$$

Für die Verformung, berechnet mittels effektiver Spannungen, gilt:

$$\varepsilon_v = \frac{1}{E_V}\,(\sigma_v' - 2\nu\sigma_h'). \tag{7.61}$$

Bei Belastung im undrainierten Zustand ist in isotropem Material - wie später noch erläutert wird -

$$\sigma_v' = \frac{2}{3}\sigma_v \text{ und}$$
$$\sigma_h' = -\frac{1}{3}\sigma_v. \tag{7.62}$$

Setzt man diese Beziehung in obige Gleichung ein, so wird

$$\varepsilon_v = \frac{1}{E_V}\,(\frac{2}{3}\sigma_v + \frac{2}{3}\nu\sigma_v) = \frac{2}{3}\frac{\sigma_v}{E_V}\,(1 + \nu). \tag{7.63}$$

Durch Gleichsetzen entsteht

$$E_V = \frac{2}{3}\cdot(1 + \nu)\cdot E_u. \tag{7.64}$$

Setzt man z. B. $\nu = 0,3$, so ergibt sich $E_V/E_u = 0,87$. Häufig ist das E_V/E_u-Verhältnis noch kleiner als der hier berechnete Wert.

7.6 Die Entstehung von Porenwasserdrücken bei undrainierter Belastung - Porenwasserdruckparameter

Es ist bereits mehrfach von dem Gedanken Gebrauch gemacht worden, daß bei Aufbringen von Normalspannungen auf eine undrainierte Probe sich diese ausschließlich in Porenwasserdrücke umsetzen. Gegenstand des folgenden Abschnittes ist die Prüfung der Korrektheit eines solchen Vorgehens und zu erwartender Verhältnisse in allgemeineren Belastungsfällen.

Unter dem Begriff "Porenwasserdruckparameter" hat man den Verhältniswert zwischen entstehenden Porenwasserüberdrücken (neutralen Spannungen) Δu und der sie bedingenden Laststeigerungen $\Delta\sigma_v$ zu verstehen. Im Oedometerversuch könnte beispielsweise die durch Bild 7.39 beschriebene Abhängigkeit zwischen Porenwasserdruck und Vertikalspannung bei fehlender Entwässerung meßtechnisch aufgenommen worden sein.

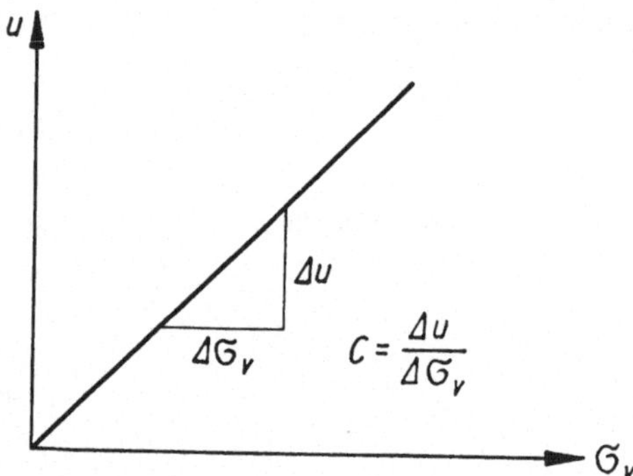

Bild 7.39: Definition des Porenwasserdruckparameters

Daraus resultiert der Porenwasserdruckparameter

$$C = \frac{\Delta u}{\Delta\sigma_v} \ (\approx 1{,}0).$$

(7.65)

Die folgenden theoretischen Betrachtungen beziehen sich auf die Entwicklung des Porenwasserdruckes im Oedometerversuch. Dazu muß man in vorangehenden, getrennten Versuchen lediglich mit dem Korngerüst und der in den Poren enthaltenen Flüssigkeit spezifische Kenngrößen ermitteln. Die Volumenminderung des Korngerüstes ΔV_K bei Voraussetzung der Starrheit des Einzelkorns (d. h. Volumenänderung des Gerüstes ergibt sich allein durch Änderung des Porenraumes) sei durch

$$\frac{\Delta V_K}{V_0} = m_V \, \Delta\sigma_v'$$

(7.66)

(V_0 - Ausgangsvolumen, m_V - Volumenänderungskoeffizient)

bestimmt. Eine analoge Gleichung gilt mit dem Parameter m_w und dem Porenvolumen V_P für das Wasser. Die Spannungsänderung entspricht der Änderung des Porenwasserdruckes Δu. Erhöht man im Oedometer die Vertikalspannungen um einen Wert $\Delta\sigma_v$, muß unter diesen Voraussetzungen die Volumenänderung des Skelettes (ΔV_K) der des Porenraumes (ΔV_P) entsprechen. Das heißt

$$\Delta V_K = \Delta V_P \tag{7.67}$$

und führt zu

$$m_V \cdot V_0 \cdot \Delta\sigma_v' = m_w \cdot V_P \cdot \Delta u. \tag{7.68}$$

Mit der Beziehung $V_P = n \cdot V_0$ wird

$$m_V \cdot V_0 \cdot \Delta\sigma_v' = m_w(nV_0) \cdot \Delta u. \tag{7.69}$$

Beachtet man weiter

$$\Delta\sigma_v' = \Delta\sigma_v - \Delta u, \tag{7.70}$$

so erhält man schließlich für den Porenwasserdruckparameter

$$C = \frac{\Delta u}{\Delta\sigma_v} = \frac{1}{1 + n \cdot \dfrac{m_w}{m_V}}. \tag{7.71}$$

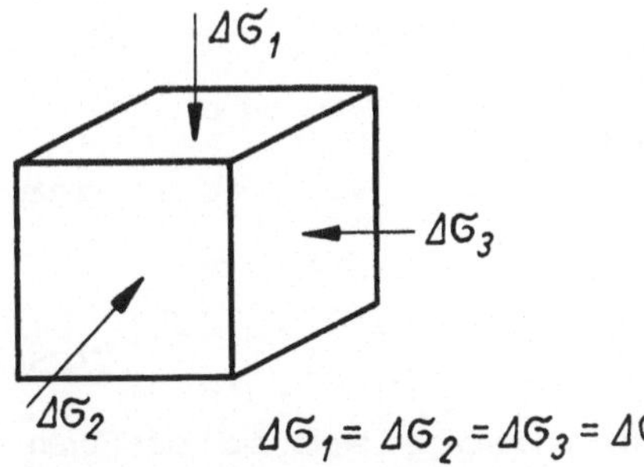

Bild 7.40: Isotrope Laststeigerung

Bedenkt man die Inkompressibilität der Porenflüssigkeit, so gilt wegen $m_w/m_V \ll 1$ genügend genau

$$C = 1. \tag{7.72}$$

Das ist ein Wert, der durch Versuche auch weitestgehend bestätigt worden ist.

Der nächste Fall, der betrachtet werden soll, ist der Fall isotroper Laststeigerung. Auch hier müssen Versuche zur Ermittlung der Volumenänderungskoeffizienten vorangehen. Ist das Korngerüst selbst anisotrop, werden sich die Volumenänderungskoeffizienten für Laststeigerungen in den drei Richtungen in unterschiedlicher Größe ergeben.

Die Volumenänderungskoeffizienten sind jeweils getrennt so zu bestimmen, daß dabei die beiden anderen Spannungen konstant gehalten werden. Es sind also Kurven aufzunehmen, wie sie das Bild 7.41 zeigt.

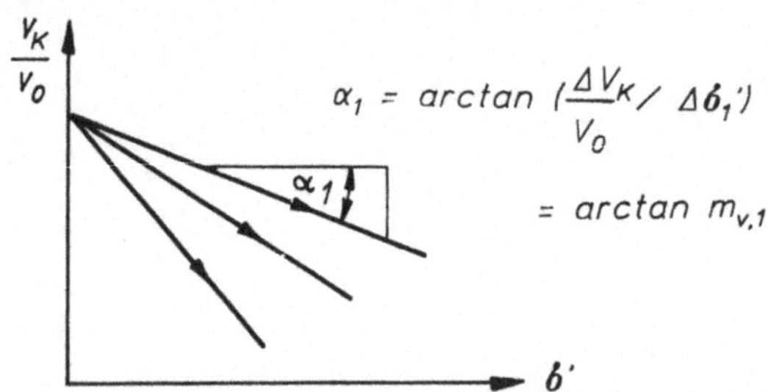

Bild 7.41: Verformungskurven des Korngerüstes bei anisotropem Material

Man erhält damit die Änderung des Volumens des Korngerüstes unter der Bedingung

$$\Delta\sigma - \Delta u = \Delta\sigma_1' = \Delta\sigma_2' = \Delta\sigma_3' = \Delta\sigma' \tag{7.73}$$

zu

$$\Delta V_K = V_0(m_{V,1} \cdot \Delta\sigma_1' + m_{V,2} \cdot \Delta\sigma_2' + m_{V,3} \cdot \Delta\sigma_3'),$$
$$\Delta V_K = V_0(m_{V,1} + m_{V,2} + m_{V,3})(\Delta\sigma - \Delta u) \tag{7.74}$$

und die des Porenvolumens zu

$$\Delta V_P = n \cdot V_0 \cdot m_w \cdot \Delta u. \tag{7.75}$$

Aus der Bedingung der Gleichheit dieser Volumenänderungen ergibt sich der Porenwasserdruckparameter B

$$B = \frac{\Delta u}{\Delta\sigma} = \frac{m_{V,1} + m_{V,2} + m_{V,3}}{n \cdot m_w + m_{V,1} + m_{V,2} + m_{V,3}}. \tag{7.76}$$

Im Falle einer Materialisotropie wird mit

$$m_{V,1} = m_{V,2} = m_{V,3} = m_{V'} \tag{7.77}$$

$$B = \frac{\Delta u}{\Delta\sigma} = \frac{1}{1 + \frac{1}{3}\frac{m_w}{m_V} \cdot n} \tag{7.78}$$

gearbeitet.

Setzt man

$$\overline{m}_V = 3 \cdot m_V, \qquad (7.79)$$

dann geht die letzte Gleichung über in

$$B = \frac{\Delta u}{\Delta \sigma} = \frac{1}{1 + n \cdot \dfrac{m_w}{\overline{m}_v}}. \qquad (7.80)$$

Für wassergesättigte Lockergesteine ist B wiederum in der Größenordnung $B \approx 1$ zu erwarten. Festgesteine können eine Ausnahme bilden. Betrachtet man nun eine Teilsättigung ($S_r < 1,0$), dann ist der Volumenänderungskoeffizient m_w nicht allein Ausdruck der Zusammendrückbarkeit des Wassers, sondern aller die Poren füllenden Substanzen (auch Luft). Es zeigt sich für diesen Fall $m_w > 0$, d. h. also $m_w/\overline{m}_v > 0$, und damit $B < 1$.

In Abhängigkeit vom Sättigungsgrad ist etwa der in Bild 7.42 skizzierte Verlauf zu erwarten und experimentell bestimmbar. Ein ähnlicher Verlauf gilt bereits auch für den Wert C im Oedometerversuch bei Teilsättigung.

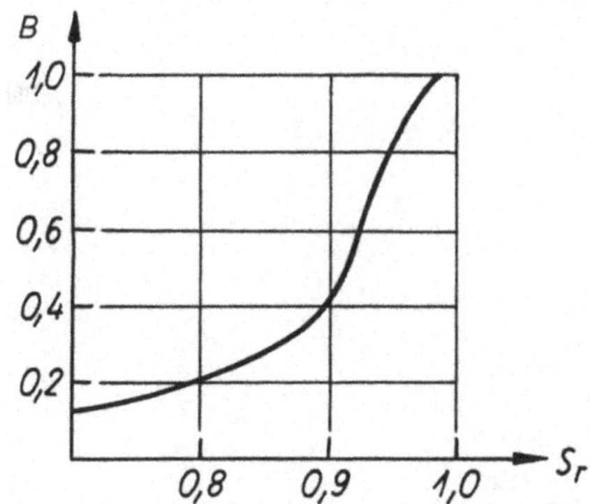

Bild 7.42: Porenwasserdruckparameter als Funktion des Sättigungsgrades [44]

Tritt nur einaxiale Laststeigerung $\Delta\sigma_1$ bei unbehinderter Seitendehnung ($\Delta\sigma_2 = \Delta\sigma_3 = 0$) auf, so muß man bedenken, daß die effektiven Werte der Spannungen σ_2, σ_3, also σ_2' und σ_3', dabei eine Verminderung erfahren. Es gelten nämlich die Beziehungen

$$\Delta\sigma_1' = \Delta\sigma_1 - \Delta u,$$
$$\Delta\sigma_2' = \Delta\sigma_3' = (0) - \Delta u. \qquad (7.81)$$

Damit werden Volumendehnungen wahrscheinlich. Den Werten $m_{v,2}$, $m_{v,3}$ analoge Dehnungswerte $\tilde{m}_{v,2}$, $\tilde{m}_{v,3}$ sind aus Versuchen zu bestimmen, wie Bild 7.43 verdeutlicht. In Richtung der Spannungen σ_2, σ_3 sind zur Ermittlung der Volumenänderungskoeffizienten negative Änderungen der effektiven Spannungen anzulegen (Verminderung der Seitendrücke).

Diesmal nimmt die Bedingungsgleichung $\Delta V_P = \Delta V_K$ die Form

$$n \cdot V_0 \cdot m_w \cdot \Delta u = V_0 \cdot [m_{V,1} \cdot (\Delta\sigma_1 - \Delta u) + (\tilde{m}_{V,2} + \tilde{m}_{V,3}) \cdot (-\Delta u)] \tag{7.82}$$

an. Daraus folgt

$$D = \frac{\Delta u}{\Delta\sigma_1} = \frac{1}{1 + n\,\dfrac{m_w}{m_{V,1}} + \dfrac{\tilde{m}_{V,2} + \tilde{m}_{V,3}}{m_{V,1}}} \cdot \tag{7.83}$$

Bei Isotropie und Elastizität darf

$$m_{V,1} = \tilde{m}_{V,2} = \tilde{m}_{V,3} = m_V \tag{7.84}$$

gesetzt werden, und man findet

$$D = \frac{\Delta u}{\Delta\sigma_1} = \frac{1}{3 + n \cdot \dfrac{m_w}{m_V}} \cdot \tag{7.85}$$

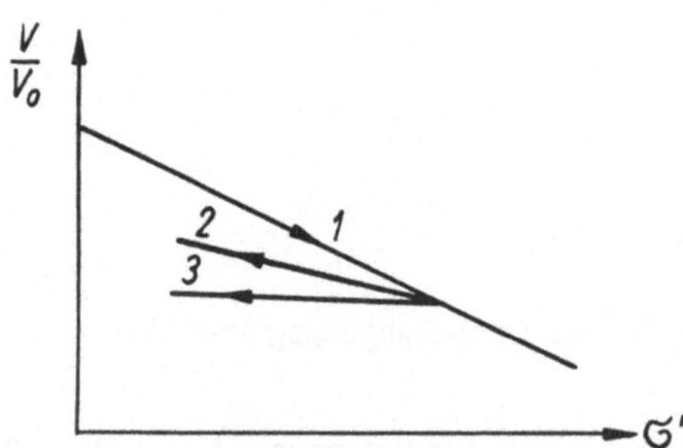

Bild 7.43: Verformung des Korngerüstes bei Be- und Entlastung

Bei voller Wassersättigung nimmt dieser Ausdruck den Wert $D \approx 1/3$ an. Daraus resultieren Werte, die schon einmal benutzt wurden (Gleichung 7.62). Setzt man nämlich $\Delta\sigma_1 = \Delta\sigma_v$, so wird

$$\Delta u = \frac{1}{3}\,\Delta\sigma_v$$

$$\Delta\sigma_v' = \frac{2}{3}\,\Delta\sigma_v, \tag{7.86}$$

$$\Delta\sigma_2' = \Delta\sigma_3' = \Delta\sigma_h' = -\frac{1}{3}\Delta\sigma_v.$$

Interessant und zu erwarten ist der Fakt $\sum_k \Delta\sigma_k' = 0$. Er deutet auf Volumenkonstanz hin.

Den Triaxialversuch kann man sich hinsichtlich seiner Belastungsbedingungen aus Versuchen mit isotroper Laststeigerung und Laststeigerung allein in vertikaler Richtung bestehend denken. Die isotrope Belastung ist

$$\Delta\sigma_h = \Delta\sigma_2 = \Delta\sigma_3 = \Delta\overline{\sigma}_1, \tag{7.87}$$

die axiale Laststeigerung ist

$$\Delta\sigma_1 = (\Delta\sigma_v - \Delta\sigma_h); \; \Delta\sigma_1 = \Delta\overline{\sigma}_1 + \Delta\sigma_1. \tag{7.88}$$

Die isotrope Laststeigerung entspricht einer allseitigen Erhöhung um den Wert $\Delta\sigma_h$, in 1-Richtung (Vertikalrichtung) erfolgt zusätzlich eine Laststeigerung um $\Delta\sigma_v - \Delta\sigma_h$.

Die Porenwasserdruckerhöhung infolge der Lastkombination ist bei isotropen Materialeigenschaften durch

$$\Delta u = \frac{\Delta\sigma_h}{1 + n \cdot \dfrac{m_w}{\overline{m}_v}} + \frac{\Delta\sigma_v - \Delta\sigma_h}{1 + n \cdot \dfrac{m_w}{m_{v,1}} + 2 \cdot \dfrac{\overline{m}_v}{m_{v,1}}} \tag{7.89}$$

oder

$$\Delta u = B \cdot \Delta\sigma_h + D \cdot (\Delta\sigma_v - \Delta\sigma_h) \tag{7.90}$$

gegeben.

Üblich ist die Darstellung

$$\Delta u = B \cdot [\Delta\sigma_h + D/B \cdot (\Delta\sigma_v - \Delta\sigma_h)] \text{ oder}$$
$$\Delta u = B \cdot [\Delta\sigma_h + A \cdot (\Delta\sigma_v - \Delta\sigma_h)]. \tag{7.91}$$

Bei Wassersättigung $S_r = 1,0$ wäre im Idealfall $B = 1$, $A = D = 1/3$ zu erwarten. In der Größe von A sind allerdings Abweichungen denkbar, daher wird A aus der Gleichung

$$A = \frac{\Delta u - \Delta\sigma_h}{\Delta\sigma_v - \Delta\sigma_h} \qquad (7.92)$$

berechnet. Im Standardversuch ($\Delta\sigma_h = 0$) gilt $A = \Delta u / \Delta\sigma_v$.

Die Ermittlung von A erfolgt im undrainierten Versuch durch Messung des Porenwasserdruckes.

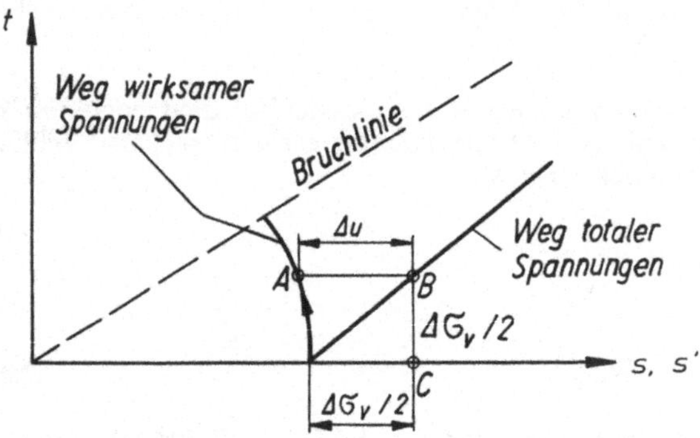

Bild 7.44: Ermittlung des Porenwasserdruckparameters A an der Spannungs-Weg-Kurve

In Bild 7.44 sind die Wege der totalen und wirksamen Spannungen für den Standardversuch aufgetragen. Man entnimmt daraus

$$A = \frac{\overline{AB}}{2 \cdot \overline{BC}}. \qquad (7.93)$$

Offensichtlich hängt die Größe des Porenwasserdruckparameters A in erster Linie vom Weg wirksamer Spannungen ab. In Bild 7.45 sind drei Wege wirksamer Spannungen skizziert, zu denen ausgezeichnete Werte des Porenwasserdruckparameters gehören.

Damit ist gleichzeitig der übliche Wertebereich für den Porenwasserdruckparameter abgesteckt. In sehr locker gelagerten körnigen Medien, bei denen durch Gefügezusammenbruch der Übergang zu dichterer Lagerung denkbar ist, sind durchaus aber auch Werte $A > 1$ feststellbar. Umgekehrt entwickeln sich in überkonsolidierten Lockergesteinen durch Dilatanz negative Porenwasserdrücke, die zu Werten $A < 0$ führen können. Wichtig ist die Feststellung, daß der Parameter A keine Konstante darstellt. Er ist im Gegenteil abhängig vom jeweiligen Spannungszustand. Mit zunehmender Spannungsdifferenz wächst er häufig an (charakterisiert durch gekrümmten Verlauf der Kurve wirksamer Spannungen). Er ist weiterhin durch die Art des Ausgangsspannungszustandes beeinflußt. Seine Größe bestimmen die Spannungsvorgeschichte (normalkonsolidiert, überkonsolidiert) und schließlich auch der Weg der totalen Spannungen.

Es ist also immer angebracht, den Porenwasserdruckparameter experimentell unter Bedingungen zu bestimmen, die den realen Verhältnissen entsprechen, statt ihn aus Tabellen zu entnehmen.

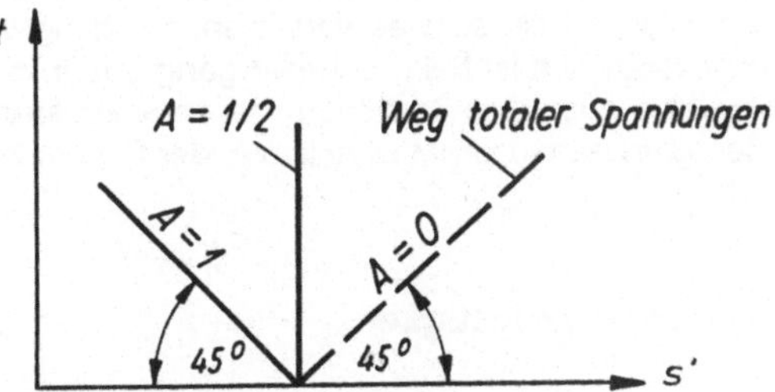

Bild 7.45: Wege wirksamer Spannungen

8 Scherfestigkeit der Lockergesteine

8.1 Definitionen

Die Festigkeit der Lockergesteinsteilchen selbst ist gegenüber Normalspannungsbelastung relativ groß. Wie bemerkt wurde, führen Normalspannungsänderungen (z. B. im Oedometer) zu nur kleinen Volumenänderungen, die meist als Folge von Kornumlagerungen angesehen werden können. Große Verschiebungen kommen dann zustande, wenn infolge "tangential" zur Kornoberfläche wirkender Spannungen die Einzelkörner relativ zueinander längs ihrer Berührungsflächen verschoben werden, wobei solche Verschiebungsflächen durch eine Vielzahl von Kontaktflächen verlaufen. Als Scherfestigkeit bezeichnet man den Widerstand gegen ein solches Verschieben entlang von Gleitflächen im Lockergestein. Selbstverständlich ist beim Schervorgang und infolge hoher Normalspannungen im Lockergestein auch eine Zerstörung der Lockergesteinspartikel möglich. Das berührt aber den grundsätzlichen Mechanismus der Scherfestigkeit beim Eintreten eines Bruches nicht.

8.2 Geräte zur Bestimmung der Scherfestigkeit

Wie schon bei der Betrachtung des Mohrschen Spannungskreises deutlich wurde, werden Schubspannungen bei unterschiedlicher Größe der Hauptspannungen $\sigma_1 - \sigma_3 \neq 0$ erzeugt. Somit sind die bereits im vorangehenden 7. Abschnitt vorgestellten Biaxial- und Triaxialgeräte zur Festigkeitsermittlung an Lockergesteinen geeignet.

Hinzu kommen als besonderer Gerätetyp die Flachschergeräte in Form der Translations-(Rahmen-) oder Torsions-(Kreisring-)schergeräte. Als Beispiel eines Flachschergerätes sei der Scherkasten (Bild 8.1) näher erläutert. Er stellt eine durch eine horizontale Ebene zweigeteilte Büchse zur Aufnahme der Lockergesteinsprobe dar. Durch eine konstante Vertikallast wird die Normalspannung erzeugt. Die Scherspannung entsteht durch Verschieben der beiden Büchsenhälften relativ zueinander in horizontaler Richtung.

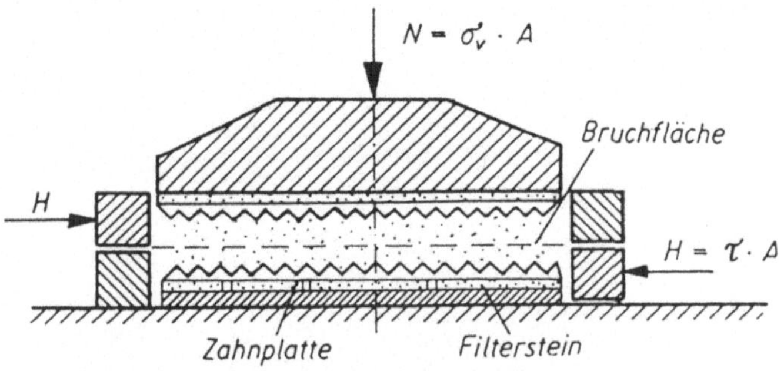

Bild 8.1: Prinzipskizze eines Flachschergerätes

Die Bruchfläche ist durch die horizontale Trennfläche der Büchsenhälften vorgegeben. Die Scherbeanspruchung wird entweder stufenweise gesteigert (spannungskontrollierter Versuch) oder über eine konstante Verschiebungsgeschwindigkeit (deformationskontrollierter Versuch) erzeugt.

Es sind Teilprüfungen mit unterschiedlichen Normalspannungen $\sigma_{v,i}$ (i = 1, 2, ...) zur Bestimmung der zugehörigen Scherspannungswerte $\tau_{f,i}$ durchzuführen und daraus die die Scherfestigkeit kennzeichnenden Parameter zu bestimmen.

Die Mängel dieses Flachschergerätes liegen im folgenden:

- Die Spannungsverteilung in der Probe ist nicht gleichmäßig.
- Die Porenwasserdrücke in der Probe sind nur unter Schwierigkeiten bestimmbar und werden zumeist nicht bestimmt.

Wegen des zuletzt Genannten gibt es daher nur die Möglichkeiten

a) den Versuch so rasch durchzuführen, daß sich während des Versuches die neutralen Spannungen nicht ändern (CU- bzw. UU-Versuch) oder

b) den Versuch so langsam durchzuführen, daß man garantieren kann, daß keine Porenwasserdrücke auftreten (CD-Versuch).

In Abhängigkeit von der Art der Versuchsdurchführung werden unterschiedliche Scherfestigkeitsparameter erhalten.

Vorteile der Versuchsdurchführung im Flachschergerät sind

a) die Einfachheit des Versuchs vor allem bei Sanden gegenüber dem im Triaxialgerät (mit hoher Wahrscheinlichkeit gilt infolge der hohen Durchlässigkeit von Sanden $\sigma_v' = \sigma_v$),

b) die Möglichkeit, große horizontale Verschiebungswege (relative Verschiebung von Kastenober- gegen Kastenunterteil) realisieren zu können (hierfür ist speziell das Kreisringschergerät geeignet),

c) die Möglichkeit, auch große Proben untersuchen zu können, wenn auf Grund der Lockergesteinsstruktur dafür Bedarf besteht.

8.3 Fließ- und Bruchkriterien

Sowohl das Fließen als auch der Bruch können als Versagensformen eines Materials angesprochen werden. Mit dem Begriff "Fließen" werden plastische Deformationen belegt. Die Fließgrenze ist somit der Beginn dieser plastischen Deformationen (Bild 8.2) und schließt den elastischen Bereich nach oben ab. Als Bruch mit dem zugeordneten Spannungswert "Bruchspannung" oder "Bruchgrenze" bezeichnet man hingegen das

Auftreten von mindestens einer im Material verlaufenden Bruchfläche, die das Material in zwei Bereiche trennt. Häufig wird der Begriff "Bruch" noch auf den Beginn plastischer Verformungen mit nachfolgendem, uneingeschränktem plastischem Fließen ausgedehnt. Gegebenenfalls wäre es günstiger, für die beiden erläuterten Erscheinungen einen Überbegriff, z. B. Versagen, zu wählen und den Term "Bruch" allein der Trennflächenbildung zuzuordnen.

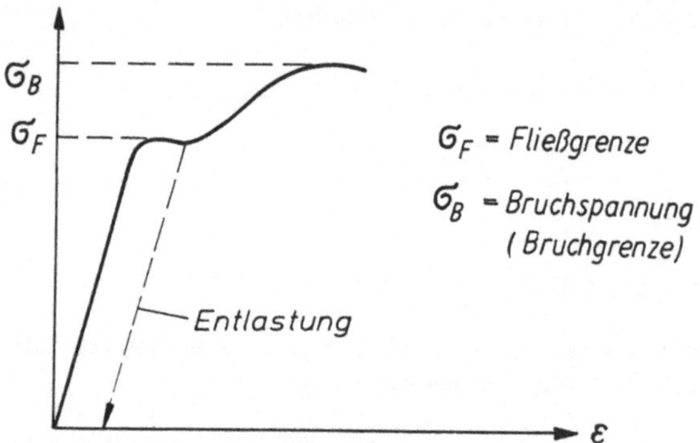

Bild 8.2: Spannungs-Stauchungs-Kurve zur Kennzeichnung der Versagensformen "Fließen" und "Bruch"

Eine Fließgrenze läßt sich offensichtlich nur dann deutlich definieren, wenn die Spannungs-Deformations-Kurve aus Geradenstücken besteht (Bild 8.3, Fall a). Sie ist nicht bestimmbar und verliert ihre Bedeutung als obere Grenze des elastischen Bereiches, wenn der elastische Bereich - wie meist bei Lockergesteinen - nicht ausgeprägt ist (Bild 8.3, Fall b).

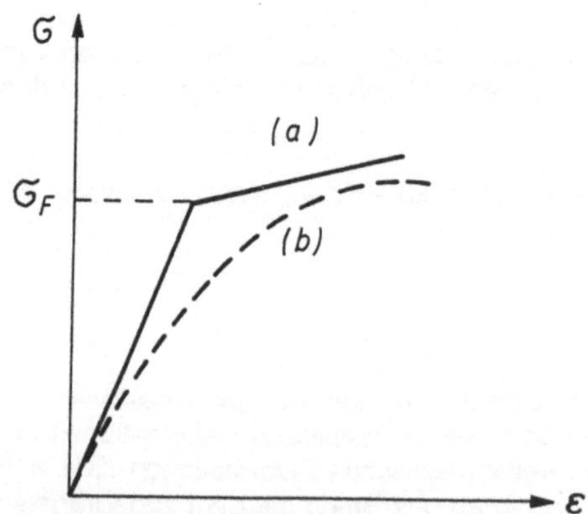

Bild 8.3: Spannungs-Deformations-Kurven

Entspricht die Fließgrenze gleichzeitig dem Spannungswert, an dem ein Versagen eintritt, so fallen Fließgrenze und Bruchgrenze zusammen ($\sigma_F = \sigma_B$).

Den bisher in diesem Abschnitt betrachteten Spannungs-Deformations-Kurven liegen einachsige Beanspruchungen zugrunde. Sowohl Fließen als auch Bruch werden aber ebenso durch eine bestimmte Kombination der Hauptspannungen bewirkt. Setzt man Isotropie des Materials voraus, werden offensichtlich nur die Größen der Hauptspannungen, nicht ihre Richtung eine Rolle spielen.

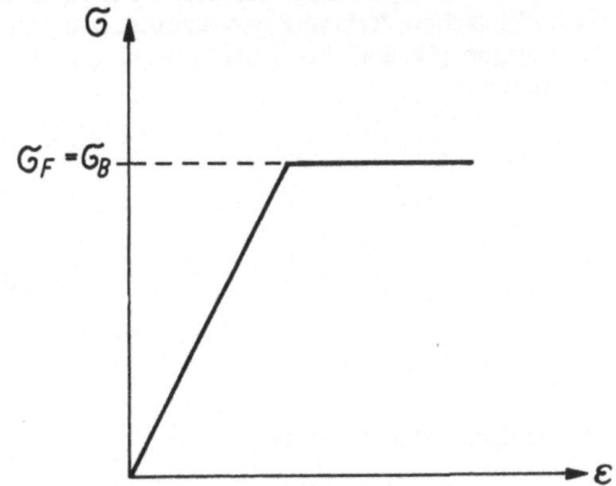

Bild 8.4: Spannungs-Deformations-Kurve eines ideal-elastischen, ideal-plastischen Materials

Die Bruchbedingung muß also eine Funktion der Spannungen

$$f(\sigma_1, \sigma_2, \sigma_3) = 0 \tag{8.1}$$

sein, die - wegen der Gleichwertigkeit der Hauptspannungen - symmetrisch zu sein hat. Ein bekannter Satz der Algebra besagt, daß man jede symmetrische Funktion von n Variablen auch durch n linear unabhängige, symmetrische Funktionen dieser Veränderlichen ausdrücken kann.

Anstelle der Hauptspannungen selbst arbeitet man meist mit den sogenannten Invarianten des Spannungstensors

$$\begin{aligned}
I_1 &= \sigma_1 + \sigma_2 + \sigma_3 \\
I_2 &= -(\sigma_1\sigma_2 + \sigma_2\sigma_3 + \sigma_3\sigma_1) \\
I_3 &= \sigma_1 \cdot \sigma_2 \cdot \sigma_3.
\end{aligned} \tag{8.2}$$

Sie sind offensichtlich symmetrisch in den Hauptspannungen. Eine Fließ- oder Bruchbedingung muß dann im isotropen Fall die Form

$$f(i_1, I_2, I_3) = 0 \tag{8.3}$$

annehmen.

Experimentell hat sich gezeigt, daß ein hydrostatischer Druckspannungszustand sowohl allein als auch in Kombination mit anderen Spannungszuständen bei einer Vielzahl von Materialien keine wesentlichen plastischen Verformungen erzeugt. Man nimmt
daher an, daß die plastischen Verformungen (Fließen) nur vom Spannungsdeviator
abhängen. Dessen Komponenten sind durch

$$\sigma_i^* = \sigma_i - \frac{1}{3}(\sigma_1 + \sigma_2 + \sigma_3); \quad i = 1, 2, 3$$

$$ = \sigma_i - \frac{I_1}{3}$$

$$\sigma_{ij}^* = 0, \quad i \neq j \tag{8.4}$$

gegeben.

Man erkennt, daß die erste Invariante des Spannungsdeviators

$$I_1^* = \sigma_1^* + \sigma_2^* + \sigma_3^* = \sum_{i=1}^{3} \sigma_i - 3\left[\frac{1}{3}(\sigma_1 + \sigma_2 + \sigma_3)\right] \tag{8.5}$$

identisch Null ist.

Das Fließ- oder Bruchkriterium nimmt dann die Form

$$f(I_2^*, I_3^*) = 0 \tag{8.6}$$

mit

$$I_2^* = \frac{1}{2}(\sigma_1^{*2} + \sigma_2^{*2} + \sigma_3^{*2})$$

$$I_2^* = I_2 + \frac{1}{3}I_1^2$$

$$I_3^* = \frac{1}{3}(\sigma_1^{*3} + \sigma_2^{*3} + \sigma_3^{*3})$$

$$I_3^* = I_3 + \frac{1}{3}I_1 I_2 + \frac{2}{27}I_1^3 \tag{8.7}$$

an. Die Invarianten der Deviatorspannungen werden nach den gleichen Regeln wie die
des Spannungstensors gebildet.

Zweckmäßig ist auch eine geometrische Darstellung der zum Bruch oder Fließen führenden Spannungszustände (Bild 8.5). Man stellt dazu einen solchen Spannungszustand durch einen Punkt $S(\sigma_1, \sigma_2, \sigma_3)$ in einem kartesischen Koordinatensystem dar, dessen Achsen die Hauptspannungen sind. Die Projektion des Spannungspunktes auf die Ebene π, für die die Gleichung $\sigma_1 + \sigma_2 + \sigma_3 = 0$ gilt und die senkrecht zu der im ersten Quadranten verlaufenden Raumdiagonalen steht, führt zum Punkt P. Die Strecke $\overline{PS}$ ist dem hydrostatischen Spannungszustand $\sigma = 1/3(\sigma_1 + \sigma_2 + \sigma_3)$ proportional und hat die Länge $\sqrt{3} \cdot \sigma$. Sie steht senkrecht auf π (ist also der Raumdiagonalen parallel) und hat wie diese die Richtung

$$\vec{i} = \frac{\sqrt{3}}{3} (1, 1, 1). \tag{8.8}$$

Sie schließt also mit den Achsen 1, 2, 3 jeweils einen Winkel von 54°44' ein.

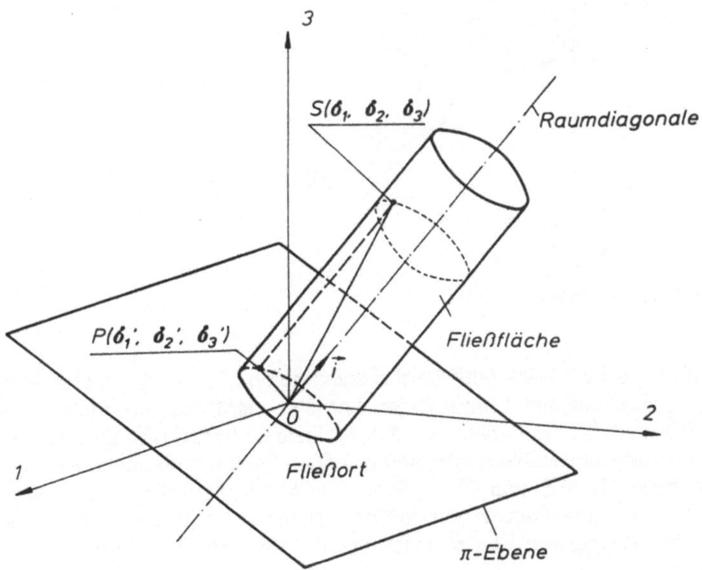

Bild 8.5: Darstellung von Fließ- oder Bruchzuständen

Das Fließ- oder Bruchkriterium muß sich nun bei einer solchen Darstellung als eine räumliche Fläche beschreiben lassen. Ist das Kriterium unabhängig vom hydrostatischen Spannungszustand, wird diese Fläche offensichtlich ein Zylinder sein, dessen Erzeugende senkrecht auf π steht und diese Fläche π in einer Kurve C (Fließort) schneidet. Die Kurve C kann bezüglich des Ursprunges konvex oder konkav sein. Keinesfalls darf sie von einem Radius zweimal geschnitten werden.

Auf Grund o. g. Fakten ist es ausreichend, mögliche Formen der Kurve C zu diskutieren und Spannungszustände zu betrachten, deren hydrostatische Anteile Null sind.

Bild 8.6 zeigt die in die Papierebene gelegte π-Ebene, Fließort und Projektion der Achsen.

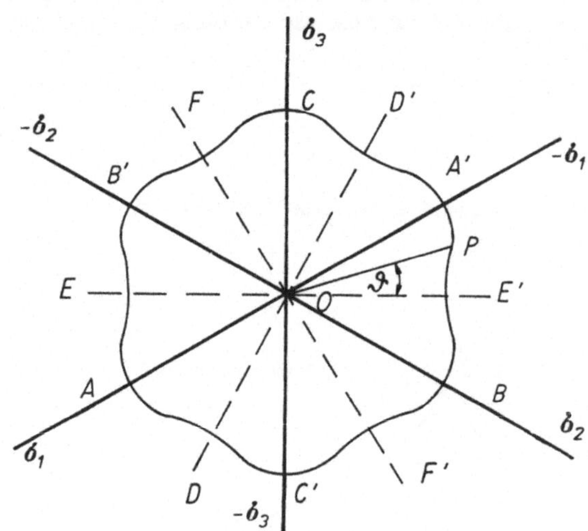

Bild 8.6: Fließort in der π-Ebene

Wegen der Isotropie wird ein Fließ- oder Bruchzustand durch (σ_1, σ_2, σ_3), ebenso aber z. B. durch (σ_1, σ_3, σ_2) bestimmt. Daraus folgen eine Symmetrie des Fließortes zu $\overline{AA}$' und analog zu $\overline{BB}$' und $\overline{CC}$'. Bedenkt man, daß für ideale isotrope Medien Zug- und Druckspannungen keine unterschiedlichen Auswirkungen haben, muß auch eine Symmetrie zu den Achsen $\overline{DD}$', $\overline{EE}$' und $\overline{FF}$' vorliegen. Damit ist der Fließort in jedem der 12 Sektoren mit 30° Öffnungswinkel grundsätzlich in seiner Form gleich. Es würde demnach die Untersuchung von Spannungszuständen genügen, die in einem dieser Sektoren liegen.

Lode hat einen Parameter

$$\mu = \frac{2\sigma_3 - \sigma_1 - \sigma_2}{\sigma_1 - \sigma_2}$$

(8.9)

eingeführt, der mit dem durch den Vektor OP und die Horizontale gebildeten Winkel durch

$$\mu = -\sqrt{3}\ \tan\vartheta \tag{8.10}$$

verbunden ist. Zu untersuchen ist $0° \leq \vartheta \leq 30°$. Daraus folgt der Untersuchungsbereich in μ: $0 \geq \mu \geq -1$. Zu $\mu = 0$ gehört dabei ein Spannungszustand $\sigma_1 = -\sigma_2$; $\sigma_3 = 0$ (Bild 8.7 a). Das ist ein reiner Scherspannungszustand.

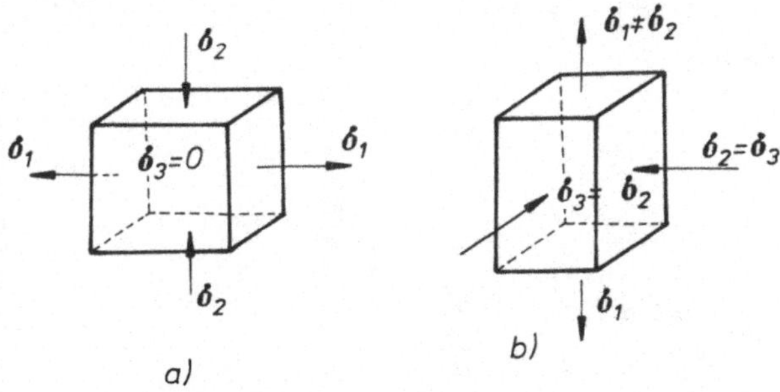

Bild 8.7: Grenzspannungszustände
   a) Scherspannungszustand entsprechend $\mu = 0$
   b) zylindersymmetrischer triaxialer Spannungszustand entsprechend $\mu = -1$

$\mu = -1$ entspricht ein triaxialer Spannungszustand σ_1, $\sigma_2 = \sigma_3$, wie er im klassischen Triaxialgerät verwirklicht werden kann (Bild 8.7 b).

Eine zu diesen Ableitungen passende Theorie ist die von Tresca [49]. Tresca nimmt an, daß ein Fließen eintritt, wenn die maximale Schubspannung einen Grenzwert erreicht.

Die drei Hauptschubspannungen sind gegeben durch

$$\tau_1 = \frac{1}{2} \cdot (\sigma_1 - \sigma_2),$$

$$\tau_2 = \frac{1}{2} \cdot (\sigma_2 - \sigma_3),$$

$$\tau_3 = \frac{1}{2} \cdot (\sigma_3 - \sigma_1). \tag{8.11}$$

Erreicht eine von ihnen (natürlich die größte) einen Grenzwert, so soll Fließen (Bruch) eintreten. Damit lautet die Fließbedingung

$$[(\sigma_1 - \sigma_2)^2 - 4k^2] \cdot [(\sigma_2 - \sigma_3)^2 - 4k^2] \cdot [(\sigma_3 - \sigma_1)^2 - 4k^2] = 0. \tag{8.12}$$

Sie ist auch in den Invarianten ausdrückbar, gewinnt dabei aber eine umständliche und damit uninteressante Form. Die Größe von k (Bruchparameter) kann man sich im einachsigen Druckversuch bestimmt denken. Dabei ist

$$\sigma_1 = \sigma_B \text{ (Bruchspannungswert)}; \ \sigma_2 = \sigma_3 = 0. \tag{8.13}$$

Daraus folgt z. B.

$$(\sigma_1 - \sigma_3)^2 = 4k^2; \ (\sigma_1 - \sigma_3)^2 = \sigma_B^2. \tag{8.14}$$

Aus diesen Gleichungen ergibt sich

$$k = \frac{\sigma_B}{2}. \tag{8.15}$$

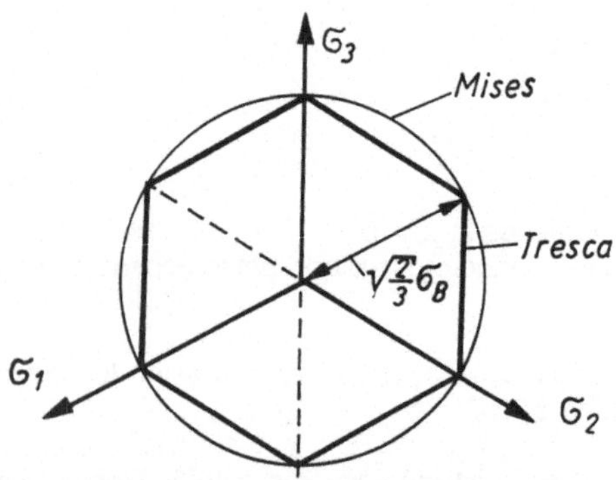

Bild 8.8: Fließorte nach Tresca und Mises

In der π-Ebene stellt sich die Bedingung von Tresca als Sechseck dar (Bild 8.8). Will man den Fließort berechnen, ist zu bedenken, daß der Abstand eines Spannungspunktes von der Raumdiagonalen durch

$$r = \sqrt{2} \cdot I_2^* \tag{8.16}$$

gegeben ist.

Gemäß der Bedingungen in den Gleichungen 8.13 und 8.4 ist

$$\sigma_1^* = \sigma_B - \frac{1}{3}\,\sigma_B = \frac{2}{3}\,\sigma_B,$$

$$\sigma_2^* = \sigma_3^* = -\frac{1}{3}\,\sigma_B. \tag{8.17}$$

Für die 2. Invariante des Spannungsdeviators I_2^* gilt dann mit Gleichung 8.7

$$I_2^* = \frac{1}{2} \left(\frac{4}{9}\, \sigma_B{}^2 + 2 \cdot \frac{1}{9}\, \sigma_B{}^2 \right),$$

$$I_2^* = \frac{1}{3}\, \sigma_B{}^2,$$

$$r = \sqrt{\frac{2}{3}}\, \sigma_B. \tag{8.18}$$

Die Größe steht mit der Oktaederschubspannung t_s durch

$$t_s = \frac{1}{\sqrt{3}}\, r = \frac{\sqrt{2}}{3}\, \sigma_B \tag{8.19}$$

in Verbindung. Zur Erklärung des Begriffes Oktaederschubspannung mag Bild 8.9 dienen. Sie ist der Betrag der Schubspannung auf einer Fläche, deren Orientierung im Raum durch den Flächennormalenvektor

$$\vec{i} = \frac{\sqrt{3}}{3}\,(1,\ 1,\ 1) \tag{8.20}$$

parallel zur Raumdiagonalen gegeben ist.

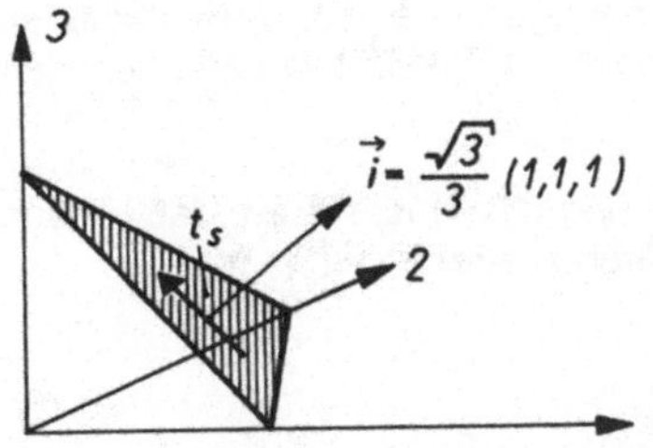

Bild 8.9: Oktaederfläche und Oktaederschubspannung

Ein anderes Bruchkriterium neben dem von Tresca ist das von Mises [29], [30], [31]. Es hat die Form

$$I_2^* \cdot k^2 = 0 \tag{8.21}$$

oder

$$(\sigma_1 - \sigma_2)^2 + (\sigma_2 - \sigma_3)^2 + (\sigma_3 - \sigma_1)^2 = 6 \cdot k^2. \tag{8.22}$$

Aus dem einachsigen Druckversuch mit

$$\sigma_1 = \sigma_B, \ \sigma_2 = \sigma_3 = 0 \tag{8.23}$$

folgt diesmal der Bruchparameter k

$$k = \frac{1}{\sqrt{3}} \cdot \sigma_B = \frac{\sqrt{3}}{3} \cdot \sigma_B. \tag{8.24}$$

Dieses Kriterium hat noch Beziehung zur Gestaltsänderungsarbeit. Es wird daher auch als Kriterium von der maximalen Gestaltsänderungsarbeit oder - wegen der Konstanz der Oktaederschubspannung - als Kriterium von der größten Oktaederschubspannung bezeichnet. In der π-Ebene bildet sich die Kurve C als Kreis ab (Bild 8.8).

Es existieren noch einige Bruchkriterien, die nicht verträglich sind mit dem Gedanken, daß der hydrostatische Spannungszustand, charakterisiert durch $\sigma = 1/3(\sigma_1 + \sigma_2 + \sigma_3)$ und allseitig wirkend, ohne Einfluß auf die Festigkeit bzw. den Beginn eines Fließens sei.

Dazu gehört die Theorie von der größten Hauptspannung, die aussagt, daß Fließen oder Bruch eintritt, sobald eine der Hauptspannungen einen Grenzwert erreicht, der von den beiden anderen Spannungen unabhängig ist.

Die Theorie steht vielfach im Widerspruch zum Experiment, denn gemäß dieser Theorie sind auch ein Fließen oder ein Bruch bei hydrostatischem Spannungszustand möglich. Sie entspricht aber zum Teil den realen Bedingungen in anisotropem Material, speziell in geschichtetem Material mit unterschiedlichen Festigkeiten in verschiedenen Richtungen.

Die St. Venantsche Theorie von der maximalen Dehnung (1837) nimmt an, daß Fließen eintritt, wenn ein Dehnungswert eine vorgegebene Grenze erreicht, d. h., wenn

$$\frac{1}{E} \{\sigma_1 - \nu(\sigma_2 + \sigma_3)\} = \varepsilon_0 \tag{8.25}$$

ist.

Auch diese Theorie wird durch Experimente kaum bestätigt.

In der Bodenmechanik und auch in der Felsmechanik verwendet man die Theorie von Mohr [33]. Diese Theorie setzt voraus, daß im Versagenszustand eine Beziehung zwischen Normalspannung σ und Schubspannung τ_f auf der Versagensfläche (Gleitfläche) existiert. Für diese Beziehung gelingt eine Darstellung im (τ, σ)-Diagramm (Bild 8.10). Das Vorzeichen von τ beeinflußt die Bruch-(Verschiebungs-)richtung, nicht aber den Fakt des Bruches überhaupt. Aus diesem Grunde ist die Kurve symmetrisch zur

σ-Achse. Meist wird nur der obere Teil dargestellt. Die Kurve, auch als Mohrsche Hüllkurve bezeichnet, ist der Ort aller Punkte, für die die Spannungen σ, τ_f auf einer Fläche einem Grenzzustand entsprechen, unabhängig vom tatsächlichen Spannungszustand. Die Mohrsche Hüllkurve repräsentiert damit eine Materialeigenschaft. Die Mohrsche Hypothese bringt zum Ausdruck, daß die Neigung der Resultierenden aus σ, τ_f bis zu einem Grenzwert $\varphi(\sigma)$ möglich ist.

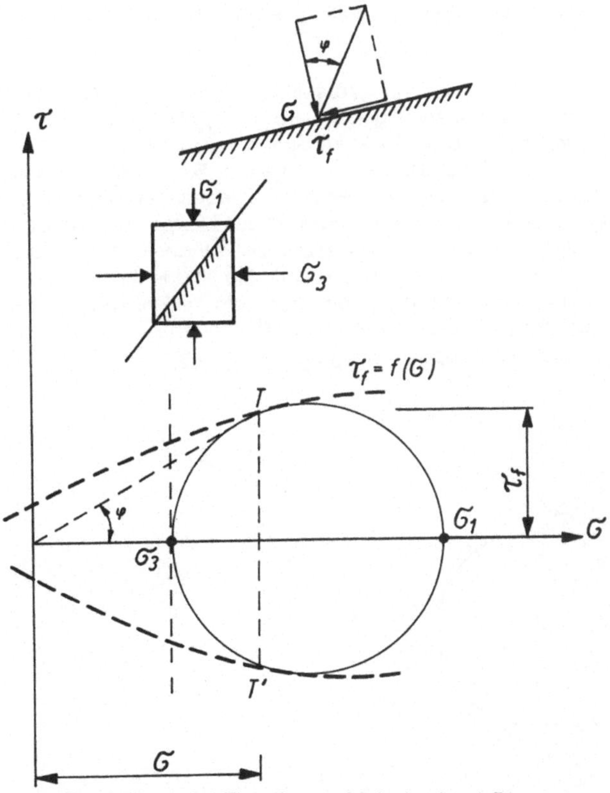

Bild 8.10: Darstellung der Theorie von Mohr im (σ, τ)-Diagramm

Zur Ermittlung der Mohrschen Hüllkurve unterwirft man eine Reihe von Proben unterschiedlichen Spannungszuständen bis zum Versagen, trägt die zugehörigen Spannungskreise auf und zeichnet ihre gemeinsame Einhüllende. Die Versagensspannungen auf den Versagensflächen entsprechen den Tangentenpunkten der Kurve an dem Kreis.

Die Coulombsche Gleichung (1773)

$$\pm\tau_f = \sigma \tan\varphi + c \tag{8.26}$$

beschreibt die Mohrsche Hüllkurve als eine Gerade, stellt also einen Sonderfall dar. Die Werte φ und c werden als Winkel der inneren Reibung und als Kohäsion bezeichnet. Sie haben ihre Bedeutung allein aus dem Mohr-Coulombschen Gesetz und müssen in ihrer wertmäßigen Größe nicht mit den gleichen Begriffen physikalischen Inhaltes identisch sein. Bei Anwendung dieser Beziehung spricht man von der Mohr-Coulombschen Theorie.

Die Mohrsche Darstellung für ebene Spannungszustände ist bekannt, die für räumliche Spannungszustände mit den Hauptspannungen $\sigma_1 > \sigma_2 > \sigma_3$ zeigt das Bild 8.11. Auf beliebig orientierten Flächen durch einen Punkt im Spannungsfeld sind nur Spannungen σ, τ möglich, die innerhalb der Bruchgeraden liegen (z. B. Pkt. A). Die Neigung der Resultierenden ist durch die Neigung des Vektors OA gegenüber der σ-Achse bestimmt. Die größte mögliche Neigung der Resultierenden aus Normal- und Schubspannung auf der Versagensfläche entspricht der Neigung der Tangente an den größten Kreis. Die zugehörigen Spannungspunkte sind C und D. Sie sind in ihrer Größe offensichtlich nur durch σ_1 und σ_3 bestimmt, nicht aber durch die mittlere Hauptspannung σ_2. Die Ebene, in der die durch C und D bestimmten Spannungen σ, τ wirken, liegt parallel zur Richtung der mittleren Hauptspannung σ_2.

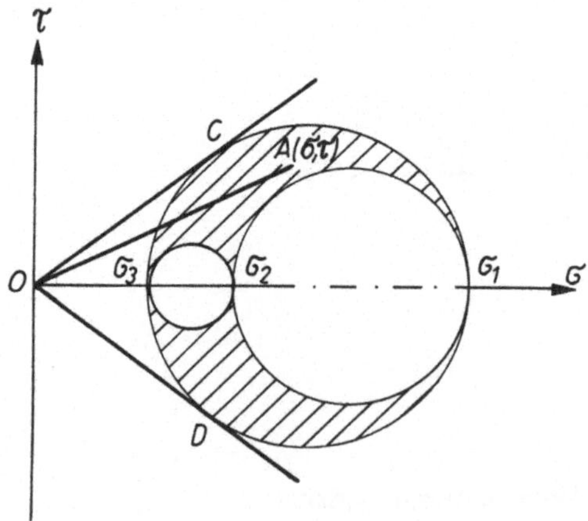

Bild 8.11: Mohrsche Darstellung räumlicher Spannungszustände

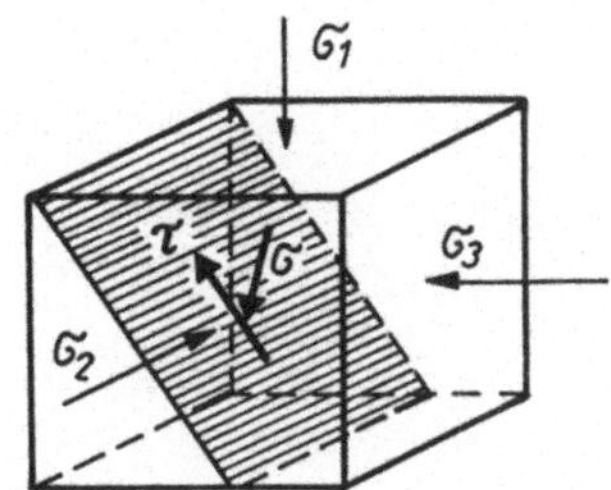

Bild 8.12: Lage der Bruchfläche

Die Hypothese von Mohr beinhaltet demnach die Unabhängigkeit des Bruchzustandes von der Größe der mittleren Hauptspannung. Setzt man sie als gültig an, interessiert lediglich die größte und die kleinste Hauptspannung. Die üblichen Konstruktionen nach Mohr (Mohrscher Kreis) sind allein mit den Größen σ_1, σ_3 möglich.

Das Grenzverhältnis τ/σ wird in dem Punkt als erreicht angesehen, in dem die Hüllkurve den Mohrschen Kreis tangiert. Nimmt man die Spannung σ_1 als vertikal, die Spannung σ_3 als horizontal gerichtet an, fällt der Pol P mit dem Spannungspunkt σ_3 zusammen. Die Richtungen der theoretischen Bruchflächen sind durch die Richtungen der Vektoren PT und PT' bestimmt (Bild 8.13).

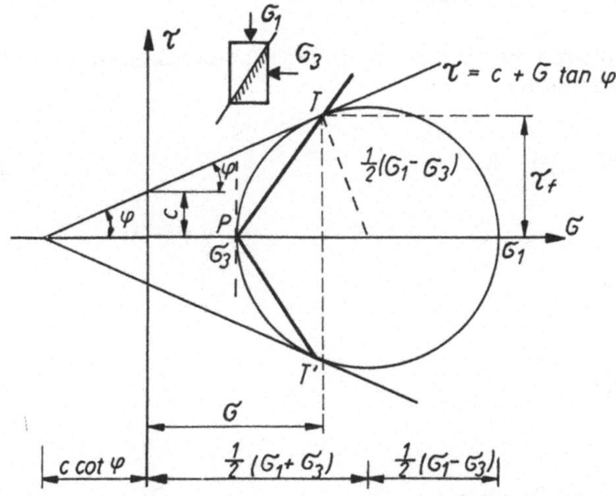

Bild 8.13: Mohr-Coulombsche Hypothese im τ-σ-Diagramm

Benutzt man wieder die Gleichung von Coulomb

$$\tau = c + \sigma \tan\varphi, \tag{8.27}$$

so läßt sich aus Bild 8.13

$$\sin\varphi = \frac{\frac{1}{2}(\sigma_1 - \sigma_3)}{\frac{1}{2}(\sigma_1 + \sigma_3) + c \cdot \cot\varphi} \tag{8.28}$$

bzw.

$$\frac{1}{2}(\sigma_1 - \sigma_3) = \frac{1}{2}(\sigma_1 + \sigma_3) \sin\varphi + c \cdot \cos\varphi \tag{8.29}$$

oder

$$t = s \cdot \sin\varphi + c \cdot \cos\varphi \tag{8.30}$$

ablesen.

In einem (s, t)-Koordinatensystem hat die Gleichung für den Grenzzustand die Form

$$t = s \cdot \tan\alpha + b; \tan\alpha = \sin\varphi; b = c \cdot \cos\varphi. \tag{8.31}$$

Für den Sonderfall c = 0 erhält man aus der Gleichung 8.28 eine Beziehung für das kritische Hauptspannungsverhältnis

$$\frac{\sigma_1}{\sigma_3} = \frac{1 + \sin\varphi}{1 - \sin\varphi} = \tan^2\left(45 + \frac{\varphi}{2}\right) = K_p. \tag{8.32}$$

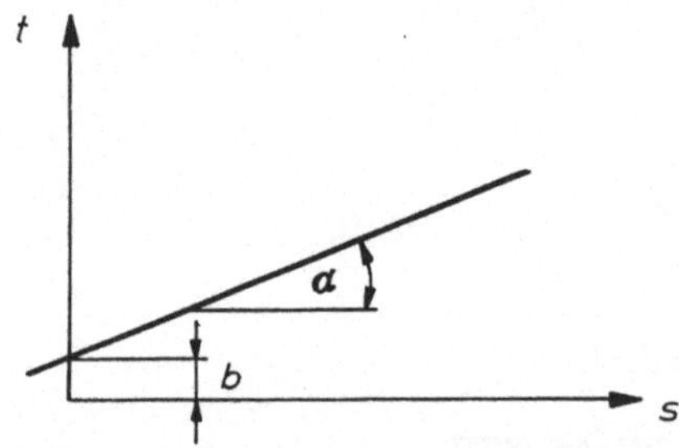

Bild 8.14: Mohr-Coulombsche Theorie im (s, t)-Diagramm

Auch die Mohr-Coulombsche Bruchbedingung läßt sich im Hauptspannungsraum darstellen. Geht man von der Voraussetzung ab, daß stets $\sigma_1 > \sigma_2 > \sigma_3$ sein muß und läßt man beliebige Beziehungen zwischen diesen drei Größen zu, so lautet die allgemeine Bruchbedingung

$$[(\sigma_1 - \sigma_2)^2 - (2c \cdot \cos\varphi + (\sigma_1 + \sigma_2)\sin\varphi)^2] \cdot$$
$$\cdot \; [(\sigma_2 - \sigma_3)^2 - (2c \cdot \cos\varphi + (\sigma_2 + \sigma_3)\sin\varphi)^2] \cdot$$
$$\cdot \; [(\sigma_3 - \sigma_1)^2 - (2c \cdot \cos\varphi + (\sigma_3 + \sigma_1)\sin\varphi)^2] = 0. \tag{8.33}$$

Im Hauptspannungsraum entsteht eine Fläche von der Art der im Bild 8.15 gezeigten. Offensichtlich hat also auch der hydrostatische Spannungszustand Bedeutung und zwar im Sinne einer Vergrößerung der Festigkeit (Material mit Verfestigung).

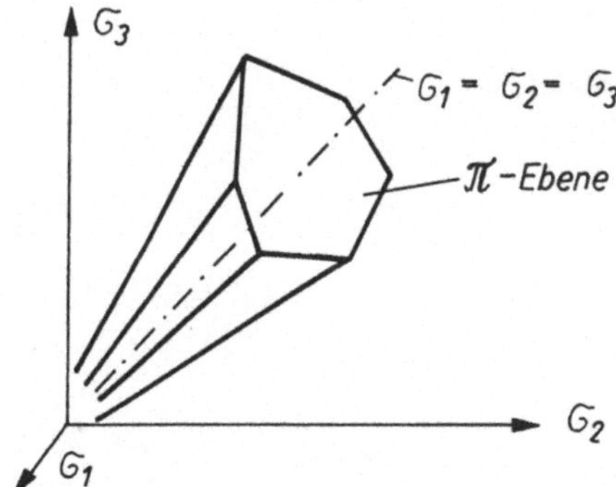

Bild 8.15: Mohr-Coulombsches Gesetz im Spannungsraum

Der Schnitt dieser Fläche mit einer Ebene $\sigma_1 + \sigma_2 + \sigma_3 = $ const hat folgende Form (Bild 8.16):

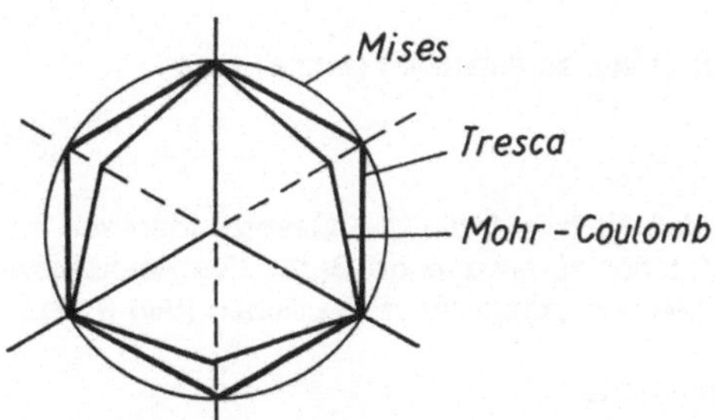

Bild 8.16: Fließorte nach Mises, Tresca und Mohr-Coulomb

In dieses Bild sind zum Vergleich auch die erweiterten Gesetze von Tresca und Mises eingetragen worden. Eine Erweiterung kann man sich dabei in der Weise vorstellen, daß die jeweils in ihnen auftretenden Faktoren k als Funktionen des hydrostatischen Spannungszustandes angesehen werden bzw. Proportionalitätsfaktoren zum hydrostatischen Spannungszustand sind. Die Fließ-(Bruch-)flächen haben dann nicht mehr die Form eines Zylinders mit einem Sechseck bzw. einem Kreis als Basis, sondern gehen in Kegel eines solchen Querschnittes über.

Der Bedeutung vor allem der in der Coulombschen Theorie enthaltenen "Vernachlässigung" der mittleren Hauptspannung ist man verschiedentlich nachgegangen [5]. Es wird der Fall für c = 0 betrachtet. Mit einer dimensionslosen Größe

$$b = \frac{\sigma_2 - \sigma_3}{\sigma_1 + \sigma_3} \quad (1 \geq b > 0) \tag{8.34}$$

wird aus dem Gesetz von Tresca in erweiterter Form

$$\frac{\sigma_1 - \sigma_3}{\sigma_1 + \sigma_3} = \frac{1}{\dfrac{1}{3} + \dfrac{1}{k} - \dfrac{2}{3}b} \tag{8.35}$$

und aus dem Gesetz von Mises

$$\frac{\sigma_1 - \sigma_3}{\sigma_1 + \sigma_3} = \frac{1}{\dfrac{1}{3} + \dfrac{2}{3k^2}\sqrt{1 - b + b^2} - \dfrac{2}{3}b}. \tag{8.36}$$

Das Mohr-Coulombsche Gesetz behält die einfache Form

$$\frac{\sigma_1 - \sigma_3}{\sigma_1 + \sigma_3} = \sin\varphi. \tag{8.37}$$

Setzt man in die erste Gleichung die letzte ein, so entstehen Darstellungen

$$\sin\varphi = \sin\varphi(b). \tag{8.38}$$

Werden nun die Werte k so gewählt, daß für b = 0 die drei Gesetze identisch sind, läßt sich die theoretisch nach diesen Kriterien zu erwartende Größe des Reibungswinkels φ in Abhängigkeit von b voraussagen und graphisch verdeutlichen (Bild 8.17).

Dargestellt sind Auftragungen für Anfangswerte

- $\varphi(b = 0) = 34°$ (locker gelagerter Sand),
- $\varphi(b = 0) = 40°$ (dicht gelagerter Sand).

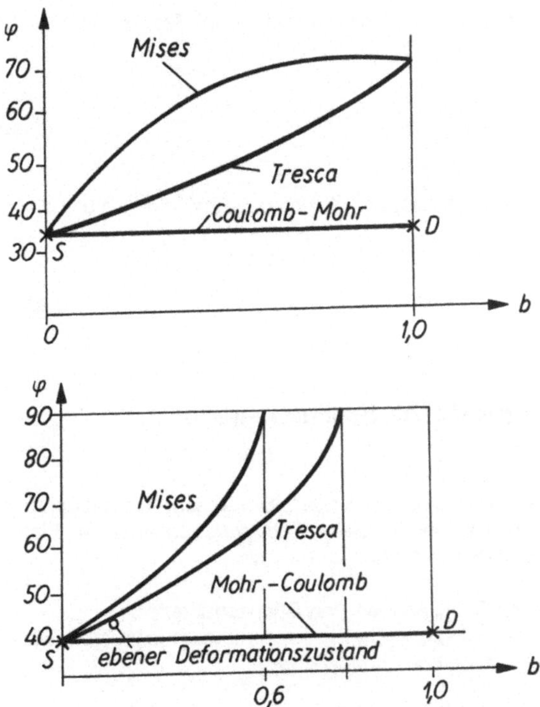

Bild 8.17: Einfluß der mittleren Hauptspannung auf den Bruchwert

Die Gesetze von Mises und Tresca verlangen ein Ansteigen des Reibungswinkels φ mit einer Zunahme von b bis auf sehr hohe Werte.

Es sei hier schon gesagt, daß Reibungswinkel $\varphi > 40°$ sehr selten und höhere Werte als $\varphi \approx (42 \dots 45)°$ an Lockergesteinen, keinesfalls bestimmbar sind. Davon ausgehend erscheinen die Gesetze von Mises und Tresca ganz besonders bei dicht gelagerten Böden nicht zu gelten. Korrekte Aussagen, welche Gesetze nun gelten, lassen sich aber eben erst nach experimenteller Überprüfung machen.

Mit einem Triaxialgerät gelingt ein Versuch für b = 0 als pS-Versuch $\sigma_1 > \sigma_2 = \sigma_3$ (Pkt. S) und für b = 1 als aD-Versuch $\sigma_3 = \sigma_2 > \sigma_1$ (Pkt. D).

In beiden Fällen hatten die Versuche identische Ergebnisse. Ein Versuch, unter Bedingungen des ebenen Deformationszustandes ausgeführt, zeigte nur geringfügig höhere Werte.

Die Versuche bestätigen also generell das Mohr-Coulombsche Gesetz. Bishop [5] schlägt eine Erweiterung in der Form

$$\frac{\sigma_1 - \sigma_2}{\sigma_1 + \sigma_2} = \frac{K_1}{1 - K_2 \sqrt{b\,(1 - b)}} \qquad (8.39)$$

vor. Die Konstanten wären aus einem aD-Versuch (pS-Versuch) und einem Versuch im Biaxialgerät zu ermitteln

$$b = \begin{cases} 0 \\ 1 \end{cases} \quad \text{verlangt } K_1 = \sin\varphi. \qquad (8.40)$$

8.4 Weitere Begriffe und praktische Bestimmung der Scherfestigkeit

Wie bereits erwähnt, ergibt sich die Definition der Scherfestigkeit aus der Betrachtung der Scherspannungs-Deformations-Beziehung. Beim Scherversuch auch im Flachschergerät ist es daher üblich, Deformationsgrößen zu messen:

- Relativverschiebungen Δl zwischen Büchsenober- und Büchsenunterteil,
- Setzungen der Probe während des Versuchs. Daraus kann die zum jeweiligen Scherspannungswert zugehörige Porenzahl e berechnet werden.

Trägt man diese Größen auf, ergibt sich Bild 8.18 (Beispiel Sand!). Die Kurve für dichten Sand im $(\tau, \Delta l)$-Diagramm entspricht der eines vorbelasteten feinkörnigen Lockergesteins, die des locker gelagerten Sandes der eines erstbelasteten feinkörnigen Lockergesteins.

Dem $(\tau, \Delta l)$-Diagramm sind zwei ausgezeichnete Scherfestigkeitswerte zu entnehmen:

- τ_f - die Bruchscherfestigkeit als Maximalwert der Scherfestigkeit bei hinreichend großem Verschiebungsweg,
- τ_R - die Gleitfestigkeit (Restfestigkeit) als Minimalwert der Scherfestigkeit bei sehr großem Verschiebungsweg. Bei locker gelagertem Sand (normalkonsolidiertem, feinkörnigem Lockergestein) gilt zumeist $\tau_R \sim \tau_f$

Für die Restfestigkeit gilt ebenso die Mohr-Coulombsche Bedingung, aber in der Form

$$\tau_R = c_R + \sigma \cdot \tan\varphi_R \qquad (8.41)$$

(φ_R - Gleitreibungswinkel, c_R - Gleitkohäsion).

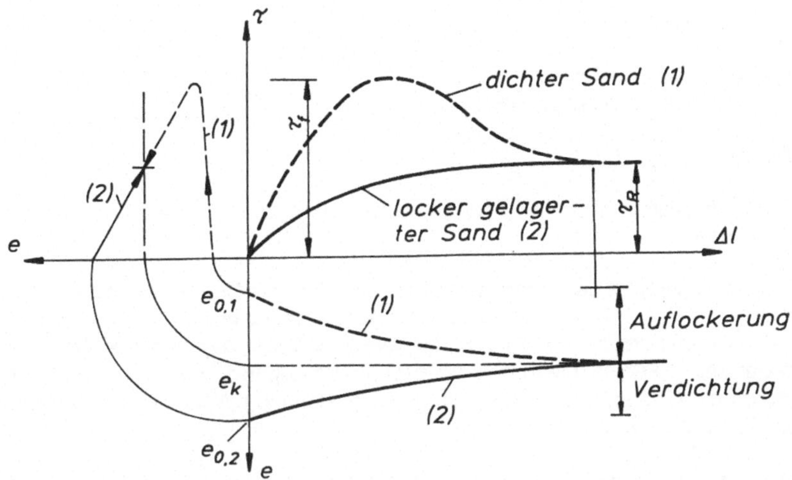

e_k - kritische Porenzahl, e_0 - Ausgangsporenzahl

Bild 8.18: Spannungs-Deformations-Diagramm zum Scherversuch

Dem Bild 8.18 ist noch die mögliche Auflockerung (Dilatanz) oder Verdichtung (Kontraktanz) in Abhängigkeit von der Ausgangslagerungsdichte, charakterisiert durch die Porenzahl e_0, zu entnehmen. Es wird deutlich, daß bei einer bestimmten Ausgangslagerungsdichte, der kritischen Dichte, charakterisiert durch e_k, weder eine Auflockerung noch eine Verdichtung zu erwarten ist. Die kritische Dichte ist keine Konstante, sondern eine vom Spannungszustand abhängige Größe. Im Versuch im Kastenschergerät wird sie also durch die Größe der Normalspannung beeinflußt.

Es bleibt nun noch die Frage offen, ob die Scherfestigkeit im Mohr-Coulombschen Gesetz in Abhängigkeit von wirksamen oder totalen Spannungen zu formulieren ist. Die Antwort darauf ist, daß je nach Verwendungszweck beide Darstellungen ihre Berechtigung haben, also

$$\tau_f = c' + \sigma' \tan\varphi', \tag{8.42}$$

mit c' - wirksame Kohäsion,
    φ' - wirksamer Reibungswinkel,
    σ' - wirksame Normalspannung,

aber auch

$$\tau_f = c_u + \sigma \tan\varphi_u, \tag{8.43}$$

mit c_u - scheinbare Kohäsion,
$\quad \varphi_u$ - scheinbarer Reibungswinkel

möglich sind.

Die Scherfestigkeitsbestimmung erfolgt im allgemeinen so, daß 5 (4) Versuche durchgeführt werden.

Im Flachschergerät ist der Parameter dieser Versuche die Normalspannung mit den Werten $\sigma_{(1)} \ldots \sigma_{(5)}$. Die dazugehörigen Scherfestigkeitswerte $\tau_{f(1)} \ldots \tau_{f(5)}$ werden bestimmt. Trägt man ins (τ, σ)-Diagramm die jeweils einander zugeordneten Wertepaare ein, findet man 5 Punkte, die sich durch einen Kurvenzug verbinden bzw. im allgemeinen durch eine Gerade - zumindest in einem bestimmten Wertebereich - annähern lassen (Bild 8.19).

φ und c sind der graphischen Darstellung leicht zu entnehmen oder durch eine Regressionsanalyse zu ermitteln.

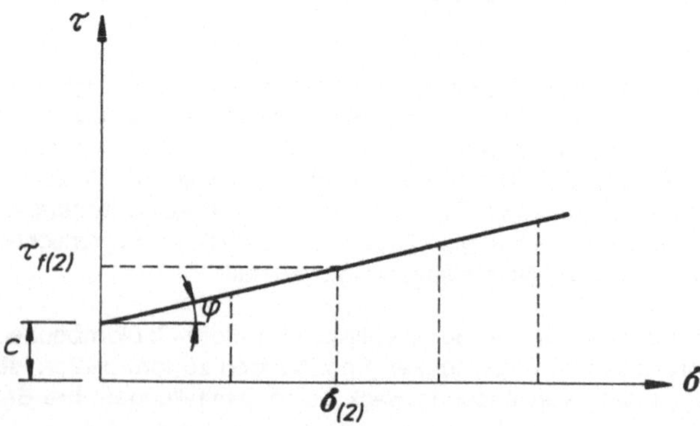

Bild 8.19: Ermittlung der Scherfestigkeitsparameter auf der Basis von
          Flachscherversuchen

Im Triaxialgerät sind ebenfalls 5 (4) Versuche durchzuführen. Sie unterscheiden sich z. B. im Standard-pS-Versuch durch die jeweiligen Werte der Konsolidationsspannungen

$$\sigma_{3(1)} = \sigma_{1(1)} \ldots \sigma_{3(5)} = \sigma_{1(5)}. \tag{8.44}$$

In der nachfolgenden Scherphase erfolgt bei der angenommenen Versuchsart die Drucksteigerung vertikal, d. h. die Vergrößerung der 1. Hauptspannung σ_1 bis zum Versagen der Probe (oder dem Gleiten). Im (τ, σ)-Diagramm werden die jeweiligen zum Bruch gehörenden Mohrschen Kreise aufgetragen. Ihre gemeinsame Tangente ist die Bruchhüllkurve, im Sonderfall eine Gerade, bestimmt durch die Parameter c und φ.

Ein anderer Weg zur Bestimmung von c und φ besteht darin, aus den zum Bruch gehörenden Wertepaaren $\sigma_{1(i)}$, $\sigma_{3(i)}$ (i = 1, 2, ..., 5) die Parameter

$$t_i = \frac{1}{2}(\sigma_{1(i)} - \sigma_{3(i)}), \quad s_i = \frac{1}{2}(\sigma_{1(i)} + \sigma_{3(i)}) \tag{8.45}$$

zu berechnen und ins (s, t)-Diagramm als Punkte einzutragen.

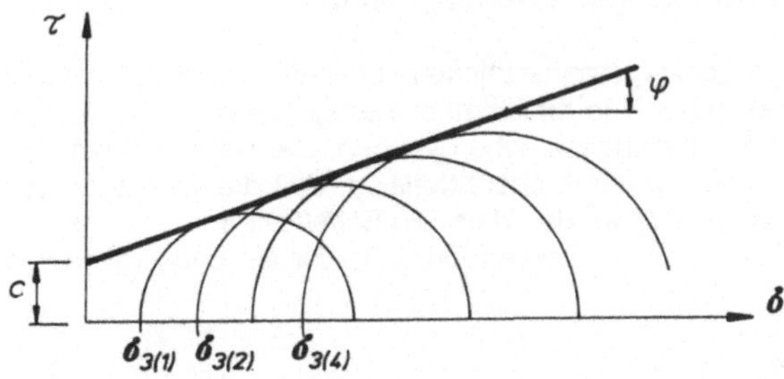

Bild 8.20: Ermittlung der Scherfestigkeitsparameter auf der Basis von Triaxialversuchen

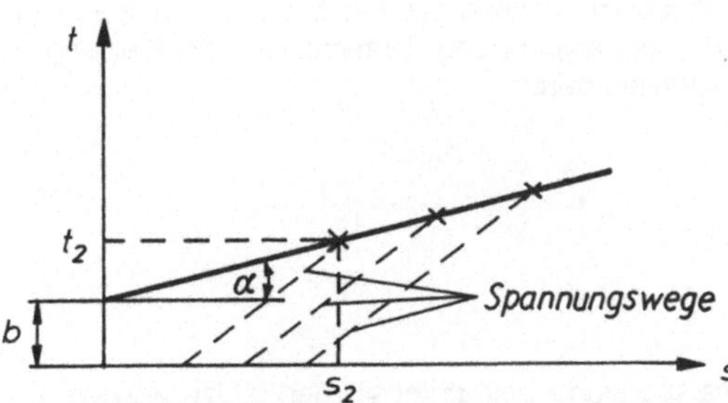

Bild 8.21: Auswertung des Scherversuches im (s, t)-Diagramm

Diese lassen sich wieder durch einen Kurvenzug - meist einfach eine Gerade - annähern (Bild 8.21). Die die Gerade bestimmenden Parameter α und b stehen mit φ und c in Verbindung. Es ist

$$\varphi = \arcsin(\tan\alpha), \quad c = \frac{b}{\cos\varphi}. \tag{8.46}$$

Der zuletzt genannte Weg hat insofern beachtliche Vorteile, als es einfacher ist, mehrere Punkte durch die günstigste Gerade auszugleichen als eine günstigste Tangente anzulegen.

In die Auswertung des Versuchs im Flachschergerät ist die Annahme eingegangen, daß die Horizontalebene des Probenbehälters identisch sei mit der Ebene, in der die (τ, σ)-Werte wirken, die der Mohr-Coulombschen Gleichung entsprechen. Man setzt also die Identität der beobachteten und der theoretischen Bruchfläche voraus. Im Direktscherversuch wäre es aber durchaus denkbar, daß die erwähnte Horizontalebene nur eine Ebene ist, in der die Scherdeformationen ein Maximum annehmen, es sich also bei ihr nur um die beobachtete Bruchfläche handelt. Beide Auffassungen führen zu meist nur geringfügig unterschiedlichen Ergebnissen.

8.5   Scherfestigkeit grobkörniger Lockergesteine

Liegen die zu untersuchenden Lockergesteine trocken vor, dann entsprechen wirksame und totale Spannungen einander. Die bestimmten Festigkeitsparameter dürfen in diesem Fall als wirksame Parameter angesprochen werden. Die nichtbindigen, grobkörnigen Lockergesteine sind nun dadurch charakterisiert, daß die wirksame Kohäsion c' ausreichend genau Null gesetzt werden darf. Die Scherfestigkeit ist ausschließlich durch den Reibungswinkel bestimmt. Dessen Größe ist für ein Lockergestein abhängig von

- Lagerungsdichte (Porenzahl),
- Belastungsgeschwindigkeit und

anderen Faktoren, deren Einfluß in jedem notwendigen Fall bestimmt werden kann. Zu ihnen gehört auch die Größe der Normalspannung. Unterschiedliche Reibungswinkel werden bei unterschiedlichen Materialien durch

- Kornform,
- Kornverteilung,
- Korngröße

bedingt.

Zuerst soll der Einfluß der Normalspannung betrachtet werden. Dazu werden Triaxialversuche an Proben gleichen Materials bei gleicher Porenzahl, aber mit unterschiedlichen Konsolidationsspannungen $\sigma_h = \sigma_3$ durchgeführt.

Man erhält:

- τ_f/σ_h nimmt mit wachsendem Wert σ_h leicht ab,
- τ_R/σ_h = const,
- $\varepsilon_v(\tau = \tau_f)$ nimmt mit wachsendem Wert σ_h etwas zu,
- die Volumenänderung ΔV ist bei höheren Spannungswerten σ_h geringer.

Es zeigt sich im erstgenannten Fakt deutlich der Einfluß einer Verzahnung der Körner in der Form, daß die Scherfestigkeit offensichtlich bei höheren Konsolidationsspannungen σ_h durch Kornzertrümmerung, Abbrechen scharfer Kanten etc. vermindert wird. Dieser Effekt ist natürlich von der Art der Minerale abhängig, die das Lockergestein bilden. Er ist bei Lockergesteinen ausgeprägter, die aus kalkigen Körnern bestehen als bei solchen aus quarzitischen. Die Mohrsche Hüllkurve besitzt also in Wirklichkeit bei grobkörnigen Materialien eine Krümmung, die im interessierenden Bereich durch eine Gerade ausgeglichen wird. Die Krümmung ist für dichten Sand besonders groß. In vielen Fällen interessiert nur der Anfangsbereich, so daß - wie Bild 8.22 zeigt - die Gleichung

$$\tau_f = \sigma' \tan\varphi \tag{8.47}$$

ausreichend genau gilt.

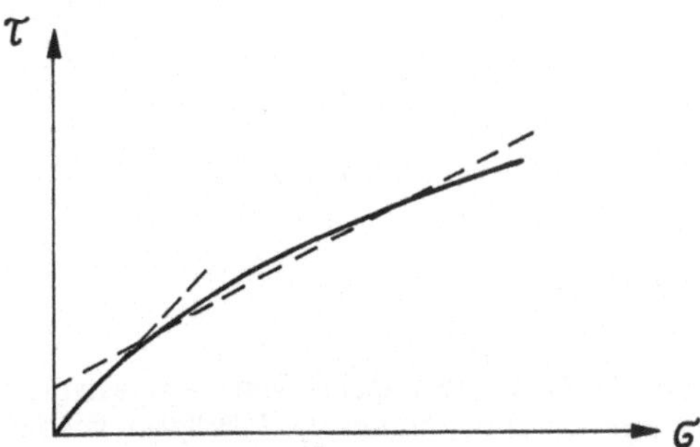

Bild 8.22: Mohrsche Hüllkurve

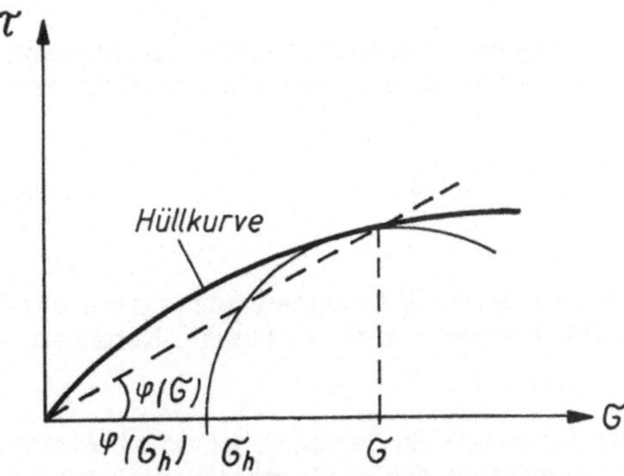

Bild 8.23: Abhängigkeit des Reibungswinkels von der Normalspannung

Bei sehr groben Materialien und hohen Spannungen (tiefe Tagebaue, hohe Halden, hohe Dämme) kann die Krümmung aber auch von Bedeutung sein. Es ist dann auch möglich, φ' als veränderliche Größe, nämlich

$\varphi' = \varphi'(\sigma)$ oder
$\varphi' = \varphi'(\sigma_h)$ anzugeben (Bild 8.23).

Die Belastungsgeschwindigkeit kommt in der Größe des Reibungswinkels nur wenig zum Ausdruck. Er steigt etwas mit zunehmender Belastungsgeschwindigkeit an. Der Einfluß liegt bei (1 ... 2) %; maximal bei 10 %.

Der Einfluß weiterer Faktoren drückt sich in der Gleichung [8]

$$\varphi' = 36° + \varphi'_1 + \varphi'_2 + \varphi'_3 + \varphi'_4 \tag{8.48}$$

mit

$-5° \leq \varphi'_1 \leq 1°$ (rund $\rightarrow$ kantig),
$-3° \leq \varphi'_2 \leq 3°$ (gleichkörnig $\rightarrow$ ungleichkörnig),
$0° \leq \varphi'_3 \leq 2°$ (Sand $\rightarrow$ Kies),
$-6° \leq \varphi'_4 \leq 6°$ (max e $\rightarrow$ min e)

aus.

Wie bereits erwähnt, spielen bei trockenem Sand (Kies) ebenso wie bei wassergesättigtem Sand (Kies) Porendrücke unter Beachtung der hohen Durchlässigkeit im allgemeinen keine Rolle, bzw. sie gleichen sich sehr rasch aus. Anfangsporenwasserüberdrücke sind bei wassergesättigtem, locker gelagertem Lockergestein denkbar, wenn bei Beginn des Scherversuches eine Verdichtung erfolgt; andererseits können Porenwasserunterdrücke bei dichter Ausgangslagerung infolge einer Auflockerung eintreten.

Bei feuchtem, nicht wassergesättigtem, rolligem Lockergestein sind Porenwasserunterdrücke infolge von Kapillarwirkung feststellbar. Es ist dann die wirksame Spannung σ' größer als die totale Spannung

$$\sigma' = \sigma - (-u_c) \tag{8.49}$$
$(u_c$ - Kapillarspannung).

Die Scherfestigkeiten, aufgetragen über den totalen Spannungen, führen dann zu einer Bruchgeraden, die auf der τ-Achse eine Kohäsion, eine scheinbare Kohäsion, abschneidet.

Um Verfälschungen des Versuchsergebnisses (die Größe von u_c ist nicht bekannt) zu vermeiden, sollte der Versuch so durchgeführt werden, daß während desselben eine Wasseraufnahme möglich ist oder aber eben konsequent mit trockenem Material gearbeit wird.

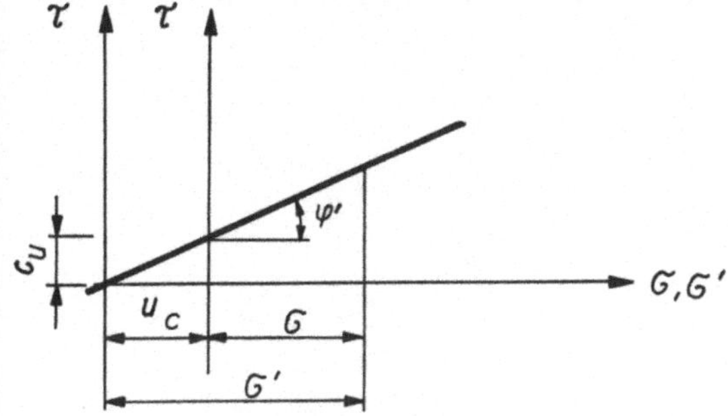

Bild 8.24: Scheinbare Kohäsion

Diese scheinbare Kohäsion des Sandes kann aber praktisch sehr bedeutsam sein. Sie ist dafür verantwortlich, daß Sandböschungen mit einem Böschungswinkel $\beta > \varphi'$ stehen, und muß aus wirtschaftlichen Gründen bei der Dimensionierung fortschreitender Baggerböschungen in Tagebauen zum Ansatz gebracht werden.

Untersuchungen [50] beweisen eine Abhängigkeit der scheinbaren Kohäsion von Wassergehalt und bezogener Lagerungsdichte. Als Anhalte mögen folgende Werte für c_u (kN/m^2) dienen:

Tabelle 8.1: Abhängigkeit der scheinbaren Kohäsion von Wassergehalt und bezogener Lagerungsdichte

I_D	0,25		0,5		0,75	
S_r	0 ... 0,15	0,15 ... 0,5	0 ... 0,2	0,2 ... 0,6	0 ... 0,25	0,25 ... 0,65
fS	0 ... 9,0	9,0	0 ... 10,5	10,5	0 ... 12,5	12,5
mS	0 ... 5,0	5,0	0 ... 7,0	7,0	0 ... 8,5	8,5
gS ... fS	0 ... 3,5	3,5	0 ... 5,0	5,0	0 ... 6,0	6,0

Der Sättigungsgrad $S_r = 0,5$ liegt unter natürlichen Bedingungen meist vor. Damit ist also eine scheinbare Kohäsion fast immer anzutreffen.

8.6 Scherfestigkeit feinkörniger Lockergesteine

8.6.1 Wirksame Scherfestigkeit

Es soll gedanklich ein Scherversuch im Flachschergerät unter drainierten Bedingungen (Langsamversuch) durchgeführt werden. Betrachtet werden vorerst normalkonsolidierte Lockergesteine.

Als Ergebnis entsteht eine Beziehung zwischen Scherfestigkeit τ_f und wirksamer Normalspannung σ_v' gemäß Bild 8.25.

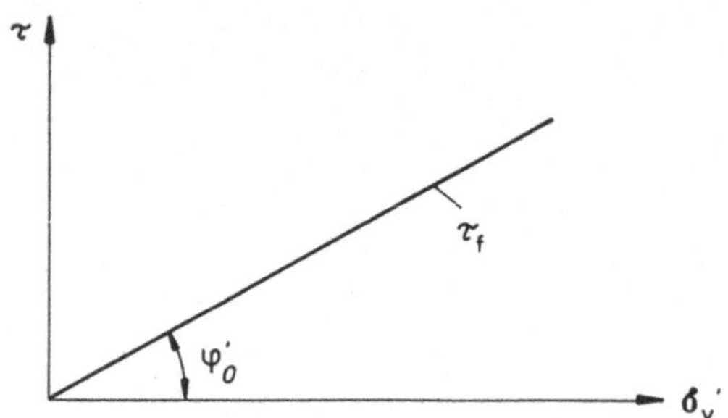

Bild 8.25: Mohr-Coulombsche Gerade für normalkonsolidierte Lockergesteine

Es existiert ein linearer Zusammenhang, der durch den Reibungswinkel φ_0' (Winkel der Scherfestigkeit) charakterisiert ist. Die wirksame Kohäsion ist Null.

Ist das untersuchte Lockergestein wassergesättigt, besteht außerdem noch ein eindeutiger Zusammenhang zwischen dem Wassergehalt w_f im Moment des Bruches und der Scherfestigkeit τ_f bzw. der Normalspannung σ_v'. Dieser Wassergehalt unterscheidet sich vom Einbauwassergehalt w_e. Wie Bild 8.26 zeigt, ist die Abhängigkeit zwischen den Wassergehalten und dem Logarithmus der Spannungen linear. Die Verminderung des Wassergehaltes während des Scherens deutet auf eine Volumenminderung während dieses Vorganges hin.

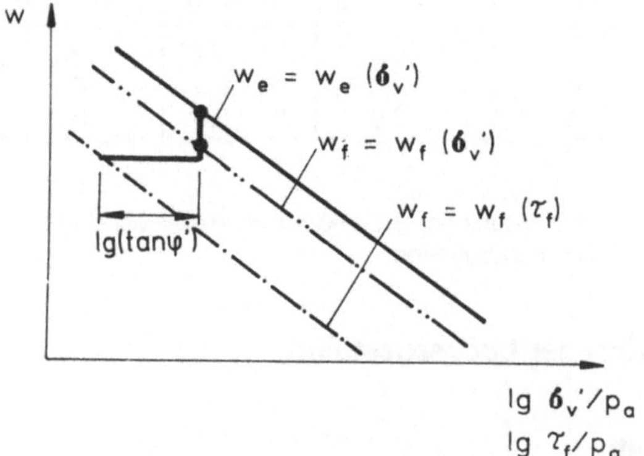

Bild 8.26: Abhängigkeit des Wassergehaltes von Normalspannung und
Scherspannung beim Bruch

Werden Standardversuche an wassergesättigten Materialien im Triaxialgerät durchgeführt, entstehen die in Bild 8.27 gezeigten Spannungswege, die auf der unter α' geneigten Bruchlinie enden.

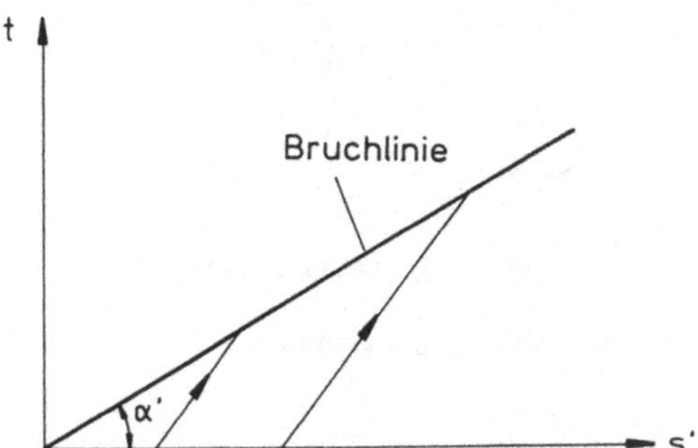

Bild 8.27: Spannungsweg-Kurven im pS-Versuch, drainiert

Die Volumen-(Wassergehalts-)Spannungsbeziehungen sind den bereits erwähnten Beziehungen analog. Man muß hier allerdings beachten, daß sich die mittlere Spannung s' gegenüber dem Einbauwert s_e' ständig bis zum Bruchwert s_f' während des Versuches verändert.

Wird eine andere Versuchsart mit anderem Spannungsweg gewählt, tritt der Bruch bei einer anderen Kombination s_f', t_f ein. Die dargestellten Beziehungen gelten aber unverändert.

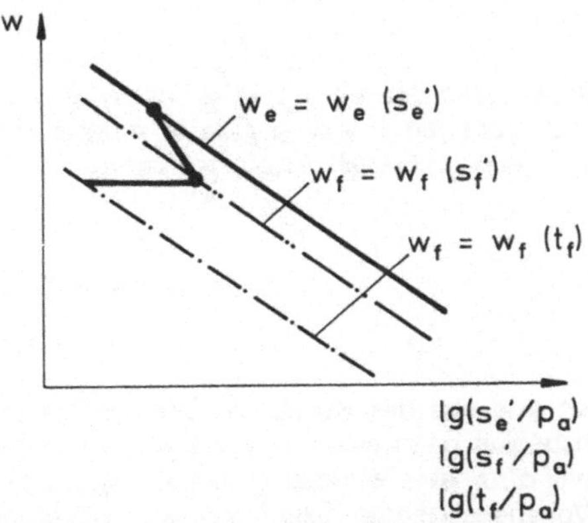

Bild 8.28: Spannungs-Wassergehalts-Beziehungen im Triaxialversuch

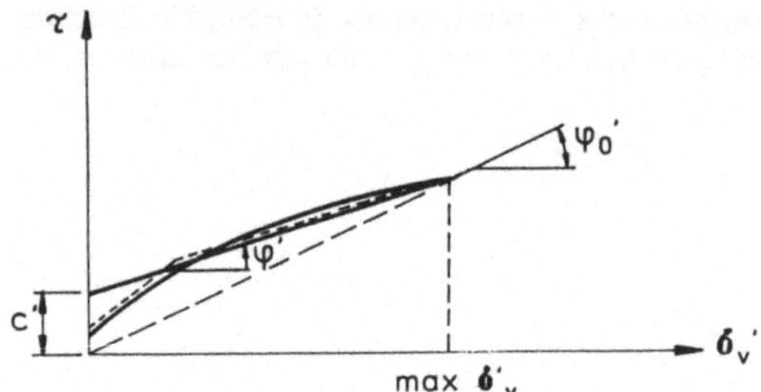

φ'_0 - Sekantenreibungswinkel; max σ'_v - Vorspannung; c' - wirksame Kohäsion

Bild 8.29: Mohr-Coulombsche Hüllkurve bei drainierten Versuchen an
                 überkonsolidierten Tonen

Es sollen nun Untersuchungen an überkonsolidiertem Lockergestein, wiederum unter
drainierten Bedingungen, vorgenommen werden. Ins Flachschergerät wird ein Material
eingebaut, das unter einer Vorspannung max σ'_v steht. Die Scherfestigkeiten für Normalspannungen $\sigma'_v <$ max σ'_v liegen auf einer gekrümmten Kurve. Ersetzt man diese
durch eine Gerade, wird

$$\tau_f = c' + \sigma'_v \cdot \tan\varphi', \tag{8.50}$$

wobei näherungsweise, aus Versuchen mit unterschiedlichen Vorspannungswerten
erkennbar,

$$c' = x \cdot \text{max } \sigma'_v \tag{8.51}$$
(x - Proportionalitätsfaktor)

gilt. Es kann allerdings manchmal sinnvoll sein, den Bereich $0 \leq \sigma'_v \leq$ max σ'_v in Teil-
bereiche mit stückweise linearem Verlauf zu zerlegen. Für $\sigma'_v >$ max σ'_v mündet die
(τ_f, σ'_v)-Kurve wieder in die bei Erstbelastung geltende Gerade (charakterisiert durch φ'_0)
ein. Man stellt

$$\varphi' < \varphi'_0 \tag{8.52}$$

fest.

Die Spannungs-Wassergehaltsbeziehungen sind aus den Kurven im Bild 8.30 zu erkennen. Ausgehend von der bei Versuchsbeginn geltenden Kurve läßt sich für hohe
Überkonsolidationsverhältnisse OCR = max σ'_v/σ'_v eine Volumenzunahme (Wassergehalt nimmt zu), für niedrige wieder eine Volumenabnahme beim Versagen feststellen.
Man könnte unschwer in dieses Bild auch noch die Relation $w_f = w_f(\tau_f)$ eintragen.

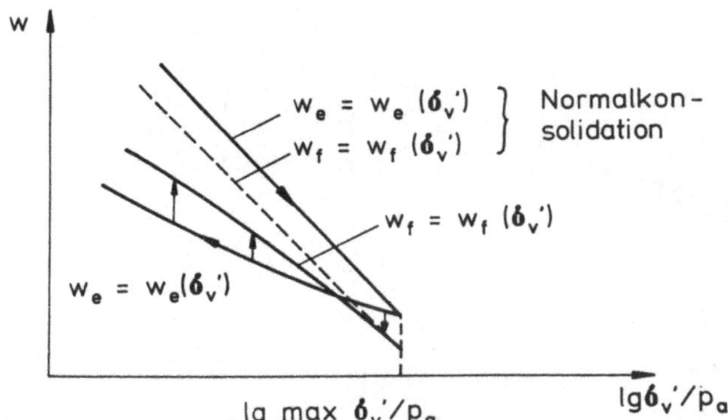

Bild 8.30: Spannungs-Wassergehalts-Beziehungen bei überkonsolidierten
Lockergesteinen (in Anlehnung an [23])

Aus der Darstellung wird deutlich, daß

- der Bruchzustand viel weniger durch die Vorspannung beeinflußt ist als der Zustand
  bei Versuchsbeginn (die Kurven $w_f = w_f(\sigma_v')$ für über- und normalkonsolidierte Lok-
  kergesteine liegen einander viel näher als die Kurven $w_e = w_e(\sigma)$),

- der Wassergehalt im Bruchzustand dennoch von der Vorspannungsgröße abhängt.

Ganz analoge Kurven lassen sich wiederum auch für den Triaxialversuch angeben.

Es gibt noch eine Reihe von Faktoren, die die Größe der wirksamen Scherparameter
beeinflussen. Dazu gehört z. B. die Deformationsgeschwindigkeit. Grundsätzlich darf
sie eine obere Grenze nicht überschreiten, soll drainiertes Scheren gewährleistet sein.
Bei normalkonsolidierten Lockergesteinen ist ihr Einfluß gering. Angaben zur Richtung
der Beeinflussung (vergrößernd oder vermindernd) sind widersprüchlich. Bei überkonsolidierten Tonen wurde festgestellt, daß mit Verringerung der Deformationsgeschwindigkeit ein Verlust an Scherfestigkeit eintritt, der sich als Verlust an Kohäsion und auch
an Reibung zeigen kann. Er ist besonders groß bei Tonen, die Trennflächen enthalten
(fissured clays).

Die wirksamen Scherfestigkeitsparameter c', φ' sind natürlich auch in undrainierten Versuchen (Schnellversuchen) bestimmbar, wenn gleichzeitig eine Messung der Porenwasserdrücke erfolgt. Ein solcher Versuch kann korrekt nur im Triaxialgerät und zwar
als CU-Versuch durchgeführt werden. Das Probenvolumen ändert sich dabei - volle
Wassersättigung vorausgesetzt - nicht.

Trägt man im (s', t)-Diagramm Wege wirksamer Spannungen auf, ergeben sich unterschiedliche Bilder je nachdem, ob man sich im Erst- oder Vorbelastungsbereich befindet (Bild 8.31).

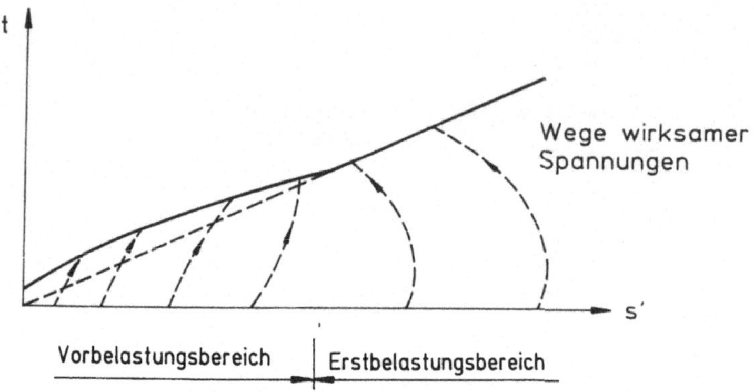

Bild 8.31: Spannungswege im Triaxialversuch (pS-Versuch) (nach [23])

Im Erstbelastungsbereich nimmt s' während des Versuches nach geringfügigem Anwachsen ab, im Vorbelastungsbereich ist eine Zunahme zu verzeichnen. Wie nachfolgende Bilder verdeutlichen (Bild 8.32), entspricht dem Erstbelastungsbereich auf jeden Fall ein Porenwasserüberdruck; im Vorbelastungsbereich kann - bei hohen Werten der Vorbelastung - ein Porenwasserunterdruck entstehen.

a)   b)

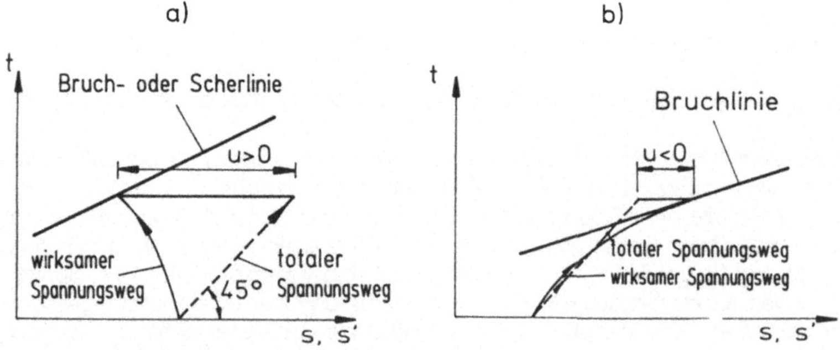

Bild 8.32: Entwicklung von Porenwasserdrücken
     a) bei normal- und
     b) bei überkonsolidierten Lockergesteinen

Diese Verhältnisse finden im Porenwasserdruckkoeffizienten A (hier speziell für den Bruch A_f) ihren Niederschlag (Bild 8.33).

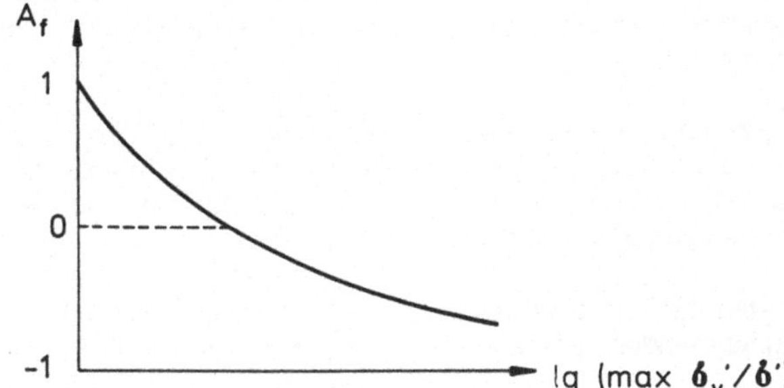

Bild 8.33: Änderung des Porenwasserdruckkoeffizienten in Abhängigkeit vom
          Überkonsolidationsverhältnis

Man kann auch hier wieder durch Variation der Versuchsbedingungen unterschiedliche
totale Spannungswege wählen. Es zeigt sich dabei aber, daß der wirksame Spannungsweg und damit die Scherfestigkeit von der Versuchsart unabhängig sind. Das
wird durch Bild 8.34 näher erläutert.

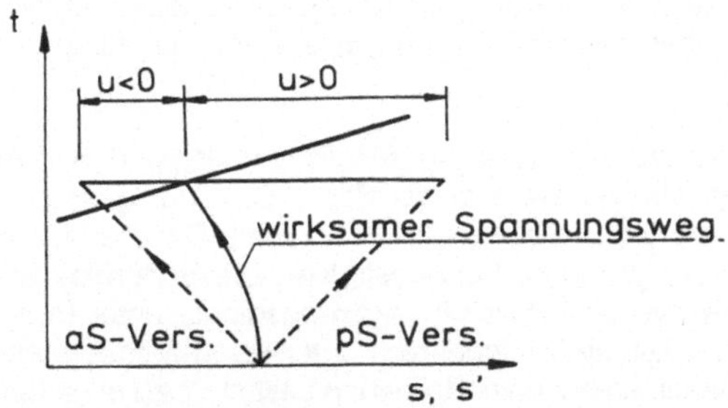

Bild 8.34: Spannungswege und Porenwasserdruckentwicklung bei verschiedenen
          Versuchsarten

aS-Versuch und pS-Versuch haben zwar unterschiedliche totale Spannungswege, ihre
Wege wirksamer Spannungen sind aber identisch. Beim pS-Versuch kommt es zur
Entwicklung von Porenwasserüberdruck, beim aS-Versuch zur Ausbildung von Poren-
wasserunterdruck.

Wichtig sind nun die folgenden Feststellungen:

1. Die Scherfestigkeit im undrainierten Versuch und der Weg wirksamer Spannungen
   hängen nur von den Ausgangsbedingungen, nicht aber von der Art ab, in der ein
   Scheren erzwungen wird.

2. Die Beziehung $t_f = t_f(s_f')$ ist unabhängig davon, ob das Lockergestein einem drainierten oder einem undrainierten Versuch unterworfen wurde. Daraus resultiert die Identität der Scherfestigkeitsparameter.

3. Auch der Zusammenhang zwischen Wassergehalt w und Spannungswerten t_f, s_f' bleibt wie beim drainierten Versuch erhalten. Sind die entsprechenden Kurven einmal bekannt, kann man t_f und w_f in Abhängigkeit von den Ausgangsbedingungen (s_v', s_e') und der Art des Versuches (undrainiert, drainiert) angeben.

4. Man stellt außerdem fest, daß die Festigkeit mit zunehmender Dichte (abnehmendem Wassergehalt) und zunehmender wirksamer Normalspannung anwächst.

Wir wollen die hier vorangegangenen Betrachtungen nochmals zusammenfassen und praktische Schlußfolgerungen ziehen:

1. Es existiert ein Zusammenhang $w_e = w_e(\sigma_v')$ für Erstbelastung und $w_e = w_e(\sigma_v', \max \sigma_v')$ für Entlastung bzw. Wiederbelastung (ohne Scherbeanspruchung).

2. Es existiert ein Zusammenhang zwischen dem Wassergehalt w_f und der wirksamen Spannung σ_v' im Bruchzustand, d. h. $w_f = w_f(\sigma_v')$ bzw. $w_f = w_f(\sigma_v', \max \sigma_v')$.

3. Die Kurven des Bruchzustandes teilen die Lockergesteine in zwei Klassen, nämlich in solche mit unterkritischer und überkritischer Lagerung (Bild 8.35). Sie zeigen unterschiedliches Verhalten:

   a) Wird ein Lockergestein mit unterkritischer Lagerung (Pkt. P) schnell (s), d. h. ohne Änderung des Wassergehaltes, abgeschert, wird der Bruch bei einer geringeren wirksamen Spannung erreicht als bei langsamem (l) Abscheren. Der niedrigeren Normalspannung entspricht eine geringere Scherfestigkeit. Die Scherfestigkeit wächst also bei einem Material mit unterkritischer Lagerungsdichte unter Porenwasserdruckabbau im Laufe der Zeit an. Ereignet sich unter rasch aufgebrachter Last kein Bruch, ist ein solcher auch später unter derselben Last nicht zu erwarten.

   b) Ist der Anfangszustand des Lockergesteins überkritisch (Pkt. A), dann erreicht die Probe beim Versuch ohne Entwässerung die Bruchkurve bei einer höheren wirksamen Spannung (es entstehen Porenwasserunterdrücke) als bei einem langsam durchgeführten drainierten Versuch. Entsprechend ist die "undrainierte Festigkeit des Lockergesteins" höher als die drainierte. Die Festigkeit des Lockergesteins nimmt im Laufe der Zeit mit Porenwasserunterdruckabbau ab. Eine zu Anfang getragene Last kann nach bestimmter Zeit zum Bruch führen. Hier ist also bei praktischen Aufgaben vor allem von Interesse, ob auf lange Sicht die Stabilität bestehen bleibt (Dauerstandsnachweis).

Wie ein Blick auf die Kurven zeigt, gelten die angeführten Betrachtungen nicht mehr für den Bereich in der Nähe der Vorbelastung.

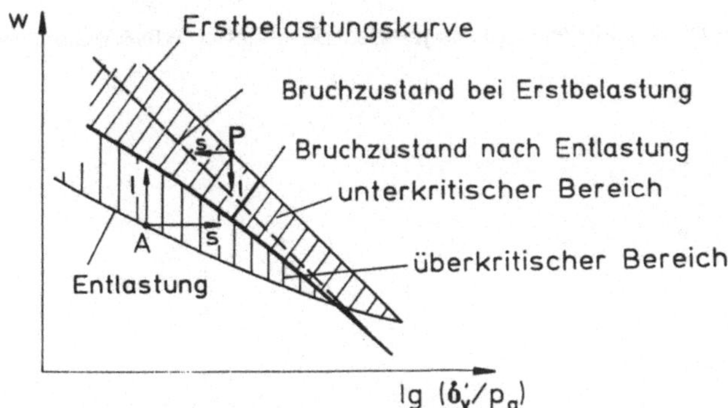

Bild 8.35: Wassergehalts-Spannungs-Beziehungen - Einteilung der Lockergesteine in Klassen nach Ausgangswassergehalt

8.6.2 Wahre Scherfestigkeit

Den Parametern der wahren (echten) Scherfestigkeit c_e', φ_e' liegen Versuche zugrunde, für die die Porenzahl e_f bzw. der Wassergehalt w_f im Bruchzustand konstant (für alle Versuche gleich) sind. Aus dieser Definition ergeben sich schon die Schwierigkeiten der Bestimmung. Um ein Scherdiagramm zu gewinnen, muß man Versuche kombinieren, die zu unterschiedlichen Vorspannungen gehören.

Systematische, umfangreiche Untersuchungen wurden von Hvorslev [16] durchgeführt, wobei er allerdings nicht die Wassergehalte des Bruchzustandes, sondern die des Ausgangszustandes w_e als Parameter wählte. Insofern entsprechen die Ergebnisse seiner Versuche nicht ganz der oben genannten Definition. Hvorslev fand, daß der wahre Reibungswinkel φ_e' als eine Kennzahl des Lockergesteins unabhängig vom Wassergehalt zu betrachten ist. Lediglich bei mageren Tonen kann ein Anwachsen mit abnehmendem Wassergehalt (abnehmender Porenzahl) festgestellt werden.

Die wahre Kohäsion hingegen ist eindeutig eine Funktion des Wassergehaltes bzw. des äquivalenten Verdichtungsdruckes σ_e'[1] (Bild 8.36). Man erhält

$$c_e' = \overline{x} \cdot \sigma_e' \tag{8.53}$$

($\overline{x}$ - Proportionalitätsfaktor, c_e' - wahre Kohäsion nach Hvorslev)

bzw.

$$\tau_f = \overline{x} \cdot \sigma_e' + \sigma' \tan\varphi_e'. \tag{8.54}$$

---

[1] Das ist die Normalspannung, zu der auf dem Erstbelastungsast der Druck-Setzungs-Kurve der Wassergehalt gehört, bei dem die Versuche durchgeführt werden.

Damit ist eine Schar paralleler Scherfestigkeitsgeraden beschrieben, deren Gleichung sich auf die Form

$$\frac{\tau_f}{\sigma_e'} = \bar{x} + \frac{\sigma'}{\sigma_e'} \cdot \tan\varphi_e$$

(8.55)

bringen läßt (Bild 8.37).

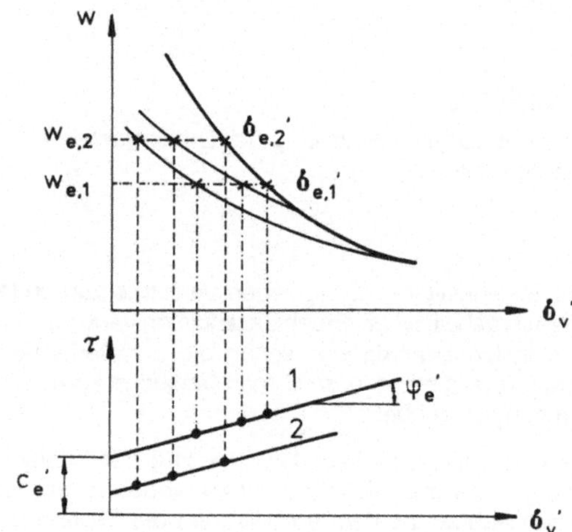

Bild 8.36: Ermittlung der wahren Scherfestigkeit

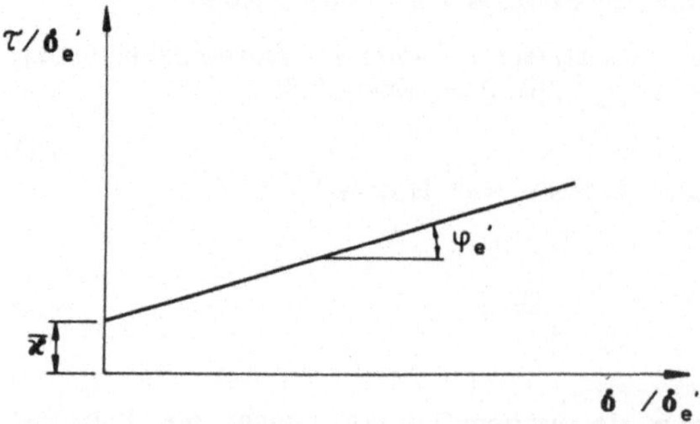

Bild 8.37: Dimensionslose Darstellung der wahren Scherfestigkeit

Die wahre Scherfestigkeit wird also an Proben bestimmt, deren Wassergehalte vor Auf-
bringung der Scherbelastung identisch sind. Während des Schervorganges sind nun
aber weitere Änderungen des Wassergehaltes zu erwarten. Die normalkonsolidierten
Proben verlieren Wasser, die überkonsolidierten nehmen Wasser auf. Diese Betrachtungen gelten zumindest für den Bereich der Scherfläche. Im Versagenszustand sind
also die Wassergehalte trotz gleicher Ausgangswassergehalte in den entscheidenden
Bereichen der Probe wiederum nicht mehr gleich. Berücksichtigt man diese Wasser-
gehaltsänderungen während des Versuches, stellt man fest, daß die ermittelte Reibung
nur als Folge der Wassergehalts-(Volumen-)änderung zu deuten ist. Der dem Material
zuzuordnende tatsächliche echte Reibungwinkel φ_e' wäre Null (nach Versuchen von
Leinenkugel, 1977 [27]).

An dieser Stelle soll noch auf klassische Untersuchungen von Tiedemann [48] verwie-
sen werden. Gestörte, aufbereitete Tone werden unter einer Vorbelastung max σ_v' im
Flachschergerät konsolidiert, dann schnell auf Spannungswerte $\sigma_v' <$ max σ_v' entlastet
(keine Änderung des Wassergehaltes) und schließlich rasch abgeschert. Es ergeben
sich auch hier für verschiedene Werte der Belastung max σ_v' einander parallel liegende
Schergeraden und - trotz grundsätzlich unterschiedlicher Versuchsdurchführung - ähnliche Gesetze für die Kohäsion wie bei der wahren Scherfestigkeit besprochen, d. h.
$c_w = \overline{x} \cdot$ max σ_v' ($\overline{x}$ - Beiwert, c_w - wahre Kohäsion nach Tiedemann).

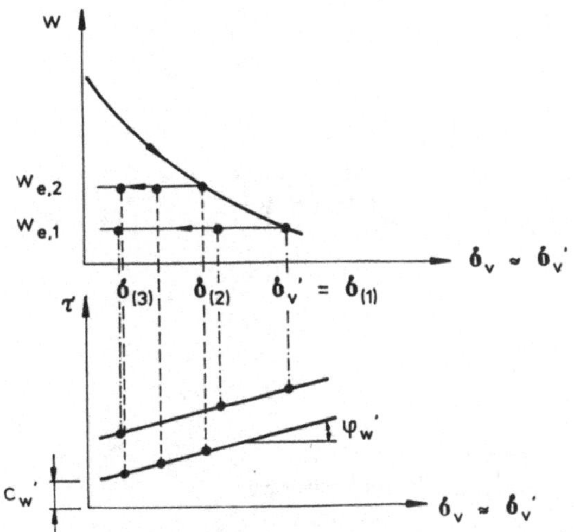

Bild 8.38: Scherfestigkeitsbestimmung nach Tiedemann

Die Vorbelastung max σ_v' ist bei dieser Versuchsmethodik dem äquivalenten Verdichtungsdruck etwa gleichzusetzen. Die Werte für den Reibungswinkel und die Kohäsion sind nach dem Vorgehen von Hvorslev und Tiedemann etwa gleich groß, obwohl im Vorgehen von Tiedemann das Auftreten von Porenwasserdrücken beim Entlasten von max σ_v' auf geringe Spannungen denkbar wäre:

$$c_w' \sim c_e', \quad \varphi_w' \sim \varphi_e'. \tag{8.56}$$

Diese gute Übereinstimmung hat ihre Ursache darin, daß beim Entlasten auf Grund des Freiwerdens von zumeist im Porenwasser gelösten Gasen die Unterdruckentwicklung nicht sehr groß zu werden braucht.

8.6.3 Scheinbare Scherfestigkeit

Bei einer Reihe von praktischen Problemen ist es einerseits nicht möglich, eine Aufspaltung der totalen Spannungen in wirksame und neutrale Spannungen vorzunehmen, andererseits oft aber auch insofern nicht notwendig, als auf Grund der geringen Durchlässigkeit des Lockergesteins sich Spannungsänderungen (Änderung der totalen Spannungen) nur in einer Änderung der neutralen Spannungen niederschlagen. Die wirksamen Spannungen bleiben praktisch konstant.

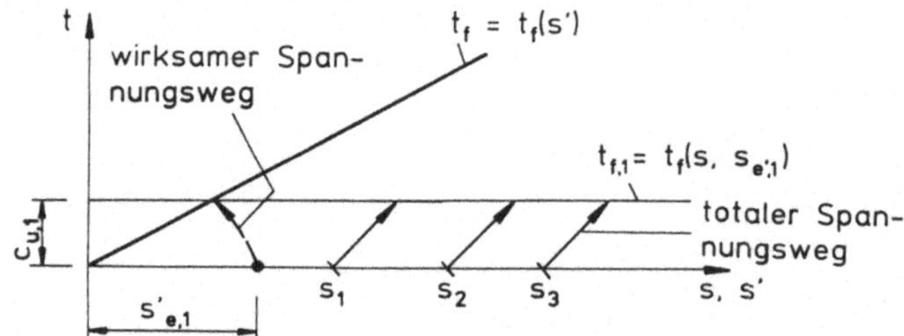

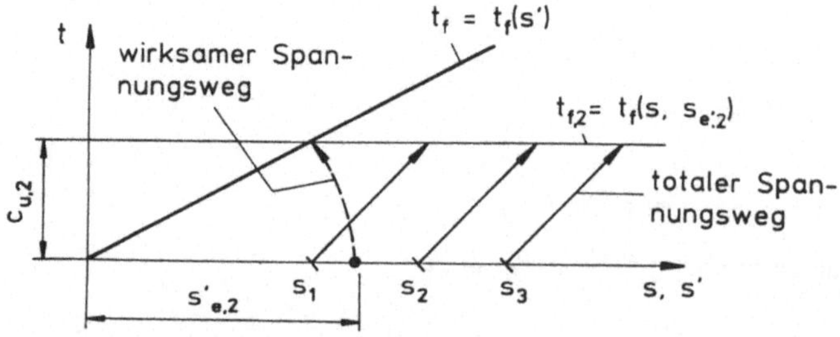

Bild 8.39: Undrainierte Scherfestigkeit - Wege totaler und wirksamer Spannungen

Die daraus resultierenden Konsequenzen sollen nun näher erläutert werden. Gemäß Bild 8.39 werden dazu mehrere (im genannten Beispiel 3) vorläufig gestörte, wassergesättigte Proben im Triaxialgerät unter einem isotropen Druck $s'_{e,1}$ konsolidiert. Es gilt:

$$s' = \frac{1}{2} (\sigma'_1 + \sigma'_3). \tag{8.57}$$

Die so vorbereiteten Proben werden UU-Versuchen unterworfen. In der ersten Phase dieses Versuches wird der isotrope Druck auf Werte s_1, s_2, ... $> s_{e,1}$ gesteigert. In der zweiten Versuchsphase erfolgt eine Vergrößerung der Vertikalspannungen. Zu beobachten ist nun in allen Proben das Eintreten eines Bruches für etwa gleiche Werte

$$t_{f,1} = \frac{1}{2} (\sigma_{1,f} - \sigma_{3,f}) = \text{const.} \tag{8.58}$$

Wird eine gleiche Versuchsreihe mit weiteren 3 gestörten, wassergesättigten Proben durchgeführt, nachdem diese unter $s'_{e,2} > s'_{e,1}$ konsolidiert wurden, ist wiederum das gleiche Ergebnis zu beobachten. Der Bruchwert $t_{f,2}$ ist aber diesmal größer, d. h., $t_{f,2} > t_{f,1}$.

Geschehen ist folgendes: Die wirksamen Spannungen in den Proben haben sich den jeweiligen Konsolidationsdrücken $s'_{e,n}$ ($n = 1, 2$) angepaßt. Die Änderung des isotropen Druckes unter undrainierten Bedingungen in der ersten Phase des Scherversuches hat darauf keinen beachtenswerten Einfluß mehr. Der Schervorgang verlief in allen Proben wie im CU-Versuch mit den Konsolidationsspannungen $s'_{e,1}$ bzw. $s'_{e,2}$. In jeder Versuchsreihe unterscheiden sich zwar die Wege totaler Spannungen, nicht aber die der wirksamen Spannungen.

Trägt man t_f über den totalen Spannungen s auf, entstehen parallele Geraden zur s-Achse, die auf der Ordinate eine scheinbare Kohäsion

$$c_u = t_f = \frac{1}{2} (\sigma_{1,f} - \sigma_{3,f}) \tag{8.59}$$

abschneiden. Die Größe der scheinbaren Kohäsion ist eine Funktion der Konsolidationsspannungen $s'_{e,n}$ und damit des Wassergehaltes. Der scheinbare Reibungswinkel φ_u ist Null.

Ebenso wie Triaxialversuche mit isotropen Spannungen s_1, s_2, ... $> s'_e$ lassen sich natürlich auch solche mit Werten $s_k < s'_e$ ($k = 1, 2, 3, ...$) durchführen. Im Extremfall sind einachsige Versuche (Zylinderdruckversuche) denkbar.

Es gilt dann

$$c_u = \frac{1}{2} \sigma_{1,f}. \tag{8.60}$$

Benutzt man ungestörte Proben, so entfällt die vorbereitende Konsolidationsphase. Durchgeführt wird nur noch der UU-Versuch im Triaxialgerät. Gegebenenfalls können an seine Stelle Schnellversuche im Flachschergerät treten.

Im Feld ist die undrainierte Scherfestigkeit mit der Flügelsonde bestimmbar. Entsprechend dem ansteigenden Konsolidationsdruck kann man mit einem Anwachsen der scheinbaren Kohäsion mit der Tiefe unter der Geländeoberfläche rechnen, wobei gewisse Störungen dieser Linearität in dem oberen Bereich Folgen des Wechselns von Durchfeuchtung und Austrocknung sowie der Verwitterung sind.

Ist das Lockergestein nicht wassergesättigt, kommt es zu einer Komprimierung der Luft und zur Lösung derselben im Wasser. Die Porenzahl wird vermindert, ohne daß sich der Wassergehalt ändert. Ein Teil der aufgebrachten totalen Spannungen setzt sich in wirksame um. Erst wenn alle Luft gelöst und das Lockergestein wassergesättigt ist, sind gleiche Erscheinungen zu beobachten, wie sie bereits für gesättigte Proben geschildert wurden. Im Ergebnis der Versuche, beim Auftragen derselben im (τ, σ_v)-Diagramm, erhält man im Anfangsbereich eine gekrümmt verlaufende Umhüllende, die in eine horizontale Gerade übergeht.

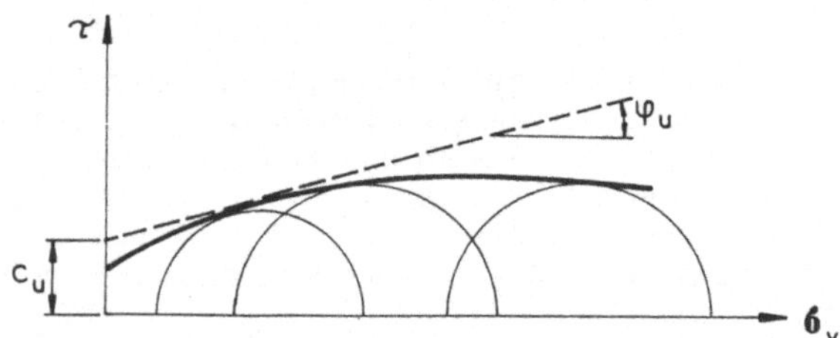

Bild 8.40: Undrainierte Scherfestigkeit bei teilgesättigten Proben

Es ist in diesen Fällen üblich, den Kurvenverlauf in einem interessierenden Bereich durch eine Gerade anzunähern und diese durch die Größen $\varphi_u \neq 0$ und c_u zu beschreiben.

Die Forschung der letzten Jahre hat nun aber gezeigt, daß die wichtigste Basis der Betrachtungen, nämlich der eindeutige Zusammenhang zwischen scheinbarer Scherfestigkeit (scheinbarer Kohäsion mit $\varphi_u = 0$) und Wassergehalt für die Untersuchung an ungestört entnommenen Proben nicht uneingeschränkt gilt. Vier wichtige Erkenntnisse liegen vor:

1. Es wirkt sich die Probenstörung bei der Probenahme aus. Sie führt zu einer Reduktion der Festigkeit zwischen (20 ... 50) % gegenüber der Idealprobe, denn sie bewirkt vor allem eine Verminderung der wirksamen Spannungen. Nicht der gesamte, durch den Entnahmevorgang zu erwartende Porenwasserdruck bleibt erhalten.

2. Es sind Einflüsse von Festigkeits- und Spannungs-Deformations-Anisotropien festzustellen. Ein erster Effekt ist durch die Genese und eine dadurch verursachte Anisotropie in der Lockergesteinsstruktur (Schichtung usw.) bedingt. Die zweite Kom-
   ponente der Anisotropie ist abhängig vom Spannungszustand und wird durch die
   Genese ($K \neq 1$), die eventuelle Drehung der Hauptspannungsrichtungen während
   des Schervorganges und die Änderung der mittleren Hauptspannung gegenüber
   dem Primärzustand verursacht.

Betrachtet man den Bruch einer Böschung auf kreisförmiger Gleitfläche, so ist in
3 verschiedenen Punkten (1, 2, 3) die Richtung der ersten Hauptspannung sehr unterschiedlich orientiert. Die Bedingungen in den Punkten sind durch

1 - aktiven Stauchungsversuch,
2 - Flachscherversuch,
3 - passiven Dehnungsversuch

modellierbar (Bild 8.41). Die Ermittlung der undrainierten Scherfestigkeit mit jeweils
diesen Versuchsarten führt aber im Ergebnis des Wirkens beider Anisotropiekompo-
nenten zu sehr unterschiedlichen Resultaten.

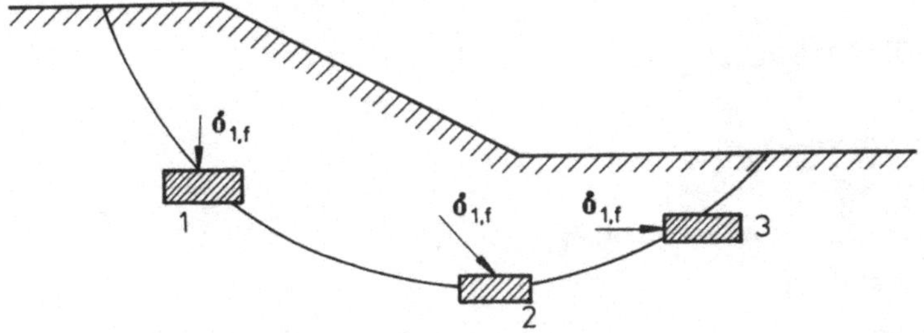

Bild 8.41: Hauptspannungsrichtungen beim Böschungsbruch

Zur Verdeutlichung seien Ergebnisse für ein definiertes Lockergestein in Form von
Verhältniswerten (Bezugsgröße ist die undrainierte, im pS-Versuch ermittelte Scherfestigkeit) mitgeteilt:

Tabelle 8.2: Undrainierte Scherfestigkeit bezogen auf die im pS-Versuch ermittelte
             undrainierte Scherfestigkeit

Versuchsart	$c_u / c_u(pS)$
aktiver Stauchungsversuch	1,03
passiver Stauchungsversuch	1,00
Versuch im Flachschergerät	0,61
passiver Dehnungsversuch	0,57
aktiver Dehnungsversuch	0,47

Auffällig ist dabei noch, daß die Scherdeformationen beim Bruch bei den letzten drei Versuchsarten sehr große Werte annahmen ((10 ... 30)mal so groß wie beim pS-Versuch). Bei jedem der Versuche hat die Bruchfläche eine andere Richtung. Man kann daher sagen, daß die undrainierte Scherfestigkeit von der Bruchrichtung abhängt.

3. Als einflußreich zeigt sich weiter die zum Bruch führende Deformationsgeschwindigkeit. Je geringer die Deformationsgeschwindigkeit ist, um so geringere Festigkeitswerte sind zu ermitteln. Die geringe Deformationsgeschwindigkeit ermöglicht vermutlich Kriecherscheinungen, die wiederum den Porenwasserdruck erhöhen, wirksame Spannungen und Festigkeit dadurch aber vermindern. Unter bestimmten Umständen (hochplastischer Ton) kann eine Vergrößerung der Deformationsgeschwindigkeit auf das 120fache (von $\dot{\varepsilon} = 0{,}005/h$ auf $\dot{\varepsilon} = 0{,}60/h$) eine Festigkeitserhöhung auf das (1,2 ... 1,3)fache bewirken.

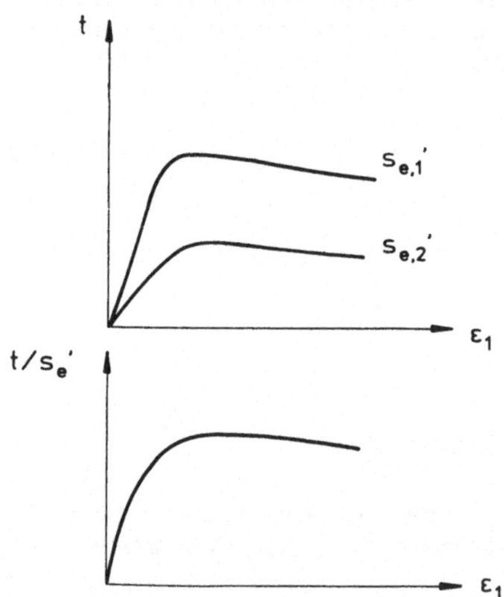

Bild 8.42: Normalisierte Darstellung $t/s_e' = f(\varepsilon_1)$

4. Verschiedene Untersuchungen haben ergeben, daß Laborversuche an Proben gleichen Überkonsolidationsverhältnisses, aber unterschiedlicher Konsolidationsspannungen sehr ähnliche Festigkeits- und Spannungs-Deformationscharakteristiken haben, wenn diese "normalisiert" dargestellt, d. h. auf die Konsolidationsspannungen bezogen werden. Im Bild 8.42 ist dafür ein Beispiel gezeigt $t = t(\varepsilon_1)$. Es enthält Kurven aus pS-Versuchen an normalkonsolidierten Tonen mit verschiedenen Konsolidationsspannungen $s_{e,1}'$, $s_{e,2}'$. Die beiden Kurven gehen bei einer Auftragung $t/s_e' = f(\varepsilon_1)$ ineinander über.

Andere Beispiele [22] zeigen die folgenden Bilder. Darin sind normalisierte Ergebnisse aus Versuchen im Flachschergerät an überkonsolidierten Tonen der Form $\tau/\sigma_v' = f(\Delta l)$ (Bild 8.43) und $c_u/\sigma_v' = f(OCR)$ (Bild 8.44) aufgetragen.

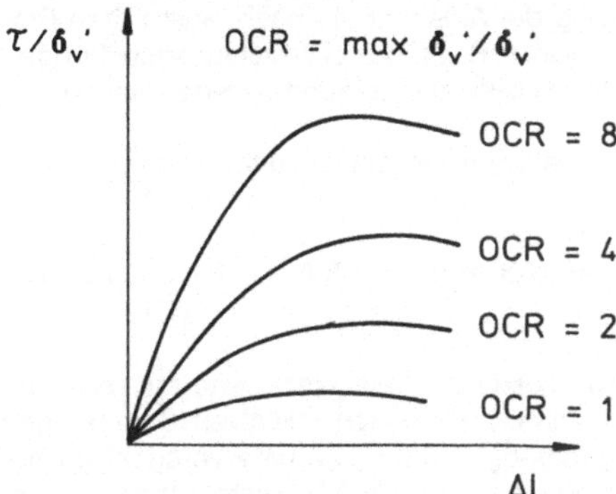

Bild 8.43: Normalisierte Darstellung $\tau/\sigma_v' = f(\Delta l)$

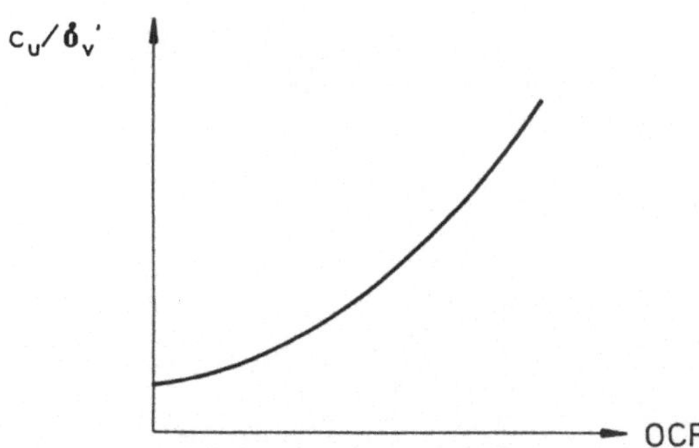

Bild 8.44: Normalisierte Darstellung $c_u/\sigma_v' = f(OCR)$

Die Normalisierung ist bei vielen Lockergesteinen möglich, weniger allerdings bei Tonen, deren Struktur sich bei Konsolidation stark ändert.

Aus dem normalisierten Verhalten resultieren Möglichkeiten, die Probenstörung zu kompensieren. Es werden dazu "ungestörte" Proben entnommen und unter Ruhedruckbedingungen und Spannungen max σ_v' konsolidiert, die vielleicht 1,5-, 2,5- und 4,0fach über der tatsächlich, in situ vorhandenen Spannung σ_v' liegen. Schert man unter den Konsolidationsspannungen jeweils undrainiert ab, müssen - existiert ein normalisierbares Verhalten - die Werte $c_u/\max \sigma_v'$ in etwa übereinstimmen (zumindest für die beiden höheren Konsolidationsspannungen). Nach so vorgenommener Prüfung der Normalisierbarkeit erfolgt in einer zweiten Versuchsreihe die Aufnahme der Kurve

$c_u/\sigma_v' = f(OCR)$. Im allgemeinen ist dazu eine Vorkonsolidation unter einer Spannung max σ_v' notwendig, bei der - bewiesen durch die Normalisierbarkeit im ersten Versuchsschritt - eine ausreichende Rückkonsolidation mit Beseitigung der Probenstörung erfolgte. Der zumeist erfaßte OCR-Bereich liegt zwischen $1,5 \leq OCR \leq 8$. Die Scherversuche selbst werden - zur Berücksichtigung der Anisotropie - nach einem dem Problem angepaßten Verfahren durchgeführt. Sollen z. B. Standsicherheitsuntersuchungen auf kreisförmigen Gleitflächen vorgenommen werden, sind folgende Wege denkbar:

- passive und aktive Versuche mit Mittelwertbildung (Deformationsgeschwindigkeit $\dot\varepsilon$ = $(0,005 \ldots 0,01)$ h^{-1}) bzw.

- Einfachscherversuche (Deformationsgeschwindigkeit $\dot\varepsilon = 0,05$ h^{-1}) oder volumenkonstante Flachscherversuche.

Daneben macht es sich natürlich erforderlich, sollen die Festigkeitswerte auf reale Bedingungen übertragbar sein, die in situ tatsächlich wirkenden effektiven Spannungen $\sigma_v'(z)$ und auch die jeweilige Vorspannung max $\sigma_v'(z)$ (im Oedometerversuch) zu bestimmen, um die zugehörigen Werte c_u der Kurve $c_u/\sigma_v' = f(OCR)$ entnehmen zu können. Es entstehen also Darstellungen der folgenden Art (Bild 8.45).

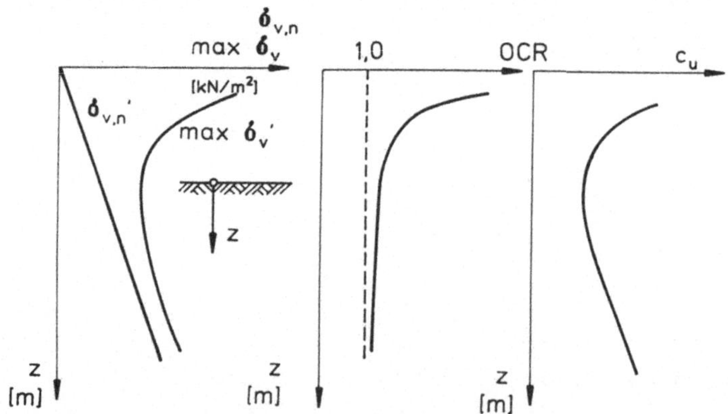

Bild 8.45: Versuchsergebnisse beim SHANSEP-Verfahren

Die im Bild gezeichneten hohen Vorspannungswerte für geringe Werte von z können z. B. ihre Ursache in einer Austrocknung haben.

Das hier skizzierte Verfahren ist in der Literatur als "SHANSEP-Verfahren" (Stress History and Normalised Soil Engineering Properties) dargestellt [21]. Es setzt

- normalisierbares Lockergesteinsverhalten und
- eine klar definierte Spannungsgeschichte des Materials, speziell der Spannungswerte
  max σ'_v,

voraus.

Vorläufig ist die Methode in der Anwendung nicht so weit erprobt, daß sie bedenken-
los genutzt werden könnte. Vor allem muß man beachten, daß bei der Konsolidation
oberhalb der tatsächlich natürlich auftretenden Spannung strukturelle Elemente zerstört
werden könnten, die für das Verhalten des Lockergesteins entscheidend sind.

8.7 Scherfestigkeit der Lockergesteine unter hohen Spannungen

In diesem Abschnitt soll eine Ergänzung zur Festigkeit unter hohen Spannungen erfolgen. Das geschieht vor allem wegen der zunehmenden Bedeutung der unter hohen
Spannungen beobachteten Erscheinungen für die Rohstoffgewinnung in größeren Tiefen.

Die dem Mohr-Coulombschen Bruchgesetz zugrundeliegende lineare Abhängigkeit
zwischen Scherspannung und Normalspannung bzw. die Konstanz des Reibungswinkels φ' gilt nicht für einen beliebig ausgedehnten Bereich. Man stellt experimentell eine
konkave Form der Mohrschen Umhüllenden fest, die besonders bei höheren Drücken
und hier wieder speziell bei

- dichtgelagerten oder stark verdichteten Lockergesteinen,
- Lockergesteinen, die nur gering abgestuft sind,
- stark überkonsolidierten Lockergesteinen

bemerkbar wird (Bild 8.46).

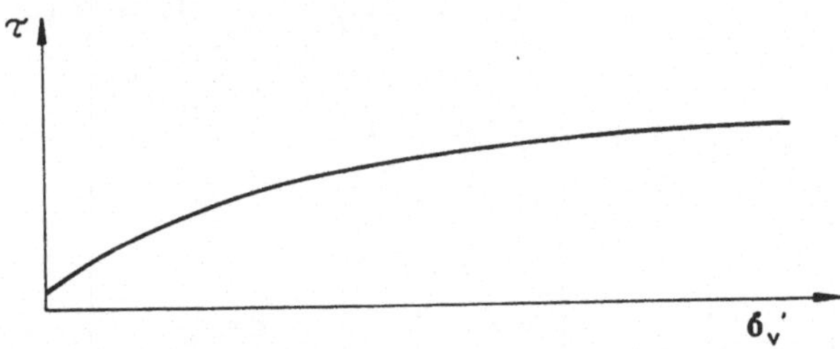

Bild 8.46: Krümmung der Mohrschen Hüllkurve im Bereich höherer Normalspannungen

Die hier dargestellte Krümmung der (τ, σ'_v)-Kurve ist im allgemeinen eine Folge der
Zerstörung der Einzelkörner (bei Sand, Kies) und ist bei dicht gelagerten Sanden, die
normalerweise bei geringeren Drücken eine Dilatanz (Auflockerung) beim Bruch zeigen, mit einer starken Reduzierung der Volumenzunahme bis zu einer Volumenabnahme verbunden [44].

Bild 8.47 zeigt die Abnahme des Reibungswinkels φ' mit zunehmender Spannung. Sie kann bei dicht gelagerten Materialien bis zu 8° betragen, bei locker gelagerten ist sie meist geringer als 4°.

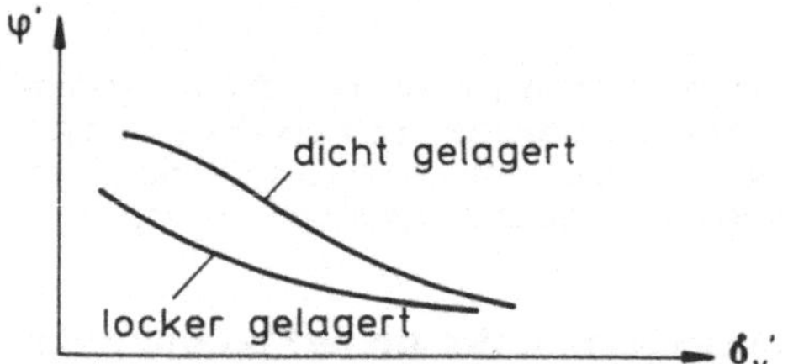

Bild 8.47: Abnahme des Reibungswinkels φ' mit zunehmender Normalspannung

Bild 8.48 verdeutlicht die Veränderung der Kornverteilungskurve, d. h. die Zunahme der feineren Anteile, bei Vergrößerung der Normalspannung. Sie ist ein Zeichen für die erwähnte Kornzertrümmerung. Bemerkenswert ist, daß sich diese Kornzertrümmerung nicht bei einer reinen Konsolidation unter hohen Normalspannungen, sondern nur dann einstellt, wenn unter diesen hohen Drücken gleichzeitig ein Abscheren erfolgt. Das Bild 8.48 vermittelt auch einen Hinweis darauf, wie die Kornverteilungskurve etwa gewählt werden muß, wenn man garantieren will, daß sich der Reibungswinkel auch bei höheren Spannungen nicht vermindert (nämlich ausgeprägt gestuft).

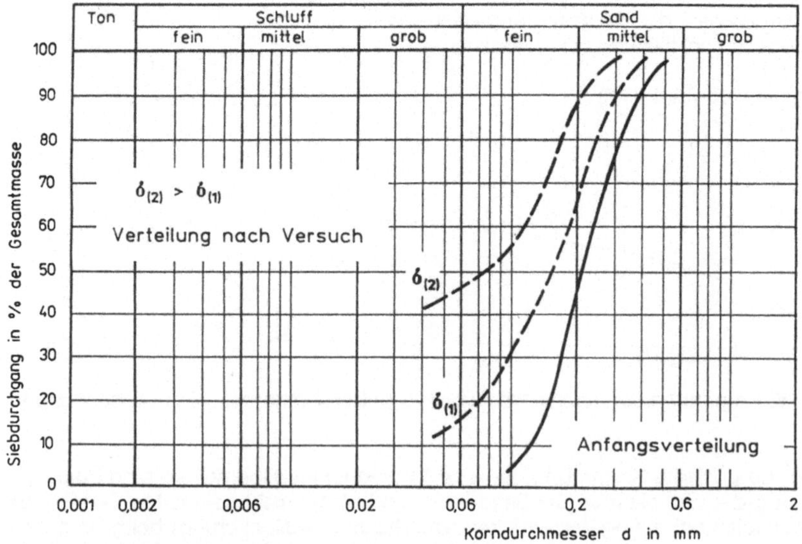

Bild 8.48: Kornzertrümmerung im Scherversuch unter zunehmenden
          Normalspannungen

Man könnte annehmen, daß mit der Verminderung der Korngröße und der damit verbundenen Vergrößerung der Kornzahl auch eine Vergrößerung der Zahl interpartikulärer Kontakte verbunden wäre, die zu einer Vergrößerung des Reibungswinkels führen müßten. Dieser Effekt wird offensichtlich von einer Verringerung der interpartikulären Reibungsfestigkeit überlagert.

Bild 8.49 verdeutlicht den Grad der Volumenänderung beim Bruch mit zunehmender Spannung. Der Kurvenverlauf entspricht der eingangs gezeigten Abhängigkeit $\varphi' = \varphi'(\sigma_v')$. Daraus folgt nahezu eine Proportionalität zwischen Volumenänderungskoeffizient und Reibungswinkel. Sind experimentell während des Scherbruches unter geringen Normalspannungen Volumenvergrößerungen festzustellen, muß man damit rechnen, daß ein Material vorliegt, bei dem sich unter hohen Spannungen der Reibungswinkel vermindert. Der Reibungswinkel nimmt mit Abnahme von $d\varepsilon_v/d\varepsilon_1$ zu (Bild 8.50).

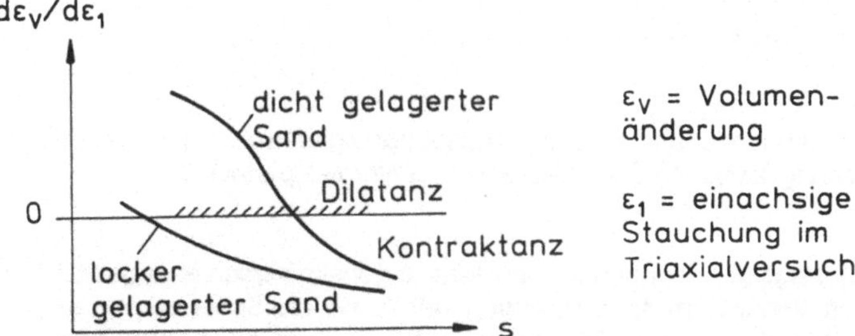

Bild 8.49: Volumenänderungsgrad $d\varepsilon_v/d\varepsilon_1$ als Funktion der Spannung im Triaxialversuch

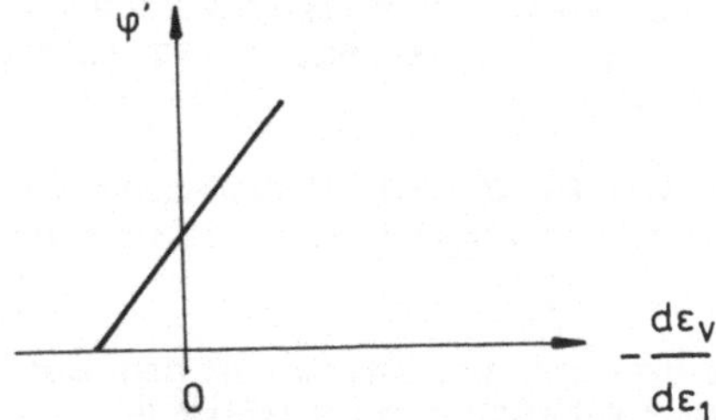

Bild 8.50: Zunahme von φ' mit abnehmendem Wert $d\varepsilon_v/d\varepsilon_1$

8.8 Restfestigkeit

Es wurden vorangehend bereits Schubspannungs-Verschiebungskurven aufgetragen, aus denen deutlich wurde, daß nach der Bruchfestigkeit mit zunehmender Verschiebung ein merklicher Festigkeitsabfall bis auf einen Grenzwert erfolgt, den man als Restfestigkeit oder auch Gleitfestigkeit bezeichnet.

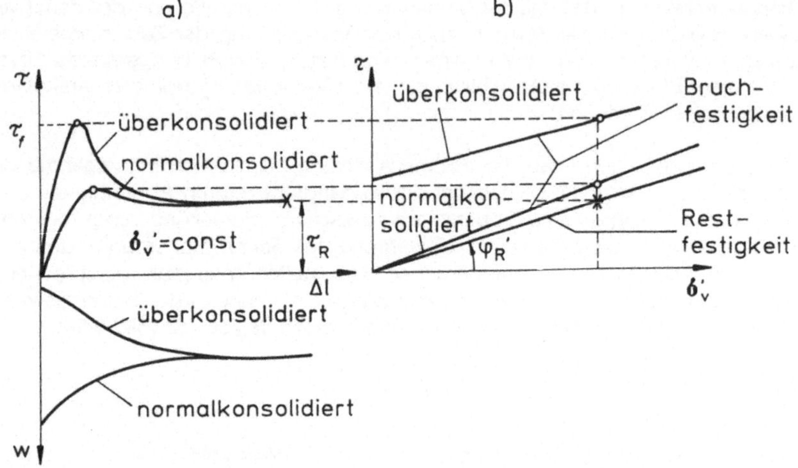

Bild 8.51: a) Scherspannungs- und Wassergehaltsabhängigkeit von der Verschiebung
b) Beziehung zwischen Scherfestigkeit und Normalspannung

Das Bild 8.51 [45] zeigt die Spannungs- und Wassergehalts-Verschiebungsbeziehungen (z. B. für einen Versuch im Kreisringschergerät) sowie die Scherfestigkeits-Spannungs-Beziehung. Aus dem durch Bild 8.51 a) und b) beschriebenen Verhalten sind folgende Aussagen ableitbar:

1. Der Minimalwert der Restfestigkeit entwickelt sich bei einem bestimmten Wassergehalt. Der Versuch ist also drainiert durchzuführen. Eine Wasseraufnahme muß möglich sein, wird aber insofern immer erzwungen, als Wasser aus der Umgebung der Gleitfläche in die Gleitfläche nachgesaugt wird.

2. Der Wert der Restfestigkeit ist unabhängig von der Größe der Vorbelastung. Man erhält gleiche Werte für normalkonsolidierte und überkonsolidierte, ja sogar gestörte und ungestörte Tone gleicher Art.

3. Die Größe des Abfalls von der Bruch- auf die Restfestigkeit nimmt mit dem Überkonsolidationsgrad zu. Er wird durch den Sprödigkeitsfaktor (nach Bishop [6])

$$I_B = \frac{\tau_f - \tau_R}{\tau_f}$$

(8.61)

beschrieben.

Der Sprödigkeitsfaktor ist besonders groß bei stark überkonsolidierten Tonen. Der durch ihn beschriebene Festigkeitsabfall ist bei Sanden viel weniger ausgeprägt.

4. Die Mohrsche Umhüllende läßt sich wieder durch eine Gerade ersetzen mit

$$c_R \sim 0 \text{ und } \varphi_R > 0. \tag{8.62}$$

Als Ursache für den Abfall der Bruchfestigkeit müssen wir

- die progressive Zerstörung adhäsiver Bindungen zwischen den Körnern,
- eine Parallelisierung der Tonpartikel und vor allem
- eine Wasseraufnahme

ansehen. Für den letztgenannten Grund spricht besonders der Fakt, daß die Gleitfestigkeit bei schließlich konstant bleibendem Volumen erreicht wird. Auf die Parallelisierung der Tonpartikel deuten auch die glatten, "polierten" Bruchflächen, die "Harnische", vor allem in überkonsolidierten Tonen hin.

Die Größe des Restreibungswinkels hängt stark vom Tongehalt ab und liegt bei fetten Tonen (Tonkorngehalt größer als 70 %) bei $\varphi_R \sim 10°$ und darunter.

Besonderer Untersuchung bedarf noch die Art des Abfalles nach dem Bruch. Zur Zeit deutet sich an, daß dieser Abfall mit größerer Verschiebungsgeschwindigkeit rascher erfolgt, wobei ein Zusammenhang zwischen Scherspannung und dem Logarithmus der Zeit zu existieren scheint. Bisher noch nicht ausreichend geklärt ist die Frage, ob der Endwert der Scherfestigkeit, eben die Restfestigkeit, allein vom Verschiebungsweg oder auch von der Geschwindigkeit der Verschiebung abhängt.

8.9 Besonderheiten im Verhalten einzelner Lockergesteinsarten

8.9.1 Quicktone

Wie bereits erwähnt, versteht man unter Quicktonen solche, die im Meer abgelagert und deren Salzgehalt dann durch Porenwasserströmungen vermindert wurde, die also einer Auslaugung unterlagen. Sie haben einen hohen Wassergehalt, der dem Elektrolytgehalt in der Porenflüssigkeit und der Struktur nicht mehr entspricht. Bei einer äußeren Störung brechen die in geologischen Zeiträumen aufgebauten Bindungen, und es tritt ein enormer Festigkeitsverlust ein. Zur Entwicklung der Bruchfestigkeit sind große Deformationen, entsprechend großen Volumenminderungen, erforderlich.

Bild 8.52 zeigt dazu Spannungs-Deformationskurven als Ergebnis mit unterschiedlicher Konsolidationsspannung durchgeführter Triaxialversuche.

Praktisch ist es sehr kompliziert, die dem Problem angepaßten richtigen Scherfestigkeitsparameter auszuwählen. Oft werden die geringen Werte der "Fließgrenze" (Knick der Kurve) bereits als Basis für Berechnungen benutzt.

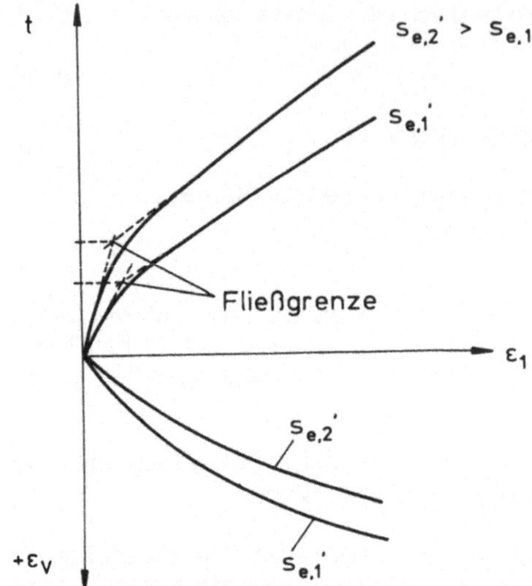

Bild 8.52: Entwicklung des Bruches bei Quicktonen

Unterwirft man einen solchen Ton einem undrainierten Triaxialversuch, stellt man nach Erreichen der Bruchfestigkeit immer noch einen merklichen Zuwachs des Porenwasserdruckes fest (Bild 8.53). Der Bruch wird bei geringeren Werten t_f, s_f' erreicht als im drainierten Versuch (Bild 8.54).

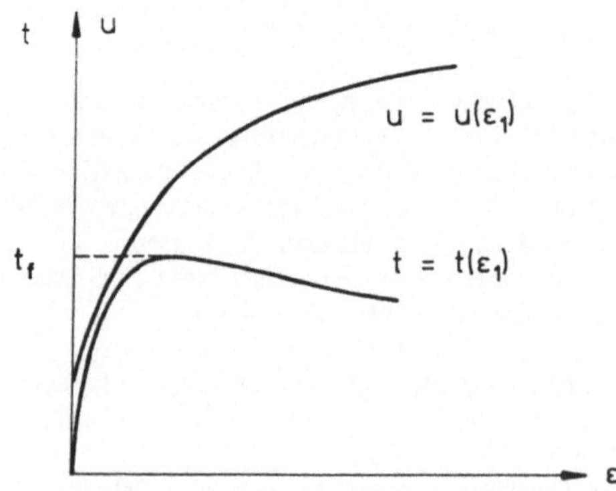

Bild 8.53: Entwicklung von Porenwasserdruck und Scherspannung in einem Quickton in Abhängigkeit von der Stauchung

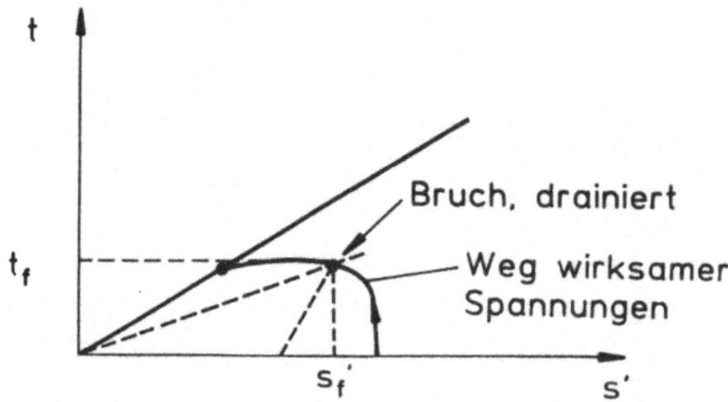

Bild 8.54: Weg wirksamer Spannungen bei undrainierten Versuchen mit Quicktonen

Bei solchen Versuchen wirken zwei Tendenzen einander entgegen, nämlich

- der Zuwachs an Porenwasserdruck, also die Verminderung wirksamer Spannungen im Ergebnis der Volumenabnahme, und

- die Mobilisierung der Reibungsfestigkeit durch Volumenminderung.

Der Bruchwert wird erreicht, bevor die volle Reibungsfestigkeit mobilisiert ist. Umgekehrt gehören zu großen Verschiebungen mit voll mobilisierter Reibung hohe Porenwasserdrücke, also kleine wirksame Spannungen.

8.9.2 Sand

Bei Sand ist vor allem das Verhalten im undrainierten Versuch unter verschiedenen Lagerungsdichten von Interesse und dabei wieder besonders das eines locker gelagerten Sandes. In Bild 8.55 sind bestimmte Abhängigkeiten $t = t(\varepsilon_1)$ bzw. $u = u(\varepsilon_1)$ im undrainierten Triaxialversuch dargestellt.

Bei sehr locker gelagertem Sand läßt sich nachweisen, daß dann, wenn der Maximalwert des Deviators t unter Porenwasserüberdruckentwicklung erreicht wird, nur ein Teil (30 %) des möglichen, im drainiert verlaufenden Versuch ermittelten Reibungswinkels ausgenutzt wird. Die Ursache dafür ist darin zu sehen, daß der locker gelagerte Sand seine Struktur nicht in dem Maße verändern kann (Tendenz zur Volumenminderung), wie das für einen Gewinn an Reibungsfestigkeit erforderlich wäre.

Bei äußerer Störung kommt es in solchen lockeren, wassergesättigten Sanden zu einem Verlust an Festigkeit (Verflüssigung). Ob ein Sand zum Verflüssigen neigt, hängt davon ab, ob er der Tendenz zu einer Volumenverminderung während des Scherversuches unterliegt. Als Maßzahl dafür wurde die kritische Porenzahl eingeführt. Verflüssigungsgefahr liegt auf jeden Fall für $e > e_k$ vor. Die kritische Porenzahl kann aber nicht als alleiniges Kriterium verwendet werden.

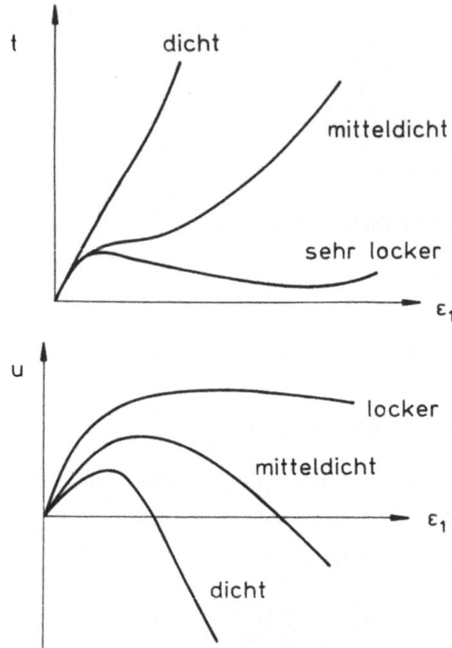

Bild 8.55: Abhängigkeit der Scherspannung und des Porenwasserdruckes von der
Stauchung bei verschiedenen Lagerungsdichten

Auslösendes Initial einer solchen Verflüssigung können dynamische Anregungen sein.
Bei Belastungswiederholung unter undrainierten Bedingungen in Belastungszyklen
kommt es infolge progressiver Umordnung der Kornstruktur zu einem ständigen Anstieg des Porenwasserdruckes (auch bei Entlastung geht dieser nicht zurück), da sich
keine Volumenminderung einstellen kann.

Versuche von Seed und Lee [25], [42] und Leonhardt [28], im Triaxialgerät durchgeführt, deuten diese Entwicklung an. Bild 8.56 stellt den Porenwasserdruckzuwachs in
Abhängigkeit von den Lastwechseln dar. Es treten dabei anfangs keine Deformationen
ein. Letztere ergeben sich erst bei höheren Lastwechselzahlen plötzlich mit großen
Werten und sind mit dem Bruch verbunden. Gleiche Effekte sind aber ebenso - wenn
auch vermindert - bei dicht gelagerten Sanden zu erreichen. Mit zunehmender Zahl
der Lastwechsel fällt die zum Bruch führende Scherspannung ab.

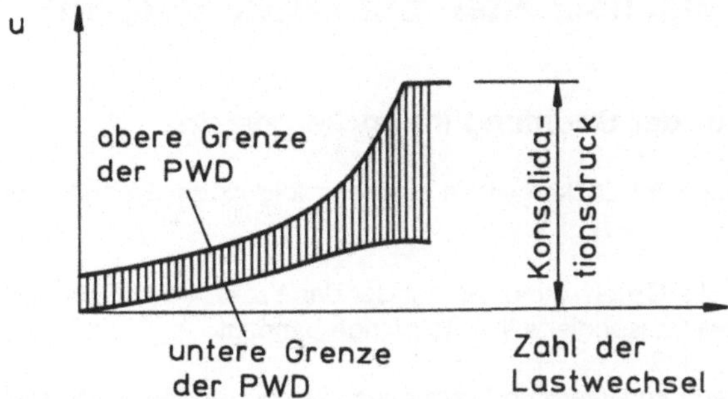

Bild 8.56: PWD-Entwicklung bei zyklischer Belastung

Ein ganz anderer Effekt ist bei sehr dicht gelagertem Sand im undrainierten Versuch zu beobachten. Hier entsteht der Zwang zu einer Volumenvergrößerung und damit zur Entwicklung negativer Porenwasserdrücke. Kleiner als -10^5 N/m^2 (-1 bar) kann der Porenwasserdruck nicht werden. Dann stellt sich Kavitation ein. Der Porendruck bleibt konstant. Trotz undrainierten Versuchs bleibt das Volumen mit Beginn der Kavitation nicht mehr konstant. Der Versuch wird in diesem Falle also nicht mehr allein vom Wassergehalt, sondern auch von der Lagerungsdichte beeinflußt.

9 Hydraulische Eigenschaften der Lockergesteine

9.1 Bedeutung und Art der Strömung im Lockergestein

Die Grundgesetze der Strömung im Lockergestein sind aus folgenden Gründen von Interesse:

1. Es werden Aussagen über die Geschwindigkeit, mit der das Wasser durch den Untergrund fließt, und die dabei transportierte Wassermenge benötigt.

2. Durch den Strömungsvorgang im Untergrund entstehen gegenüber dem hydrostatischen Zustand veränderte neutrale und damit auch wirksame Spannungen, die wiederum
   - bedeutsam sind vor allem für den zeitlichen Verlauf von Deformationsvorgängen und
   - für alle Bruchvorgänge insofern, als eine Korrelation zwischen wirksamer Spannung und Festigkeit besteht.

Der Strömungsvorgang verläuft innerhalb des Porenraumes, wobei man voraussetzen darf, daß zumindest bis in den Bereich des Schluffes alle Poren miteinander in Verbindung stehen, also keine isolierten Poren existieren. Mikroskopische Untersuchungen beweisen, daß auch in den feinkörnigsten Lockergesteinen, die auf Grund ihres Aufbaus aus plattigen Partikeln eventuell abgeschlossene Poren enthalten könnten, solche dennoch kaum auftreten. Eine Wasserströmung ist daher auch im "fettesten" Ton denkbar. Der Strömungsvorgang wird sicherlich nicht immer längs gerader Bahnen verlaufen, wenn man den geradlinigen Strömungsverlauf auch den Überlegungen zugrunde legt.

9.2 Grundbegriffe des Strömungsvorganges

Es wird ein Ausschnitt des Strömungsbildes, beispielsweise durch einen Damm betrachtet. Die beliebig gewählten Bewegungsbahnen (Stromlinien) zweier Partikel des Wassers begrenzen eine Stromröhre. Die "Wandung" dieser Stromröhre ist dabei rein fiktiver Natur (Bild 9.1).

Die Energie eines Masseelementes dm innerhalb der Stromröhre ist bestimmt durch

- die potentielle Energie $z \cdot g \cdot dm$

- die kinetische Energie (bei einer Strömungsgeschwindigkeit v)

$$\frac{v^2}{2} \cdot dm$$

- und die "Druck"energie (charakterisiert durch die Spannung u im Wasser bzw. durch den dieser Spannung äquivalenten Anstieg h_p des Wasserspiegels in einem Standrohr), ebenfalls eine potentielle Energie

$$\frac{u}{\varrho_w} \cdot dm = h_p \cdot g \cdot dm.$$

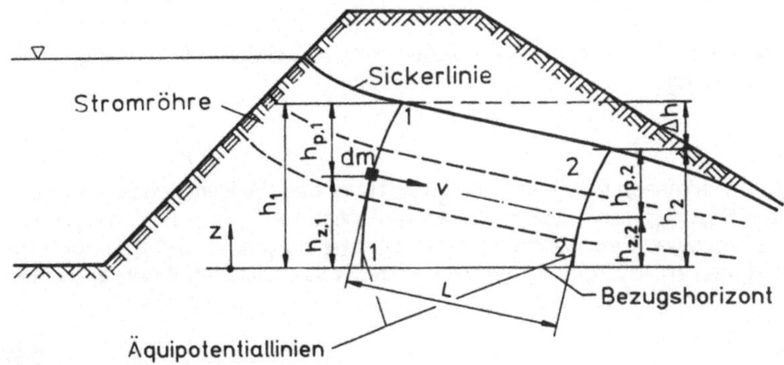

Bild 9.1: Elemente der Strömung

Daraus folgt für die Gesamtenergie die Gleichung

$$dW = (g \cdot z + \frac{v^2}{2} + \frac{u}{\varrho_w}) \, dm. \tag{9.1}$$

Üblich ist es nun, mit Energiehöhen zu arbeiten, die der Energie pro Masseneinheit entsprechen, also die Gleichung in die Form

$$\frac{dW}{g \cdot dm} = z + \frac{v^2}{2g} + \frac{u}{g \cdot \varrho_w} \tag{9.2}$$

oder

$$h = h_z + h_p + h_v \tag{9.3}$$

zu bringen.

Darin bedeuten

h - totale Höhe oder hydraulische Höhe,
h_p - Druckhöhe (Standrohrspiegelhöhe),
h_v - Geschwindigkeitshöhe und
$h_z = z$ - Ortshöhe (bezogen auf ein willkürlich gewähltes Niveau).

Beachtet man, daß die Geschwindigkeit einer Strömung im Lockergestein v = 1,0 cm/s kaum überschreiten wird, so erscheint bereits die ihr entsprechende Geschwindigkeitshöhe

$$h_v \sim \frac{(10^{-2}\ m/s)^2}{2\ \cdot\ 10\ m/s^2} = 0,5\ \cdot\ 10^{-5}\ m \tag{9.4}$$

gegenüber den noch genannten Höhen sicher vernachlässigbar. Man arbeitet daher nur mit der Beziehung

$$h = h_z + h_p. \tag{9.5}$$

Wie das Bild 9.1 erkennen läßt, entspricht h der Höhe des Wasserspiegels im Standrohr über dem Bezugshorizont. Längs der Äquipotentiallinien (Bild 9.1) ist die hydraulische Höhe h konstant. Eine Strömung zwischen zwei Punkten 1 und 2 mit den hydraulischen Höhen h_1, h_2 kommt dann zustande, wenn zwischen ihnen ein Unterschied

$$\Delta h = h_1 - h_2 \neq 0 \tag{9.6}$$

besteht.

Daß wirklich nur der Gesamthöhenunterschied für einen Strömungsvorgang verantwortlich gemacht werden kann, erkennt man leicht, wenn man sich die Höhen in einem Gefäß, das mit Wasser gefüllt ist, vergegenwärtigt (Bild 9.2). Es ändern sich darin sowohl h_p als auch h_z. Die hydraulische Höhe h aber ist als Ausdruck des statischen Zustandes in dem Gefäß konstant.

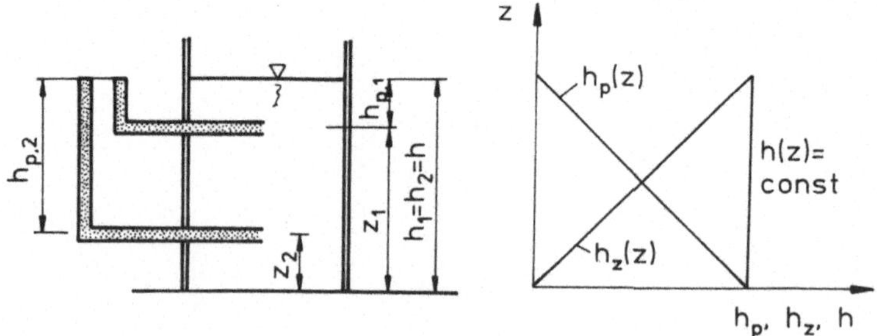

Bild 9.2: Höhenverhältnisse in einem mit Wasser gefüllten Gefäß

Den Gradienten $\Delta h/L$ (Bild 9.1) bezeichnet man als hydraulisches Gefälle

$$i = \frac{\Delta h}{L}. \tag{9.7}$$

L ist dabei die Länge des Strömungsweges zwischen den Punkten 1 und 2. In der Bodenmechanik lernt man, daß das Gefälle natürlich ebenso wie die Geschwindigkeit ein Vektor ist, also eine gerichtete Größe, und als Gradient im Sinne der Vektoranalysis aus der hydraulischen Höhe abgeleitet werden muß.

9.3 Darcysches Gesetz, Wassermengen und Geschwindigkeiten

Darcy (1856) führte den in Bild 9.3 dargestellten Versuch durch. Das Gefälle der Probe ist

$$i = \frac{h_1 - h_2}{L}. \tag{9.8}$$

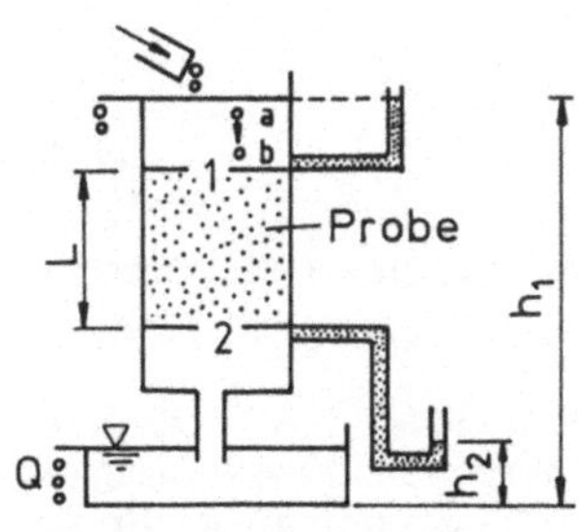

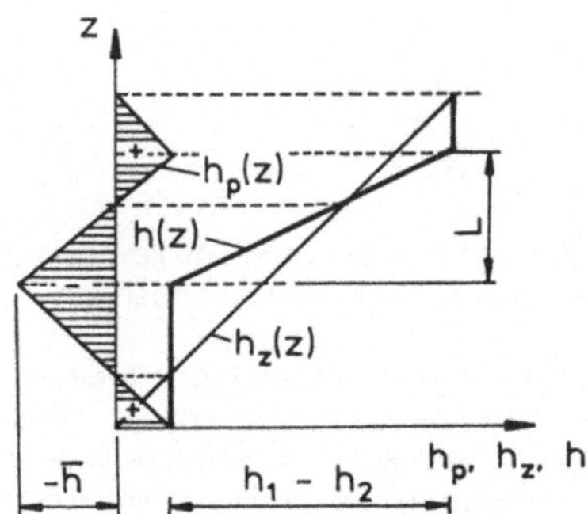

Bild 9.3: Versuch von Darcy

Von Darcy wurde nun die Wassermenge bestimmt, die in der Zeiteinheit durch die Probe strömte. Dabei stellte er fest (Darcysches Gesetz):

$$Q = k \cdot i \cdot A \ [L^3/T]. \tag{9.9}$$

A ist dabei die Querschnittsfläche des Probenbehälters, k der Durchlässigkeitsbeiwert mit der Dimension einer Geschwindigkeit.

Die Geschwindigkeit der Strömung erhält man durch Umstellung obiger Gleichung

$$v = \frac{Q}{A} = k \cdot i. \tag{9.10}$$

Sie wird auch als Darcysche Gleichung bezeichnet. Die Geschwindigkeit entspricht der Geschwindigkeit eines Wassertropfens in dem die Probe überschichtenden Wasser auf dem Weg von a nach b. Für die Bewegung innerhalb des Lockergesteins ist sie - wie näher erläutert werden soll - ein rein fiktiver und trotzdem meist benutzter Wert. Sie trägt die Bezeichnung Filtergeschwindigkeit. Der Durchlässigkeitsbeiwert läßt sich demnach als Filtergeschwindigkeit bei einem Wert des Gefälles i = 1 deuten.

Da dem Wasser innerhalb der Probe auf dem Wege von 1 nach 2 nicht der volle Querschnitt A, sondern nur der durch die Poren bedingte Querschnitt $A_p \sim n \cdot A$ zur Verfügung steht, verläuft der Strömungsvorgang innerhalb der Probe offensichtlich rascher, nämlich mit einer Geschwindigkeit v_s. Man bezeichnet sie als Sickergeschwindigkeit. Es gilt die Bedingung

$$Q = v \cdot A = v_s \cdot A_p, \tag{9.11}$$

und daraus wird

$$v_s = v \; \frac{A}{A_p} = v \cdot \frac{A}{n \cdot A} = \frac{v}{n}. \tag{9.12}$$

Eine sicherlich interessante Frage ist die nach den Gültigkeitsgrenzen des Gesetzes von Darcy. Dabei sind zwei Fälle zu bedenken:

- Die Strömung in einem grobkörnigen Material und einem Gefälle i > 1. Der Strömungsvorgang ist hier nicht mehr laminar - wesentlicher Hintergrund für die Gültigkeit des Darcyschen Gesetzes -, sondern es liegt eine turbulente Strömung vor. Der Zusammenhang zwischen Strömungsgeschwindigkeit und Gefälle ist unterlinear. Das heißt, es ist

$$\frac{d^2 v}{di^2} < 0. \tag{9.13}$$

Das Bild 9.4 verdeutlicht die Verhältnisse. Genügend genau läßt sich aber der Vorgang im jeweils interessierenden Gefällebereich durch eine Gerade annähern.

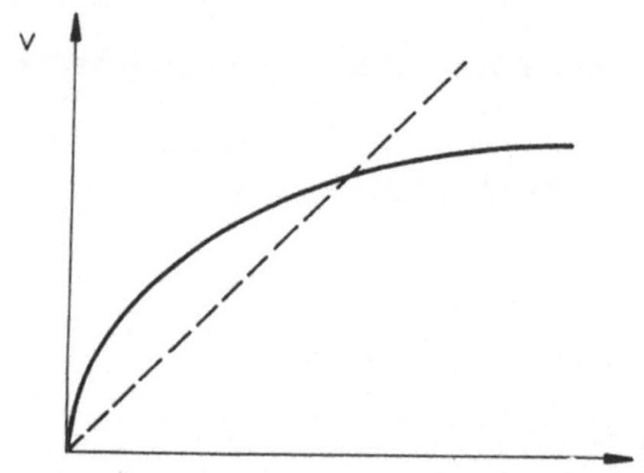

Bild 9.4: Turbulente Strömung in grobkörnigem Lockergestein

- Die Strömung in einem sehr feinkörnigem (tonigem) Material. Ein Teil des Wassers ist an die Tonpartikel gebunden, beteiligt sich nicht am Strömungsvorgang bzw. bremst ihn durch seine (des Wassers) geringe Beweglichkeit. Der Strömungsvorgang setzt tatsächlich erst ein, wenn ein bestimmtes Initialgefälle i_0 überschritten ist (Bild 9.5).

Bei der Konsolidation solcher Materialien wirkt die Existenz des Anfangsgradienten dahin, daß Restwasser in Schichtmitte praktisch nicht entfernbar ist. Der Effekt wirkt günstig in Dichtungsschichten, die praktisch undurchlässig erscheinen, solange $i < i_0$. Das ist wohl auch der Grund dafür, die Durchlässigkeit von Dichtungsmaterialien bei hohen Gefällewerten ($i = 30$) zu prüfen.

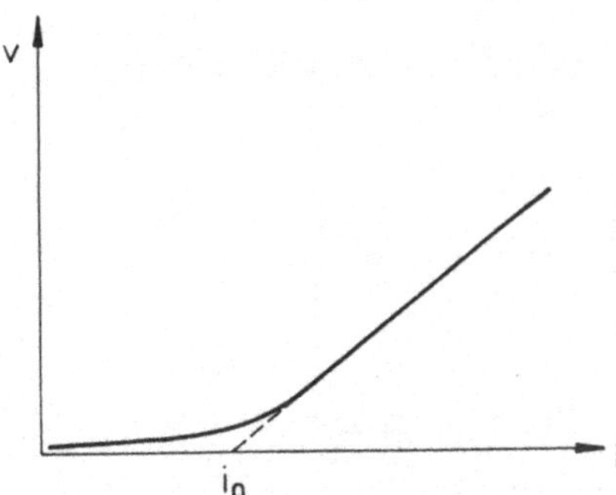

Bild 9.5: Strömung in sehr feinkörnigem Lockergestein - Initialgefälle

9.4 Ermittlung des Durchlässigkeitsbeiwertes im Labor

Zur Ermittlung des Durchlässigkeitsbeiwertes im Labor stehen generell drei Verfahren zur Verfügung:

a) Berechnung aus der Zeit-Setzungs-Kurve des Druckversuches,
b) Durchführung eines Durchströmungsversuches mit abnehmender Druckhöhe und
c) Durchführung eines Durchströmungsversuches mit konstanter Druckhöhe.

Zu a)

Wie bereits erörtert wurde, wird der k-Wert aus der Gleichung

$$k = \frac{0{,}197 \cdot g \cdot \varrho_w \cdot H^2}{E_s \cdot t_{50}} \tag{9.14}$$

(ϱ_w - Dichte des Wassers; H - Probenhöhe bei einseitiger Entwässerung; E_s - Steifemodul; t_{50} - Zeit, nach der 50 % der Primärsetzung abgeklungen sind)

bestimmt.

Zumindest E_s und t_{50} sind Größen, die ebenfalls nicht immer ausreichend genau bestimmt werden können. Somit ist das erreichbare Ergebnis für den k-Wert nicht sehr sicher. Desweiteren werden Zeit-Setzungs-Versuche im Oedometer hauptsächlich für Tone durchgeführt, womit diese Art der Bestimmung des Durchlässigkeitsbeiwertes auch nur überwiegend für dieses Lockergestein in Betracht kommt.

Zu b)

Der Versuch mit fallender Druckhöhe setzt, wenn ausreichend genaue Ergebnisse erhalten werden sollen, eine größere Durchlässigkeit voraus. Er ist daher auf durchlässigere Lockergesteinsarten, vor allem Schluffe, beschränkt.

Schematisch zeigt das Bild 9.6 das Versuchsgerät und die Höhenverhältnisse.

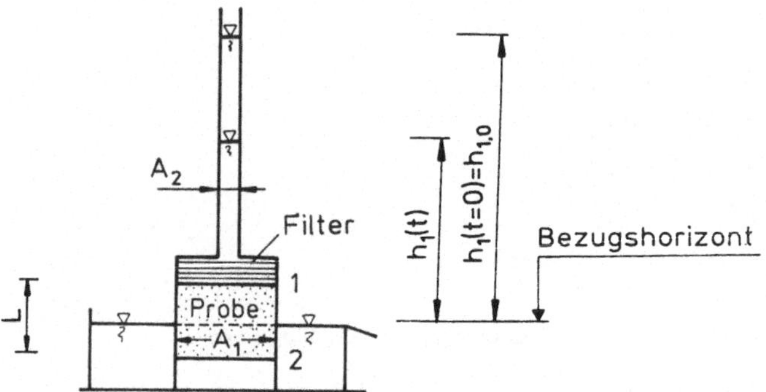

Bild 9.6: Versuch mit fallender Druckhöhe

Zu beachten ist, daß - bedingt durch die Wahl des Bezugsniveaus - die hydraulische Höhe des Probenquerschnittes 2 stets Null ist, d. h. $h_2(t) \equiv 0$.

Das Gefälle wird dann gemäß

$$i = \frac{h_1(t)}{L} \tag{9.15}$$

berechnet. Die in der Zeiteinheit und zur Zeit t durch die Probe strömende Wassermenge ist

$$Q(t) = k \cdot \frac{h_1(t)}{L} \cdot A_1 \tag{9.16}$$

(A_1 - Probenquerschnitt)

und zeigt sich durch einen Höhenverlust

$$-\frac{dh_1(t)}{dt} = \frac{Q(t)}{A_2} \tag{9.17}$$

(A_2 - Standrohrquerschnitt).

Aus diesen beiden Gleichungen folgt die Differentialgleichung

$$\frac{dh_1}{h_1} = -\frac{k}{L} \cdot \frac{A_1}{A_2} \, dt \tag{9.18}$$

mit dem allgemeinen Integral

$$\ln h_1 = -\frac{k}{L} \cdot \frac{A_1}{A_2} \cdot t + c. \tag{9.19}$$

Aus der Anfangsbedingung

$$h_1(t=0) = h_{1,0} \tag{9.20}$$

wird

$$c = \ln h_{1,0} \tag{9.21}$$

und somit

$$k = \frac{L \cdot A_2}{t \cdot A_1} \ln\left(\frac{h_{1,0}}{h_1(t)}\right). \tag{9.22}$$

Benutzt man dekadische Logarithmen, entsteht die übliche Gleichung

$$k = 2{,}3 \cdot \frac{L \cdot A_2}{t \cdot A_1} \lg\left(\frac{h_{1,0}}{h_1(t)}\right). \tag{9.23}$$

Zu c)

Das Verfahren mit konstanter hydraulischer Höhe wird meist zur Untersuchung von Kiesen und Sanden verwendet, ist aber für alle Lockergesteinsarten anwendbar.

Bild 9.7 zeigt das Versuchsprinzip und die Druckverhältnisse. Das Gefälle ist konstant

$$i = \frac{h_1 - h_2}{L} = \frac{\Delta H}{L}. \tag{9.24}$$

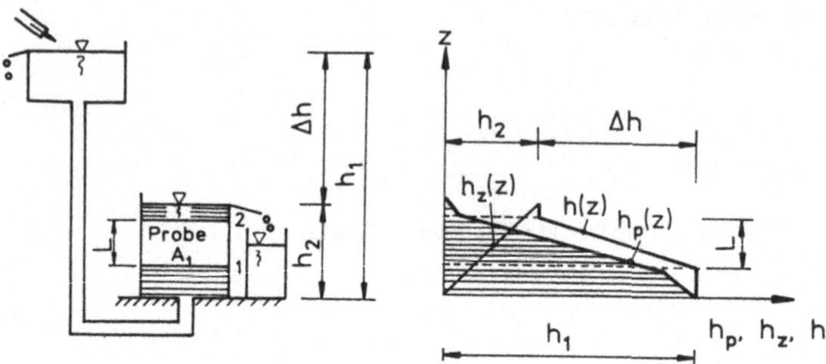

Bild 9.7: Versuch mit konstanter Druckhöhe

Gemessen wird die in der Zeit t die Probe durchströmende Wassermenge Q. Der Durchlässigkeitsbeiwert ergibt sich dann zu

$$k = \frac{Q}{t \cdot A \cdot i} = \frac{Q \cdot L}{t \cdot A \cdot \Delta h}.$$

(9.25)

Fehler, die bei allen Versuchen dieser Art auftreten, liegen in

- der Versuchsdurchführung (systematische und zufällige Fehler),
- den Mängeln der Geräte (systematische Fehler),
- der Heterogenität des Untergrundes, die in der Probe nicht erfaßt wird, und
- den Störungen der Probe während der Entnahme.

Bestimmungen der Durchlässigkeit im Feld haben daher wiederum Vorteile.

9.5   Einflußfaktoren auf den Durchlässigkeitsbeiwert

Mehr oder weniger aus theoretischen Überlegungen heraus haben Koženy [20] und Carman eine Gleichung für den k-Wert hergeleitet:

$$k = \frac{1}{f \cdot O_s^2} \cdot \frac{g \cdot \varrho_f}{\eta_f} \cdot \frac{e^3}{1 + e}$$

(9.26)

(f - Faktor, abhängig von Porenform etc.; O_s - spezifische Oberfläche des Lockergesteins [1/L]; ϱ_f - Dichte der strömenden Flüssigkeit [M/L^3]; η_f - dynamische Viskosität der Flüssigkeit [M/(L $\cdot$ T)]).

Es sind also eindeutig Einflußfaktoren da, die durch die Art des Lockergesteins und die des strömenden Mediums bedingt werden.

9.5.1 Einflüsse des Lockergesteins

Gemäß der Gleichung von Koženy beeinflußt das Lockergestein die Durchströmung durch die spezifische Kornoberfläche (ein Äquivalent dafür dürfte die wirksame Korngröße oder ein geeigneter Korngrößenwert sein) und die Porenzahl. Nicht erfaßt sind in der Gleichung von Koženy

- Lockergesteinsaufbau,
- Struktur und Sättigungsgrad.

Eine Verminderung der Korngröße bedingt offensichtlich eine Verringerung der Durchlässigkeit. Das findet in verschiedenen Vorschlägen zur Ermittlung von $k = k(d)$ seinen Ausdruck. Von Hazen [15] stammen die Gleichungen

$$k \ [\text{cm/s}] = (1{,}0 \ldots 1{,}5) \ d_{10}^{2} \ [\text{mm}^2] \tag{9.27}$$

bzw.

$$k \ [\text{cm/s}] = 1{,}16 \ d_{w}^{2} \ [\text{mm}^2]. \tag{9.28}$$

Sie sind aber sehr vorsichtig und höchstens für Schluffe und Sande zu gebrauchen. Andere Autoren nehmen hier noch die Ungleichförmigkeitszahl U hinzu. So gibt Beyer [3]

$$k = C(U) \cdot d_{10}^{2} \tag{9.29}$$

an, mit $C(U)$ als einer von U abhängigen Größe. Alle diese Gleichungen machen deutlich (Verwendung von d_{10}!), daß vor allem die feineren Bestandteile den Haupteinfluß auf den Durchlässigkeitsbeiwert haben.

Die zweite wesentliche Größe, die Porenzahl, geht in eine von Terzaghi genannte Gleichung

$$k \ [\text{cm/s}] = 2{,}0 \ d_{w}^{2} \cdot e^{2} \tag{9.30}$$
$$(d_{w} \text{ in mm})$$

ein. Aus dieser Beziehung wird eine lineare Abhängigkeit zu e^2 deutlich. Stärker ist aber die Abhängigkeit zu $e^3/(1 + e)$, wie Experimente zeigten. Empirisch gesichert ist auch die Relation

$$\frac{k}{k_0} = e^{\, b} \tag{9.31}$$

mit $k_0 = k \ (e = 1)$.

Logarithmiert man diese Gleichung, so führt sie auf

$$\ln\left(\frac{k}{k_0}\right) = b \cdot \ln e, \qquad (9.32)$$

eine oft verwendete lineare Darstellung bei doppeltlogarithmischer Auftragung.

Die Bestandteile des Lockergesteins (abgesehen von organischen Bestandteilen) sind besonders beim Ton von großem Interesse, fast gar nicht bei grobkörnigen Lockergesteinen. Beim Ton spielt die Mineralart und dabei noch die Art der austauschbaren Ionen eine Rolle. Die Durchlässigkeit nimmt ab, wenn die Ionen in der Kette Kalzium-Kalium-Natrium jeweils durch die des nächstfolgenden Elementes ersetzt werden. Die geringsten Durchlässigkeiten zeigt ein Natriummontmorillonit.

In gleicher Weise beeinflußt die Lockergesteinsstruktur die Durchlässigkeit. Es erscheint logisch, daß bei Anordnung der Mineralpartikel in Parallelstruktur (disperse Anordnung) vor allem die Strömung senkrecht zur Orientierungsrichtung unterbunden wird. Darüber hinaus sind aber bei Flockenstruktur generell weitere Strömungskanäle zu erwarten. Notwendige Strukturveränderungen z. B. zur Verminderung der Durchlässigkeit lassen sich durch Verdichtung und natürlich auch durch Beimengungen erreichen.

Als letzter Einflußfaktor sei die Sättigungszahl genannt. Mit zunehmender Sättigung ist ein wesentlicher Anstieg der Durchlässigkeit zu verzeichnen. Dabei sind Verhältnisse

$$\frac{k(S_r = 1,0)}{k(S_r = 0,8)} \approx 4 \qquad (9.33)$$

denkbar.

9.5.2   Einfluß des strömenden Mediums

Der Einfluß des strömenden Mediums drückt sich nach der Gleichung von Koženy in der Dichte und der Viskosität des strömenden Mediums aus. Um diesen Einfluß zu eliminieren, wird häufig die sogenannte spezifische (oder absolute) Durchlässigkeit

$$K = \frac{\eta_f}{\varrho_f \cdot g} \cdot k \qquad (9.34)$$

gebildet. Sie wird in $[L^2]$ oder in [darcy] entsprechend

$$1 \text{ darcy} = 0{,}987 \cdot 10^{-8} \text{ [cm}^2] \qquad (9.35)$$

gemessen.

Für Wasser bei 20 °C gelten näherungsweise

$$k \; [cm/s] \sim 10^{-3} K \; [darcy] \quad \text{bzw.} \tag{9.36}$$
$$k \; [cm/s] \sim 10^{+5} K \; [cm^2]. \tag{9.37}$$

Durch die Abhängigkeit der Viskosität von der Temperatur macht sich stets eine Umrechnung der bei der Temperatur T ermittelten Durchlässigkeit k_T auf die bei 20 °C als Standardwert in der Form

$$k_{20°} = \frac{\eta_T}{\eta_{20°}} \; k_T \tag{9.38}$$

erforderlich. Aus diesem Grunde ist mit Durchströmungsversuchen immer eine Temperaturmessung verbunden.

Über Viskosität und Dichte hinaus können aber auch noch andere Agenzien des strömenden Mediums die Durchlässigkeit beeinflussen. Sie haben besonders dann Bedeutung, wenn das später strömende Medium anstelle von Wasser bereits bei einer Probenaufbereitung zur Durchführung von Durchströmungsversuchen verwendet wird. Es besteht ein Unterschied zu dem Fall, der die Aufbereitung mit Wasser vorsieht und lediglich beim Durchströmungsversuch ein anderes Medium wählt.

9.6 Anhaltswerte für den Durchlässigkeitsbeiwert

Als Anhaltswerte mögen die in der folgenden Tabelle dienen:

Tabelle 9.1: Anhaltswerte für den Durchlässigkeitsbeiwert

Lockergestein	k [m/s]
stark bindig	$10^{-11} \; ... \; 10^{-7}$
schwach bindig	$10^{-7} \; ... \; 10^{-5}$
nicht bindig	$10^{-5} \; ... \; 10^{-2}$

Im allgemeinen klassifiziert man nach der Durchlässigkeit in folgender Weise [47]:

Tabelle 9.2: Definition des Durchlässigkeitsgrades

Durchlässigkeitsgrad	k [m/s]
hoch	$>10^{-3}$
mittel	$10^{-3} \; ... \; 10^{-5}$
gering	$10^{-5} \; ... \; 10^{-7}$
sehr gering	$10^{-7} \; ... \; 10^{-9}$
praktisch undurchlässig	$<10^{-9}$

Literatur

[1] Alinson, J. H.; Bransby, P. L.: The Mechanics of Soils. An Introduction to Critical State Soil Mechanics. University Series in Civil Engineering 1978.

[2] Atterberg, A.: Die Plastizität der Tone. Landbruksakademiens Handlingar och Tidskr. 50, S. 132 - 158.

[3] Beyer, W.: Zur Bestimmung der Wasserdurchlässigkeit von Kiesen und Sanden aus der Kornverteilungskurve. Wasserwirtschaft und -technik, Bd. 14, 1964.

[4] Bishop, A. W.: The Measurement of Pore Pressure in the Triaxial Test; Pore Pressure and Suction in Soils. London: Butterworths 1961, S. 38.

[5] Bishop, A. W.; Henkel, D. J.: The Measurement of Soil Properties in the Triaxial Test. London: Edward Arnold 1992.

[6] Bishop, A. W.: Progressive Failure - with Special Reference to the Mechanism Causing it. Proceedings of the Geotechnical Conference, Oslo 1967, Vol. 2, S. 142 - 150.

[7] Bjerrum, L.: Problems of soil mechanics and construction on soft days and structurally unstable soils (collapsible, expansive and others). Proceedings of the 8th International Conference of Soil Mechanics and Foundation Engineering, Moskau 1973, Vol. 3, S. 111 - 159.

[8] Brinch; Hansen; Lundgren: Hauptprobleme der Bodenmechanik. Berlin, Göttingen, Heidelberg: Springer-Verlag 1960.

[9] Casagrande, A.: The Determination of the Preconsolidation Load and its Practical Significance. Proceedings of the 1st International Conference of Soil Mechanics and Foundation Engineering, Cambridge (Mass.) 1936, S. 60.

[10] Casagrande, A.: Classification and identification of soils. Proceedings of Am. Soc. Civil Engineering, Vol. 73, 1947, S. 787 - 810.

[11] Casagrande, A.; Loos, W.: Bodenuntersuchungen im Dienste des neuzeitlichen Straßenbaues. Der Straßenbau, Bd. 25, 1934, S. 25.

[12] Casagrande, A.: Research on the Atterberg limits of soil. Public Roads, 13(1932)8.

[13] Enslin: Über einen Apparat zur Messung der Flüssigkeitsaufnahme an quellbaren und porösen Stoffen. Chemische Fabrik, Bd. 6, 1933, S. 147.

[14] Gudehus, G.: Bodenmechanik. Stuttgart: Ferdinand Enke 1981.

[15] Hazen, A.: Some physical properties of sand and gravel with special reference to their use in filtration. Am. Rep. Mass. state, Vol. Health, 24, Boston 1893, S. 541 - 556.

[16] Hvorslev, J.: Über die Festigkeitseigenschaften gestörter bindiger Böden. Kopenhagen, 1937.

[17] Jaky, J.: Talajmechanika (Bodenmechanik). Budapest, Eigenverlag 1944.

[18] Kézdi, Arpad: Bodenmechanik, Bd. 1. Berlin: Verlag für Bauwesen 1964.

[19] Koženy, J.: Hydraulik. Wien: Springer-Verlag 1953.

[20] Koženy, J.: Über Bodendurchlässigkeit. Wasserwirtschaft, Bd. 24, 1931, S. 555.

[21] Ladd, C. C.; Foott, R.: New Design Procedure for Stability of Soft Clays. Journal of Geotechnical Engineering Division, ASCE, Vol. 100, no GT 1, 1974, S. 763 - 786.

[22] Ladd; Foott; Ishihara; Schlosser; Pouls: Stress-Deformation and Strength Characteristics. Proceedings of the 9th International Conference of Soil Mechanics and Foundation Engineering, Tokio, S. 434 - 436.

[23] Lambe, W.; Whitman, R.: Soil Mechanics. New York, London, Sydney, Toronto: John Wiley & Sons 1969.

[24] Lebedew, A. F.: Potschwennye i grundowye wody. Isd. 4. AN SSSR.

[25] Lee, K. L.; Farhoomand, I.: Compressibility and Crushing of Granular Soil in Anisotropic Triaxial Compression. Canadian Geotechnical Journal, Vol. IX, No. 1, S. 68.

[26] Lee, K. L.; Seed, H. B.: Dynamic strength of anisotropically consolidated sand. Journal of the Soil Mechanics and Foundations Division, Vol. 9, 1967.

[27] Leinenkugel, H.-J.: Deformations- und Festigkeitsverhalten bindiger Erdstoffe. Veröffentlichungen des Instituts für Bodenmechanik und Felsmechanik der Universität Karlsruhe, Heft 66, 1976.

[28] Leonhardt, A.: Das Verflüssigungsverhalten von Sand unter Einwirkung dynamischer Lasten. Dissertation, TU Bergakademie Freiberg 1989.

[29] Mises, R. v.: Bemerkungen zur Formulierung des mathematischen Problems der Plastizitätstheorie. Zeitschrift für Angewandte Mathematik und Mechanik, Bd. 5, 1925, S. 147 - 149.

[30] Mises, R. v.: Mechanik der plastischen Formänderung von Kristallen. Zeitschrift für Angewandte Mathematik und Mechanik, Bd. 8, 1928, S. 161 - 185.

[31] Mises, R. v.: Mechanik der festen Körper in plastisch deformablem Zustand. Göttingener Nachrichten der Mathmatisch-physikalischen Klasse, 1913, S. 582.

[32] Mohr, O.: Über die Darstellung des Spannungszustandes und des Deformationszustandes eines Körperelementes und über die Anwendung derselben in der Festigkeitslehre. Zivilingenieur, Bd. 28, 1882, S. 113 - 156.

[33] Mohr, O.: Abhandlungen aus dem Gebiete der technischen Mechanik. Berlin: Ernst & Sohn 1914.

[34] Mohr, O: Technische Mechanik. Abhandlung V: Welche Umstände bedingen die Elastizitätsgrenzen und den Bruch eines Materials? Berlin, 1928.

[35] Mühs-Hoffmann: Ein neues Entnahmegerät für ungestörte Proben. Bauplanung und Bautechnik, Bd. 2, 1949, S. 151.

[36] Ohde, J.: Neue Erdstoffkennwerte. Die Bautechnik 27(1950)11.

[37] Ohde, J.: Vorbelastung und Vorspannung des Baugrundes und ihr Einfluß auf Setzung, Festigkeit und Gleitwiderstand. Bautechnik, Bd. 26, 1949, S. 129 und 163.

[38] Rudert, J.: Beitrag zur quantitativen Erfassung der Abhängigkeit mechanischer Eigenschaften feinkörniger bindiger Lockergesteine von Lockergesteinsart und Phasenzusammensetzung. Dissertation B, Technische Universität Dresden 1978.

[39] Schaible, L.: Betonstraße und Untergrund. Straßen- und Tiefbau, Bd. 8, Heidelberg: Chemie und Technik-Verlag, S. 319 - 327.

[40] Schaible, L.: Frost- und Tauschäden an Verkehrswegen und deren Bekämpfung. Berlin: Ernst & Sohn 1957.

[41] Schultze-Muhs: Bodenuntersuchungen für Ingenieurbauten. Berlin, Göttingen, Heidelberg: Springer-Verlag 1950.

[42] Seed, H. B.; Lee, K. L.: Liquefaction Of Saturated Sands During Cyclic Loading. Proceedings ASCE, Vol. 92, No. SM6, Journal of the soil mechanics and foundations division, Vol. 9/1967, S. 105 - 134.

[43] Skempton, A. W.: The Colloidal "Activity" of Clays. Proceedings of the 3th International Conference of Soil Mechanics and Foundation Engineering, Zürich, 1953, Vol. 1, S. 57 - 61.

[44] Skempton, A. W.: The Pore-Pressure-Coeffizient A and B. Geotechnique Vol. 4, 1954, S. 143 - 147.

[45] Skempton, A. W.: Long Term Stability of Clay Slopes. Geotechnique, Vol. 14, 1964, S. 77.

[46] Terzaghi, K.: Erdbaumechanik auf bodenphysikalischer Grundlage. Leipzig und Wien: Deutiche 1925.

[47] Terzaghi; Peck: Die Bodenmechanik in der Baupraxis. Berlin, Göttingen, Heidelberg: Springer-Verlag 1961.

[48] Tiedemann, B.: Über die Schubfestigkeit bindiger Böden. Die Bautechnik, Bd. 15, 1937, S. 400.

[49] Tresca, H.: Mémoire sur l'écoulement des corpes solides. Mim. pres. par. div. sav. 18, 1868, S. 733 - 799.

[50] Wagenbreth, O.: Beitrag zur Bestimmung der Größe der Kapillarkohäsion nichtbindiger Böden. Dissertation, TU Dresden 1970.

Symbole

a	Regressionsparameter
a	Länge
a_0	Kompressibilitätskoeffizient
A	Fläche
A	Verdichtungsziffer
A	Porenwasserdruckkoeffizienten
A	Querschnittsfläche des Probenbehälters
A'	Kontaktflächen der Lockergesteinspartikel
A_a	Flächenanteil der Luft
A_f	Porenwasserdruckkoeffizient im Bruchzustand
A_k	Flächenanteil der Festsubstanz
A_p	durch die Poren bedingter Querschnitt
A_w	Flächenanteil des Wassers
A_1	Probenquerschnitt
A_2	Standrohrquerschnitt
A, B, C, D	Porenwasserdruckparameter
b	Regressionsparameter
c	Kohäsion
c'	wirksame Kohäsion
c'_e	wahre Kohäsion nach Hvorslev
c_u	scheinbare Kohäsion
c_u	scheinbare (undrainierte) Kohäsion
c_v	Konsolidationsbeiwert
c'_w	wahre Kohäsion nach Tiedemann
c_R	Gleitkohäsion
C	Krümmungszahl
C_a	Flächenverhältnis
C_c	Kompressionsbeiwert
C_d	Außendurchmesserverhältnis
C_s	Schwellbeiwert
C_i	Innendurchmesserverhältnis
C_l	Längenverhältnis
d	Korngröße
$\overline{d}_{i-1}, \overline{d}_i$	Maschenweiten im Siebsatz aufeinanderfolgender Siebe
d_w	wirksame Korngröße
d_w	wirksamer Korndurchmesser
$d_{10, 30, 60}$	Korndurchmesser bei 10 %, 30 %, 60 % Siebdurchgang der Gesamtmasse
$d_{15}; d_{85}$	Korndurchmesser des zu schützenden (zu entwässernden) Materials bei 15 % bzw. bei 85 % Siebdurchgang
$d\varepsilon_v/d\varepsilon_1$	Volumenänderungsgrad

dm	Masseelement
D	Lagerungsdichte
D_t, D_w	Außendurchmesser des Entnahmestutzens
D_s, D_e	Innendurchmesser des Entnahmestutzens
D_{Pr}	Verdichtungsgrad
D_{15}	Korndurchmesser des Filters bei 15 % Siebdurchgang
e	Porenzahl
e_f	Porenzahl im Bruchzustand
e_k	kritische Porenzahl
e_0	Anfangsporenzahl
E	Elastizitätsmodul
E_s	Steifemodul
$E_{s,e}$	Steifemodul für Wiederbelastung
$E_{s,0}$	Steifemodul für Erstbelastung
$E_{u,a}$	Anfangs-Tangentenmodul (unter undrainierten Bedingungen bestimmt)
$E_{u,B}$	Sekantenmodul, zum Bruch gehörend (unter undrainierten Bedingungen bestimmt)
$E_{u,\varepsilon}$	Sekantenmodul für spezielle Deformationswerte (unter undrainierten Bedingungen bestimmt)
E_V	Verformungsmodul
f_i	relative Häufigkeit der Körner der Klasse d_i
F	Kraft
F	Kornanteil
F_a	von der Luft übernommener Kraftanteil
F_w	vom Wasser übernommener Kraftanteil
F_A	Anziehungskräfte zwischen den Körnern des Lockergesteins
F_K	von der Testsubstanz übernommener Kraftanteil
F_R	Abstoßungskräfte zwischen den Körnern des Lockergesteins
g	Erdbeschleunigung
G	Schubmodul
h	totale Höhe oder hydraulische Höhe
h	Eindringtiefe des Stutzens ins Erdreich
h_p	Druckhöhe (Standrohrspiegelhöhe)
h_v	Geschwindigkeitshöhe
$h_z = z$	Ortshöhe (bezogen auf ein willkürlich gewähltes Niveau)
h_A	Ausgangsprobenhöhe
h_1, h_2	hydraulische Höhen
h_ϱ	Sinkhöhe
H	Horizontalkraft
H	Probenhöhe bei einseitiger Entwässerung
H	Probenhöhe (je nach Art der Entwässerung)

i	hydraulisches Gefälle
I_{cs}	Konsistenzzahl für $w = w_s$
I_f	Verdichtungsfähigkeit
I_{om}	Index der organischen Beimengungen
I_p	Plastizitätszahl
I_A	Aktivitätszahl
I_B	Sprödigkeitsfaktor
I_C	Konsistenzzahl
I_D	bezogene Lagerungsdichte
I_L	Liquiditätszahl
i_0	Initialgefälle
I_1, I_2, I_3	Invarianten des Spannungstensors
$I_1{}^*, I_2{}^*, I_3{}^*$	Invarianten des Spannungsdeviators
k	Bruchparameter
k	Durchlässigkeitsbeiwert
k_T	Durchlässigkeit bei der Temperatur T
k_0	Durchlässigkeit für $e = 1$
$k_{20°}$	Durchlässigkeit bei $T = 20\ °C$
K	Volumenänderungsmodul
K	spezifische Durchlässigkeit
K_0	Ruhedruckbeiwert
K_1, K_2	Konstanten
l	Höhe der Probe im Stutzen
L	Länge des Strömungsweges zwischen den Punkten 1 und 2
m	Masse
m_a	Gasmasse
m_{ca}	Anteil des Calcium- und Magnesiumcarbonates an der Gesamtmasse
m_d	Trockenmasse
$m_{d,o}$	Masse getrockneter organischer Anteile
m_{gl}	Masse des Bodens nach dem Glühen
m_w	Masse des Wassers
m_w	Volumenänderungskoeffizient bei Volumenänderung des Porenmediums
$m_{R,i}$	Masse des Siebrückstandes auf dem Sieb der Maschenweite $\overline{d}_{i-1}$
m_T	Trockenmasse der Körner $\leq 0,002$ mm der Probe
m_T	Trockenmasse der Körner $\leq 0,4$ mm in der Probe
m_V	Volumenänderungskoeffizient bei Volumenänderung des Korngerüstes
max e	Porenzahl bei lockerster Lagerung
max n	Porenanteil bei lockerster Lagerung
max ϱ_d	Trockendichte bei lockerster Lagerung
max σ_v'	Vorspannung
min e	Porenzahl bei dichtester Lagerung
min n	Porenanteil bei dichtester Lagerung
min ϱ_d	Trockendichte bei dichtester Lagerung

n	Porenanteil
n_w	Porenanteil des Wassers
N	Normalkraft
$N_{...}$	Normalkraft in definierter Richtung
O_s	spezifische Oberfläche
OCR	Konsolidationsverhältnis
p_a	atmosphärischer Druck
P	Polpunkt eines Mohrschen Kreises
Q	Volumenstrom, gleichbedeutend mit Wassermenge
R	Radius eines Mohrschen Kreises
$s_{e,1}{}', s_{e,2}{}'$	Konsolidationsspannungen
s_f'	wirksame Bruchspannung
S_r	Sättigungszahl
S_r	Sättigungsgrad
S_t	Sensivität
t	Zeit
t_f, s_f'	Bruchspannungswerte
t_{max}	maximale Schubspannung im s-t-Diagramm
t_s	Oktaederschubspannung
t_{50}	Zeit, nach der 50 % der Primärsetzung abgeklungen sind
t_{50}	Zeit, nach der 50 % Konsolidation eingetreten sind
t_{90}	Zeit, nach der 90 % Konsolidation eingetreten sind
T	Schubkraft
$T = T(t)$	eine aus der Theorie folgende dimensionslose Größte
T_{max}	Schubwiderstand
u	mit Standrohr gemessener Porenwasserdruck
u	Spannung
u_a	Porenluftdruck
u_c	Kapillarspannung
u_r	Restporenwasserdruck
u_w	Porenwasserdruck der flüssigen Phase im Porenraum
$u_{w,I}$	Druck des freien Porenwassers
$u_{w,II}$	Druck des in der Doppelschicht gebundenen Porenwassers
U	Ungleichförmigkeitszahl
v	Sinkgeschwindigkeit
v	Filtergeschwindigkeit
v	Strömungsgeschwindigkeit
v_s	Sickergeschwindigkeit

v_0, v_e	Steifebeiwert für Erst- und Wiederbelastung
V	Gesamtvolumen
V_a	Gasvolumen
V_{ca}	Kalkgehalt
V_{gl}	Glühverlust
V_K	Volumen der Festmasse
V_P	Porenvolumen
V_P	Volumen der Poren
V_W	Volumen des Wassers
V_0	Ausgangsvolumen
w	Wassergehalt
w_e	Einbauwassergehalt
w_f	Wassergehalt im Moment des Bruches
w_{max}	Wasseraufnahmefähigkeit
w_p	Ausrollgrenze
w_s	Schrumpfgrenze
w_L	Fließgrenze
$\overline{w}_L$	Fließgrenze nach Wasiljew
w_M	maximaler molekularer Wassergehalt
w_{Pr}	optimaler Wassergehalt
w_0	Breiwasserzahl nach Ohde
w_0	Breiwassergehalt
w_1	Einheitswasserzahl nach Ohde
w_1	Einheitswassergehalt
x, z, y	Koordinaten
z	Tiefe
α	Winkel
β	Neigungswinkel zur Beschreibung der Oberflächenrauhigkeit
β_0	Neigungswinkel der Ruhedruckgeraden im Spannungs-Weg-Diagramm
γ	Verschiebungswinkel
γ_s	Kornwichte des Lockergesteins
γ_w	Wichte des Wassers
$\dot{\gamma}$	Winkeländerung (Verzerrung)
$\Delta\ddot{h}$	Setzungsbetrag
$\Delta h / \Delta h_{max}$	Setzungsverhältnis
Δm_{gl}	Änderung der Masse des Bodens nach dem Glühen
Δl	Relativverschiebungen
ΔV	Volumenänderung
ΔV_K	Volumenminderung des Korngerüstes
ΔV_P	Änderung des Porenvolumens
$\Delta\sigma_1$, $\Delta\sigma_2$, $\Delta\sigma_3$	Änderungen der Hauptspannungen

ΔV_P	Änderung des Porenvolumens
$\Delta\sigma_1$, $\Delta\sigma_2$, $\Delta\sigma_3$	Änderungen der Hauptspannungen
ε	Deformation
$\dot\varepsilon$	Deformationsgeschwindigkeit
$\varepsilon_v = \Delta V/V_0$	Volumendeformation
$\varepsilon_{v,B}$	Deformationen zum Bruch gehörend
ε_x, ε_y, ε_z	Deformationen in Koordinatenrichtung
ε_{zx}, ε_{xz}	Verzerrungen (Winkeländerungen)
η	Zähigkeit der Flüssigkeit
η_f	dynamische Viskosität der Flüssigkeit
$\eta_{20°}$	Viskosität bei $T = 20\,°C$
$\overset{*}{\eta}$	Reibungsbeiwert
ν	Querdehnungszahl oder Poissonzahl
$\overline{\nu}$	Aufgleit- oder Dilatanzwinkel
ξ	Parameter
ϱ	Dichte
ϱ'	Dichte unter Wasserauftrieb
ϱ_d	Trockendichte
ϱ_f	Dichte der strömenden Flüssigkeit
ϱ_r	Dichte bei Wassersättigung
ϱ_s	Korndichte des Lockergesteins
ϱ_w	Dichte des Wassers, $\varrho_w \approx 1,0 \text{ g/cm}^3$
ϱ_{Pr}	Proctordichte
σ	totale Spannung (Normalspannung)
$\overline{\sigma}$	Kontaktspannung in einem körnigen Lockergestein
σ'	wirksame oder effektive Spannung
σ'	wirksame Normalspannung
σ'_e	äquivalenter Verdichtungsdruck
σ_h	Horizontalspannung
σ'_h	wirksame Horizontalspannung
$\sigma'_{h,0}$, $\sigma'_{v,0}$	Vorspannungswerte
σ_i^*, σ_{ij}^*	Komponenten des Spannungsdeviators
σ_m	Mittelpunkt eines Mohrschen Kreises
σ_v	Vertikalspannung
σ'_v	wirksame Vertikalspannung
$\sigma'_{v,a}$	Überlagerungsdruck
$\sigma'_{v,e}$	Spannung nach Entlastung
σ_x, σ_z	Spannungen in Koordinatenrichtung
σ_{xz}, σ_{zx}	Schubspannung
σ_A, σ_R	Spannungen infolge Anziehungs- bzw. Abstoßungskräften zwischen den Körnern
σ_B	Bruchspannung
σ_F	Fließspannung
σ_1, σ_2, σ_3	Hauptspannungen
σ_1, σ_2, σ_3	Hauptnormalspannungen
$\sigma_{..}$	Komponenten des Spannungstensors

τ	Schubspannung
τ_f	Scherfestigkeit
τ_A	Adhäsionsscherfestigkeit
τ_R	Restscherfestigkeit
φ'	wirksamer Reibungswinkel
φ'_e	wahrer Reibungswinkel nach Hvorslev
φ_u	Reibungswinkel unter undrainierten Bruchverhältnissen (scheinbarer Reibungswinkel)
φ'_w	wahrer Reibungswinkel nach Tiedemann
$\varphi_R,\ \varphi'_R$	Reibungswinkel bei Restscherfestigkeit
φ'_0	Sekantenreibungswinkel
φ_μ	Reibungswinkel zwischen den Lockergesteinskörnern
$x,\ \bar{x},\ \underline{x}$	Beiwerte (Proportionalitätsfaktoren)
$\omega_0,\ \omega_e$	Steifeexponent für Erst- und Wiederbelastung

Index